Forschungs-, Entwicklungs- und Erfindungstätigkeit mittelhessischer Industrieunternehmen unter besonderer Berücksichtigung regionalspezifischer Einflüsse

AF150705

Europäische Hochschulschriften
Publications Universitaires Européennes
European University Studies

Reihe IV
Geographie und Heimatkunde

Série IV   Series IV
Géographie
Geography

Bd./Vol. 19

PETER LANG
Frankfurt am Main · Berlin · Bern · Bruxelles · New York · Wien

Reinhard von Stoutz

Forschungs-, Entwicklungs- und Erfindungstätigkeit mittelhessischer Industrieunternehmen unter besonderer Berücksichtigung regionalspezifischer Einflüsse

PETER LANG

Europäischer Verlag der Wissenschaften

Die Deutsche Bibliothek - CIP-Einheitsaufnahme

Stoutz, Reinhard von:

Forschungs-, Entwicklungs- und Erfindungstätigkeit
mittelhessischer Industrieunternehmen unter besonderer
Berücksichtigung regionalspezifischer Einflüsse / Reinhard von
Stoutz. - Frankfurt am Main ; Berlin ; Bern ; Bruxelles ; New
York ; Wien : Lang, 1999
    (Europäische Hochschulschriften : Reihe 4, Geographie ;
    Bd. 19)
    Zugl.: Gießen, Univ., Diss., 1998
    ISBN 3-631-34770-7

D 26
ISSN 0946-3321
ISBN 3-631-34770-7

© Peter Lang GmbH
Europäischer Verlag der Wissenschaften
Frankfurt am Main 1999
Alle Rechte vorbehalten.

Danksagung

Die vorliegende Dissertation wurde angeregt von Prof. Dr. E. Giese (Geographisches Institut der Justus-Liebig-Universität Gießen). Für die sehr intensive Betreuung der Arbeit bin ich ihm zu großem Dank verpflichtet. Ohne seine Bemühungen, mich in Phasen des Zweifels zu motivieren, hätte ich die vorliegende Arbeit wohl kaum zu einem positiven Ende geführt. Weiterhin danke ich Prof. Dr. V. Seifert (Geographisches Institut der Justus-Liebig-Universität Gießen) für die Übernahme des Korreferats.

An dem Zustandekommen der vorliegenden Arbeit waren eine Vielzahl von Personen und Institutionen beteiligt, bei denen ich mich ausdrücklich bedanken möchte. Erwähnen möchte ich die Deutsche Forschungsgemeinschaft, die mir durch die Finanzierung des Forschungsprojekts „Erfassung und Bewertung regionaler Innovationspotentiale in der Bundesrepublik Deutschland mittels Patentindikatoren" (Leitung Prof. Dr. E. Giese) die Arbeit als Wissenschaftlicher Mitarbeiter ermöglicht hat. Dr. Greif vom Deutschen Patentamt in München danke ich für die Bereitstellung eines Arbeitsraumes in der Statistischen Abteilung des Deutschen Patentamts in Berlin. Bei der Konzeption meiner Befragungsaktion hat mir Prof. Dr. H. Bathelt (Johann Wolfgang Goethe Universität Frankfurt a.M.) wesentlich geholfen. Dank für die Durchsicht der Arbeit sowie für wichtige Anregungen und Korrekturen gebührt insbesondere Frank Schüssler, Dr. Matthias Höher und Dr. Thomas Christiansen. Weiterhin habe ich Hilfe von Andreas Menger bei der Einordnung und Bewertung von Transferstellen erhalten. Bei der Bewältigung betriebswirtschaftlicher Fragestellungen stand mir Jan Hemr zur Seite. Die zahlreichen Probleme mit dem Computer und der verwendeten Software wurden von Christian Hedfeld und Thorsten Günther beseitigt.
Die Dissertation basiert auf einer Befragung mittelhessischer Industrieunternehmen. Bedanken möchte ich mich jedoch nicht nur bei den befragten Unternehmern sondern auch bei den Geschäftsführern der mittelhessischen Industrie- und Handelskammern, die mir den Zugang zu den Unternehmen erleichtert haben.
Letztendlich gilt mein Dank insbesondere meiner Lebenspartnerin Andrea Wirtz, die mir nicht nur ständig aufmunternd zur Seite gestanden sondern darüber hinaus in ihrer Funktion als Juristin geholfen hat, juristische Probleme im Zusammenhang mit Patenten zu erfassen und in die ökonomisch motivierten Fragestellungen einzuordnen.

Inhaltsverzeichnis

Verzeichnis der Tabellen:

Verzeichnis der Abbildungen:

0 Zielsetzung und Aufbau der Arbeit

0.1 Zielsetzung der Arbeit

Man kann sich dem Thema der Arbeit aus zwei Richtungen nähern: erstens aus einer *betriebs-* und *volkswirtschaftlichen Sicht* und zweitens aus *regionalökonomischer* und *regionalpolitischer Sicht*. Beide Sichtweisen sind miteinander verwoben und werden im Laufe der Untersuchung wechselseitig Beachtung finden.

1. Aus betriebs- und volkswirtschaftlicher Sicht leitet sich das Thema wie folgt ab:

- Die bundesdeutsche Wirtschaft befindet sich derzeit in einer Krise, die sich durch eine hohe Arbeitslosigkeit und eine im Verhältnis zur Weltwirtschaft weitgehend negative konjunkturelle Entwicklung bemerkbar macht. Sie ist die Folge eines tiefgreifenden Strukturwandels, der vor allem durch Sättigungstendenzen in der Nachfrage nach standardisierten Massengütern, durch eine zunehmende Transparenz der in- und ausländischen Märkte, durch wachsende internationale wirtschaftliche Verflechtungen, durch die zunehmende Integration der Entwicklungs- und Schwellenländer in den internationalen Arbeitsteilungsprozeß und das steigende Tempo des technologischen Wandels verursacht wird. Der Strukturwandel führt dazu, daß die Unternehmen in den Industrieländern einem verschärften Wettbewerbsdruck ausgesetzt sind. Das zwingt die Unternehmen dazu, ihre Innovationsaktivitäten zu verstärken, u.a. durch die Herstellung neuer Produkte oder eine Verbesserung der Produktionsprozesse.

- Bereits aus den Arbeiten von SCHUMPETER (1911) geht hervor, daß durch *Innovationen* positive wirtschaftliche Entwicklungen ausgelöst werden. Die Innovationstätigkeit der bundesdeutschen Industrieunternehmen wird heute jedoch als zu gering angesehen, um den internationalen Wettbewerbern in ausreichender Weise begegnen zu können. So steigen die Ausgaben für Forschung und Entwicklung und die Zahl der Patentanmeldungen bundesdeutscher Unternehmen absolut zwar wieder an, im Vergleich zum Anstieg entsprechender Zahlenwerte anderer Industrienationen jedoch nicht. Diese Entwicklung führt dazu, daß sich die wirtschaftswissenschaftliche Forschung in zunehmendem Maße mit den Faktoren beschäftigt, die über den Innovationserfolg von Unternehmen entscheiden.

- Die stärkere Beachtung dieser Faktoren kommt in den sogenannten *Neuen Wachstumstheorien* zum Ausdruck, als neben den klassischen Produktionsfaktoren der Faktor „*technologischer*[1] *Fortschritt*" zu integrieren versucht wird (vgl. ROMER 1986; KRUGMAN 1987; LUCAS 1988; HELP-

---

[1] Eine Unterscheidung zwischen den Begriffen der *Technik* und der *Technologie* wird in vielen Arbeiten nicht hinreichend klar durchgeführt. Als *Technologie* soll hier sowohl die Bereitstellung von technischen Möglichkeiten, die noch nicht praktisch oder ökonomisch genutzt werden, als auch das Wissen im Hinblick auf die Technik bezeichnet werden. *Technik* ist demgegenüber die praktische Anwendung dieses Wissens zur Nutzbarmachung naturwissenschaftlicher Erkenntnisse (vgl. KOSCHATZKY et al. 1992: 6). Wird das technische Wissen in Form neuer Produktions- oder Organisationstechniken erweitert, so bedeutet dies, daß der technische Fortschritt zugleich auch zum technologischen Fortschritt führt (vgl. HORN 1976: 47f.; GREIF/POTKOWIK 1990: 1). Vereinfacht bezeichnet SCHÄTZL den technischen Fortschritt als: „*Bestandsänderung des technischen Wissens*" (vgl. SCHÄTZL 1992: 110). Zu den Wirkungen des technischen Fortschritts (z.B. neutraler, arbeitssparender oder kapitalsparender technischer Fortschritt) sowie den unterschiedlichen Klassifikationen (z.B. Klassifikation nach HICKS, nach HARROD oder nach SOLOW) vgl. die ausführlichen Darstellungen bei ROSE 1987: 145ff.

MAN/KRUGMAN 1989). Der *technologische Fortschritt* und das verfügbare *technologische Wissen* in einer Volkswirtschaft werden für den Ablauf von Innovationsprozessen als grundlegend angesehen (vgl. KLINE/ROSENBERG 1986). Dabei kann das *technologische Wissen* nach ROMER (1986) aus der Forschungs- und Entwicklungtätigkeit der privaten Unternehmen oder nach LUCAS (1988) aus dem Humankapital erwachsen, das durch staatliche Maßnahmen im Bereich der Bildung und Ausbildung beeinflußt werden kann (vgl. FRENKEL/TRAUTH 1996: 13).

2. Aus regionalpolitischer und regionalökonomischer Sicht leitet sich das Thema der Arbeit demgegenüber wie folgt ab:

Die Regionalpolitik hat erfahren müssen, daß seit den späten 70er Jahren die traditionellen Instrumente der Regionalpolitik nicht mehr griffen. Bis zu diesem Zeitpunkt war es aufgrund einer stetigen Steigerung der Produktion und einer Bodenverknappung in den Agglomerationen verhältnismäßig leicht, zusätzlich benötigte Produktionskapazitäten in die peripheren Räume der Bundesrepublik zu lenken, um auf diese Weise regionale wirtschaftliche Disparitäten ausgleichen zu können. Dieses wurde erreicht, indem die Standortbedingungen in den peripheren Räumen - hauptsächlich durch die Bereitstellung von *Investitionszuschüssen* - verbessert wurden. Die Veränderungen der wirtschaftlichen Rahmenbedingungen in der Bundesrepublik Deutschland seit dem Ende der 70er Jahre führten jedoch dazu, daß es kaum noch zu Betriebsneugründungen oder -vergrößerungen kam, sondern umgekehrt zuerst die Betriebe in den Peripherien, die oftmals als sogenannte „verlängerte Werkbänke" gegründet worden waren, geschlossen wurden.

Die mangelnde Mobilität von Kapital und Arbeit führte dazu, daß die Regionalpolitik sich seither auf eine stärkere Nutzung der *endogenen Entwicklungspotentiale* in den Regionen konzentrierte. Die Wettbewerbsfähigkeit soll dabei durch eine Stärkung der Innovationskraft, insbesondere der mittelständischen Unternehmen in der Region, erhöht werden (vgl. EWERS/WETTMANN 1978; BRUGGER 1980, 1984; GIESE/NIPPER 1984; GIESE 1987). Die Zielsetzung der sogenannten *Innovationsorientierten Regionalpolitik* besteht daher in der Verbesserung der Rahmenbedingungen für Innovationsaktivitäten von Unternehmen in der Region. Über eine Stimulation der Innovationsaktivitäten ansässiger Unternehmen hinaus soll eine innovationsrelevante Infrastruktur bereitgestellt werden, etwa durch Förderung von Kooperationen im Bereich der Forschung und Entwicklung sowohl zwischen einzelnen Unternehmen als auch zwischen Unternehmen und Forschungseinrichtungen (vgl. KOSCHATZKY 1997).

Beide Sichtweisen, sowohl die betriebs- und volkswirtschaftliche als auch die regionalökonomische, betonen die Bedeutung von *Innovationen* für die Entwicklung von Unternehmen, Volkswirtschaften und Regionen. Als Folge dieser Erkenntnis wird in zunehmender Weise nach den Bestimmungsfaktoren des Innovationserfolgs gesucht. Als Beispiele dafür sind Arbeiten zu nennen, die sich die Überprüfung der sogenannten „*Schumpeter-Hypothese*" zum Ziel gesetzt haben (vgl. z.B. COHEN/KLEPPER 1996; AUDRETSCH/VIVARELLI 1996; BERTSCHECK/ENTORF 1996). Aus der Hypothese SCHUMPETERS, derzufolge große Unternehmen innovativer sind als kleine, kann gefolgert werden, daß die Innovationsaktivitäten von der Größe der Unternehmen beeinflußt werden. Demgegenüber betonen Autoren wie ACS/AUDRETSCH (1991) und KLEINKNECHT/REIJNEN/SMITS (1993) einen Zusammenhang zwischen der Innovationsleistung und der sektoralen Zugehörigkeit der ansässigen Unternehmen. Andere Arbeiten, die sich an die „*Neuen Wachstumstheorien*" anlehnen, untersuchen den Einfluß des regional verfügbaren technischen Wissens auf die Innovationstätigkeiten von Unternehmen (vgl. z.B. AUDRETSCH/FELDMAN 1996; AUDRETSCH/STEPHAN 1996).

Der Einfluß *regionalspezifischer Elemente* auf die Innovationsaktivitäten der Industrieunternehmen wird im Rahmen der Netzwerkforschung untersucht. Es sei sowohl auf Arbeiten hingewiesen, die sich mit *formellen/institutionalisierten Netzwerken* beschäftigen (vgl. FREEMAN 1992; STRAMBACH 1995) als auch auf Arbeiten aufmerksam gemacht, die sich mit der Analyse *informeller/nicht-institutionalisierter Netzwerke* (vgl. v.HIPPEL 1988; JOHANSON/MATTSON 1987; ERIKSON/HAKANSON 1990) sowie *kreativer Milieus* auseinandersetzen (vgl. CAMAGNI 1991; MAILLAT/QUÉVIT/SENN 1993; FROMHOLD-EISEBITH 1994).

Ausschlaggebend für die Wahl der Fragestellung der vorliegenden Arbeit ist die Tatsache, daß die Kenntnisse der Faktoren, die Innovationsaktivitäten von Industrieunternehmen beeinflussen, bislang unzureichend sind. Im Rahmen einer regionalanalytisch ausgerichteten Studie sollen die Erfindungs- und Entwicklungstätigkeiten von Industrieunternehmen durch eine persönliche Befragung erfaßt und analysiert werden. Im einzelnen soll folgenden Fragen nachgegangen werden:

- Welche *unternehmensinternen* Determinanten bestimmen die Erfindungs- und Entwicklungstätigkeiten von Industrieunternehmen?

- Welche *unternehmensexternen* Determinanten beeinflussen die Erfindungs- und Entwicklungstätigkeiten von Industrieunternehmen?

- Inwieweit wird das Innovationsverhalten der Unternehmen durch *regionalspezifische* Elemente (unternehmensbezogene Netzwerke, milieubedingte Faktoren) beeinflußt?

0.2 Aufbau der Arbeit

Der Teil I der Arbeit befaßt sich mit der Begründung der Fragestellung und theoretischen Grundlegung der Arbeit. Es wird eine Aufbereitung der Literatur vorgenommen, der Kenntnisstand der unternehmens- und raumbezogenen Innovationsforschung herausgearbeitet und begründet, warum für die Studie ein regionaler Ansatz gewählt wurde.

Teil I gliedert sich in drei Abschnitte. Zunächst wird erläutert, warum Mittelhessen als Untersuchungsregion ausgewählt wurde. Die Planungsregion Mittelhessen, die sowohl mit dem Regierungsbezirk Gießen als auch mit der Raumordnungsregion Mittelhessen räumlich deckungsgleich ist, wurde hauptsächlich aufgrund ihrer strukturellen Merkmale für die Analyse herangezogen. Mittelhessen kann als eigenständiger Wirtschaftsraum aufgefaßt werden, so daß über eine unternehmensspezifische Sicht auch eine regionalspezifische Sicht verfolgt werden kann, die es ermöglicht, Fragen nach dem Einfluß regionaler Netzwerke und regionaler Milieus auf die Forschungs- und Entwicklungsaktivitäten der Unternehmen nachzugehen. Im Hinblick auf die spätere Suche nach unternehmensbezogenen Vernetzungen werden daher die historischen Wurzeln und die wirtschaftliche Struktur der Region, die Lage in Hessen sowie die Standortverteilung der Unternehmen des Verarbeitenden Gewerbes dargestellt.

Der zweite Abschnitt dient begrifflichen Klarstellungen. Daher werden die für die Arbeit grundlegenden Begriffe der Produkt- und Prozeßinnovation sowie der Forschung und Entwicklung (FuE) erläutert.

Im dritten Abschnitt werden aufgrund von Literaturrecherchen Faktoren herausgearbeitet, denen man einen Einfluß auf die Innovationsaktivitäten von Unternehmen zuschreiben kann. Die Suche gilt dabei neben unternehmensspezifischen auch regionalspezifischen Einflußfaktoren. Zu den unternehmensspezifischen Einflußfaktoren werden das Alter von Produkten und Produktgruppen, die Betriebsgröße, die Branchenzugehörigkeit und die innerbetrieblichen (insbesondere personellen) Voraussetzungen zur Durchführung von Innovationsaktivitäten gezählt. Demgegenüber basieren die regionalspezifischen Faktoren auf Vernetzungen, die zwischen Unternehmen, zwischen Unternehmen und Hochschulen sowie Forschungsinstituten und anderen Akteuren wie Transferstellen, Technologie- und Gründerzentren oder technologieorientierten Dienstleistungsunternehmen in einer Region vorhanden sind.

Die im dritten Abschnitt aus dem Literaturstudium abgeleiteten unternehmensinternen, -externen und regionalspezifischen Determinanten der Erfindungs- und Entwicklungstätigkeit von Industrieunternehmen werden im empirischen Teil der Untersuchung - Teil II der Arbeit - hinsichtlich ihrer Relevanz für die Unternehmen in Mittelhessen überprüft. Zu diesem Zweck wurde eine umfangreiche Befragung patentanmeldender und nicht-patentanmeldender Unternehmen des Verarbeitenden Gewerbes in Mittelhessen durchgeführt. Diese Unternehmensbefragung stellt das Grundgerüst und den Kern der Arbeit dar.

Einleitend wird zunächst die Methodik vorgestellt, nach der die erfindungsaktiven Unternehmen in der Region Mittelhessen für die Befragung ausgewählt wurden. In diesem Zusammenhang wird begründet, warum neben patentanmeldenden Unternehmen auch Unternehmen befragt wurden, die keine Erfindungen zum Patent angemeldet haben.

Durch die Kennzeichnung der Unternehmen im fünften Abschnitt wird der Einfluß des Alters, der Branchenzugehörigkeit und der Größe der Unternehmen auf die Erfindungsaktivitäten verdeutlicht. Um Auskunft über erfindungsaktive Sektoren in Mittelhessen zu erhalten, werden die patentanmeldenden Unternehmen nach Branchen und Standorten zugeordnet und die befragten Unternehmen differenziert nach dem Alter, der Abhängigkeit von Konzernen und der Größe dargestellt. Im Anschluß daran wird die Methodik der Befragung beschrieben und begründet, warum es notwendig war, zwei Befragungsaktionen mit unterschiedlich konzipierten Fragebögen durchzuführen.

Mit dem sechsten Abschnitt beginnt der zentrale Teil der Arbeit. Er umfaßt die Auswertung der Befragungsergebnisse. Zuerst werden die Neuerungen, auf die sich die Erfindungstätigkeiten der Unternehmen beziehen, in ihrer Bedeutung für die Unternehmen erfaßt. Dadurch sollen erste Informationen zu den Motiven gewonnen werden, die mittelhessische Unternehmen dazu veranlassen, Produktinnovationen durchzuführen und Prozeßtechnologien zu verbessern. Diese Informationen werden durch Fragen nach den Gründen für Innovationsaktivitäten in den Unternehmen ergänzt.

Im siebten Abschnitt werden unternehmensinterne und -externe Innovationshemmnisse erfaßt, so daß die Gründe für fehlende oder unzureichende Innovationsaktivitäten in den Unternehmen sichtbar werden.

Um neben den Gründen für Innovationen auch Informationen über die auslösenden Faktoren der Innovationsaktivitäten in den Unternehmen zu erhalten, wird im achten Abschnitt nach den Quellen für Impulse gefragt, die zu Neuerungen in den Unternehmen führen. Auch hier wird danach unterschieden, ob die Impulse aus dem unternehmensinternen oder dem unternehmensexternen Bereich kommen.

Da die Forschungs- und Entwicklungsaktivitäten von Unternehmen und Forschungsinstitutionen in der Literatur als wesentliche Determinanten der betrieblichen Innovationsprozesse bezeichnet werden, wird im neunten Abschnitt danach gefragt, welche qualitativen und quantitativen Zusammenhänge zwischen dem FuE-Input in den Innovationsprozeß und dem Innovationserfolg der Unternehmen bestehen.

Der abschließende Teil der empirischen Analyse beschäftigt sich mit regionalspezifischen Determinanten der Erfindungs- und Entwicklungstätigkeit in der Untersuchungsregion. Zu diesem Zweck wird durch Auswertung sekundärstatistischen Datenmaterials zunächst indirekten Hinweisen auf unternehmensbezogene Vernetzungen nachgegangen. Nachfolgend werden Informationen über institutionalisierte und nicht-institutionalisierte Vernetzungen aus den Befragungsergebnissen ausgewertet. Während räumliche Konzentrationstendenzen verschiedenartiger Faktoren in indirekter Weise auf unternehmensbezogene Vernetzungen hinweisen, lassen sich aus Angaben über Kooperationen, kooperationsfördernde Personen und Institutionen sowie informelle Kontakte zwischen verschiedenen Akteuren in der Region direkte Hinweise auf vorhandene, unternehmensbezogene regionale Vernetzungen ableiten.

1 Mittelhessen als räumliche Grundlage der Untersuchung

1.1 Kriterien bei der Auswahl der Untersuchungsregion

Als räumliche Grundlage für die Untersuchung wurde die Planungsregion Mittelhessen ausgewählt (vgl. Abb. 1), die mit dem Regierungsbezirk Gießen identisch ist. Für die Wahl der Region Mittelhessen waren folgende Gründe ausschlaggebend:

- Wie Untersuchungen in den USA zeigen, wird der neuerliche wirtschaftliche Wachstumsprozeß vor allem durch die klein- und mittelständische Industrie getragen (vgl. FAZ v. 15.7.1997). Es wird deshalb davon ausgegangen, daß Industrieunternehmen dieser Größenklasse auch für die wirtschaftliche Entwicklung der Bundesrepublik Deutschland von besonderer Bedeutung sind (vgl. z.B. DARENMÖLLER 1986; DERENBACH 1986; DICKE 1995). STAUDT/BOCK/MÜHLEMEYER (1992) haben das Innovations- und Informationsverhalten von kleinen und mittleren Unternehmen in Nordrhein-Westfalen untersucht und festgestellt, daß es sich von demjenigen großer Unternehmen deutlich unterscheidet. Die Region Mittelhessen zeichnet sich durch eine mittelständische Industriestruktur aus. Sie eignet sich daher für eine Untersuchung dieser Art besonders gut.

- Darüber hinaus zeichnet sich die Region Mittelhessen dadurch aus, daß in ihr sowohl sehr alte Industrieunternehmen (z.B. der metallverarbeitenden Industrie und des Maschinenbaus) als auch eine große Anzahl junger Unternehmen (z.B. der Elektrotechnik und der Biotechnologie) ihren Standort haben. Daher kann der Frage nachgegangen werden, ob ein möglicher Zusammenhang zwischen der Altersstruktur und der Innovationsfähigkeit von Unternehmen besteht.

- Die Region Mittelhessen verfügt über eine übersichtliche öffentliche Forschungsinfrastruktur, so daß versucht werden kann, den Einfluß der einzelnen Institutionen auf die Innovationsprozesse in den Industrieunternehmen der Region zu ermitteln. Die wesentlichen Einrichtungen sind die Justus-Liebig-Universität in Gießen, die Phillips-Universität in Marburg, die Fachhochschule Gießen-Friedberg und das Transferzentrum Mittelhessen in Gießen als verbindendes Element zwischen Hochschulen und ansässigen Industrieunternehmen. Ergänzt werden diese öffentlichen Institutionen durch private Technologiedienstleister wie das Institut für Mikrostrukturtechnologie und Optoelektronik e.V. (IMO) in Wetzlar, das Institut für Entwicklungsmethodik und Fertigungstechnologie umweltgerechter Produkte e.V. (IUP) in Herborn und das Dienstleistungs- und Innovationszentrum Vogelsberg GmbH (DIVO) in Alsfeld.[2]

- Ein wesentlicher Grund für die Entscheidung, eine Untersuchung in der gewählten Region durchzuführen, war die Frage nach der Zugänglichkeit und Auskunftsbereitschaft der Unternehmen, die in einem für sie sehr sensiblen Bereich des Unternehmens befragt werden sollten. Die Befragungsaktion wurde durch die Geschäftsführer der mittelhessischen Industrie- und Handelskammern unterstützt und durch die Bekanntheit der Justus-Liebig-Universität in der Region erleichtert.

---

[2]   Weitere Institute wie das Biotechnologie-Institut Mittelhessen GmbH (BIM) in Gießen, das Interdisziplinäre Forschungszentrum an der Justus-Liebig-Universität Gießen (IFZ) und das Zentrum für angewandte biotechnologische Sensorik (ZABS) in Marburg waren entweder zum Zeitpunkt der Unternehmensbefragung noch nicht gegründet (BIM und IFZ) oder sie wurden im Rahmen der Befragung nicht erwähnt (ZABS). Zum Aufbau und der Bedeutung der einzelnen Institutionen vgl. MENGER 1996: 83ff.; TRANSFERZENTRUM MITTELHESSEN 1996: 7ff..

Abb. 1: Die Untersuchungsregion Mittelhessen

1.2 Entstehung und Struktur der Untersuchungsregion

Das Bundesland Hessen gliedert sich seit der kommunalen Gebietsreform im Jahre 1980 in die drei Regierungsbezirke Kassel, Gießen und Darmstadt. Räumlich deckungsgleich zu den Regierungsbezirken entstanden die Planungsregionen Nordhessen, Mittelhessen und Südhessen. Die räumliche Grundlage für die vorliegende Untersuchung bildet die Region Mittelhessen, die sich aus den fünf Landkreisen Gießen, Lahn-Dill, Limburg-Weilburg, Marburg-Biedenkopf und Vogelsberg zusammensetzt.

Die Region Mittelhessen ist kein historisch gewachsener, in sich geschlossener Raum, sondern ein künstliches administratives Gebilde. Es wurden Teilregionen zu einer administrativen räumlichen Einheit zusammengefaßt, die über eine unterschiedliche historische und wirtschaftliche Entwicklung verfügen. Mitte des 19. Jahrhunderts durchzogen die heutige mittelhessische Region sowohl die Grenzen zwischen dem Großherzogtum Hessen mit der Verwaltung in Darmstadt als auch dem Kurfürstentum Hessen, welches Kassel zugeordnet war und dem Herzogtum Nassau. Wetzlar gehörte zu diesem Zeitpunkt zu Preußen (vgl. Abb. 2). Sowohl vor (vgl. Abb. 3) als auch nach der vorletzten kommunalen Gebietsreform im Jahre 1970 bestand das heutige Mittelhessen aus drei Regierungsbezirken: Kassel, Wiesbaden und Darmstadt (vgl. PLETSCH 1991: 264f.). Die historischen Grenzen sind auch heute noch durch regional unterschiedliche Dialekte und durch emotionale Bindungen der Bevölkerung an Teilregionen in Mittelhessen nachzuvollziehen (vgl. v.VLIET 1995: 9ff.).[3] Man kann daher vermuten, daß sich auch unternehmerische Verflechtungsstrukturen eher in den historisch gewachsenen regionalen Teileinheiten als in administrativ verordneten Raumeinheiten bilden. Wie an späterer Stelle gezeigt werden wird, stellt das fehlende Gefühl einer Zugehörigkeit der Bevölkerung zur „Region Mittelhessen" auch ein Problem für die gemeinsame Wirtschaftsplanung bzw. -förderung in Mittelhessen dar.

1.3 Lage der Untersuchungsregion

Mit einer Fläche von 5381 km^2 und einer Bevölkerungszahl von knapp einer Million (1994) stellt die Region Mittelhessen rund 25% der Fläche und rund 18% der Bevölkerung des Bundeslandes Hessen. Der Anteil an der Fläche der Bundesrepublik beträgt rund 1,5% und an der Bevölkerung rund 1,25%. Die Bevölkerungsdichte von 185 Einwohnern je qkm liegt somit unter dem bundesdeutschen Durchschnitt von 223 E/qkm. Die Bevölkerungsverteilung in der Region ist sehr unterschiedlich. Sie reicht von 79 E/qkm im Vogelsbergkreis bis zu 283 E/qkm im Landkreis Gießen.

Mittelhessen liegt zwischen den Agglomerationen des südlichen Ruhrgebiets und dem Siegener Raum im Nordwesten und dem Frankfurter Raum im Süden. Beide Agglomerationen sind im Regionalen Raumordnungsplan Mittelhessen durch eine Entwicklungsachse 1. Ordnung miteinander verbunden. Die Achse verläuft von Haiger über Dillenburg, Herborn und Wetzlar nach Gießen entlang der Autobahn A 45. Ein Großteil der mittelhessischen Industriebetriebe hat diese Achse als Standort ausgewählt. Entlang einer zweiten Achse 1. Ordnung, welche von Gießen über Marburg und Stadtallendorf nach Neustadt führt, haben sich vergleichsweise wenige Betriebe angesiedelt (vgl. Abb. 4).

---

[3] Die historische Grenze zwischen Hessen-Darmstadt und Preußen zugehöriger Gebiete läßt sich auch heute noch anhand der Kundeneinzugsgebiete der Städte Wetzlar (Preußen) und Gießen (Hessen-Darmstadt) gut nachvollziehen (vgl. GIESE/SEIFERT 1988: 13ff.)

Abb. 2: Hessen 1866

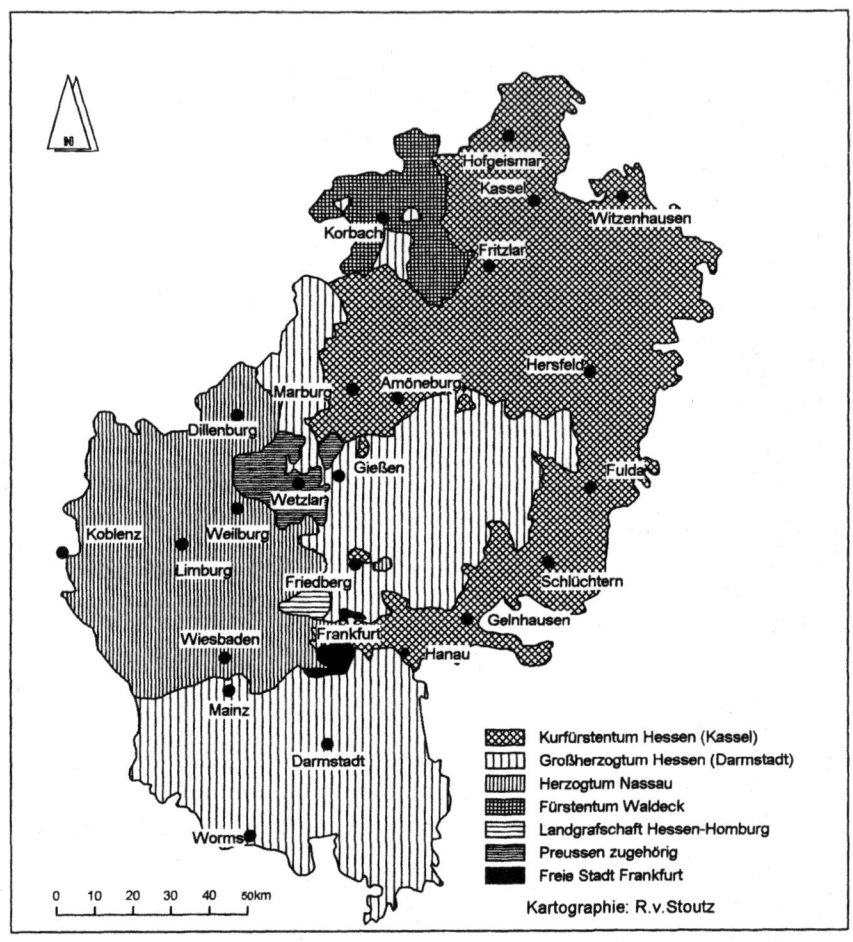

Kurfürstentum Hessen (Kassel)
Großherzogtum Hessen (Darmstadt)
Herzogtum Nassau
Fürstentum Waldeck
Landgrafschaft Hessen-Homburg
Preussen zugehörig
Freie Stadt Frankfurt

Kartographie: R.v.Stoutz

Quelle: Hessisches Landesvermessungsamt 1969

Abb. 3: Hessen 1967

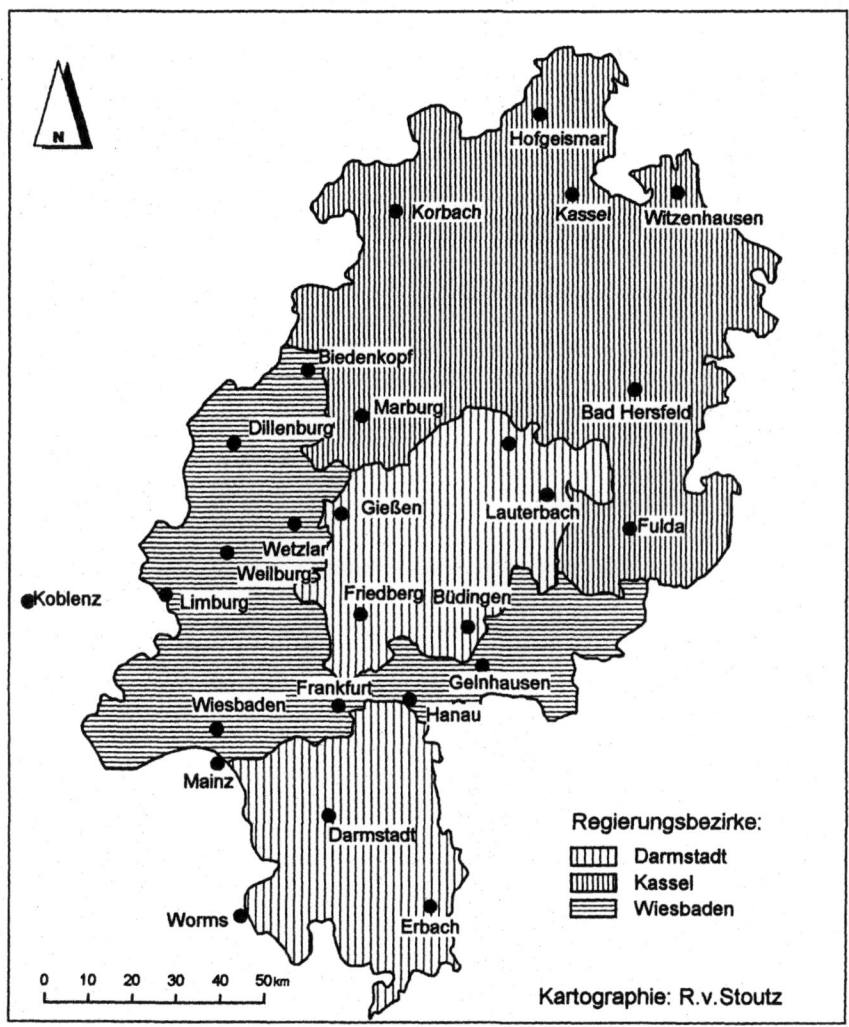

Regierungsbezirke:

Darmstadt
Kassel
Wiesbaden

Kartographie: R.v.Stoutz

Quelle: Hessisches Landesvermessungsamt 1969

Abb. 4: Verteilung der Betriebe des Verarbeitenden Gewerbes 1994 und Entwicklungsbänder 1986 in der Planungsregion Mittelhessen

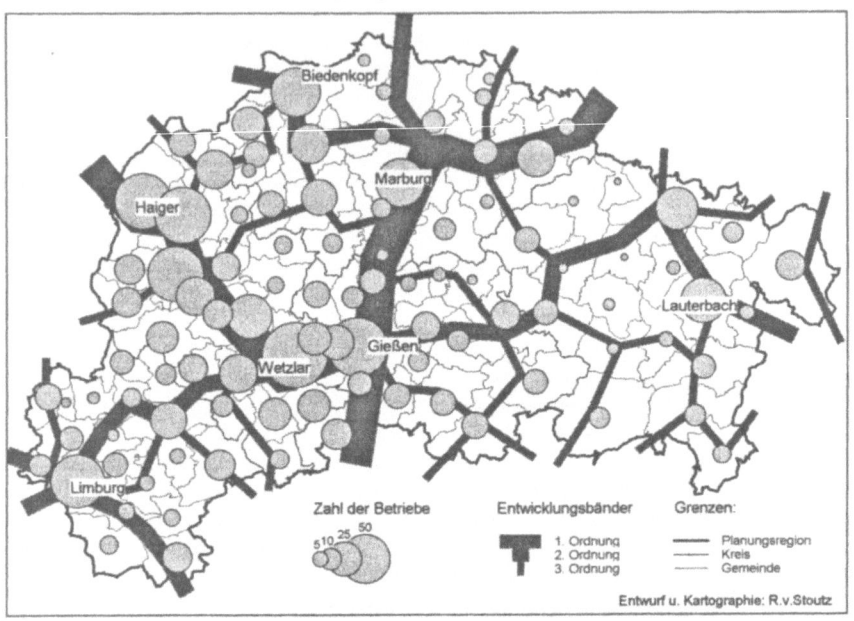

Quellen: Regionaler Raumordnungsplan Mittelhessen 1986; Hessisches Statistisches Landesamt 1995

2 Bedeutung und Entstehung technologischer Innovationen

2.1 Der Begriff der Innovation

Der in dieser Arbeit verwendete Innovationsbegriff soll sich auf *technische* bzw. *technologische Innovationen* beschränken. Zudem werden in der Untersuchung lediglich die Aktivitäten von Industrieunternehmen des Verarbeitenden Gewerbes berücksichtigt. Es ist allerdings nicht auszuschließen, daß sich sowohl Überschneidungen mit anderen Innovationen, etwa mit organisatorischen ergeben, als auch Überschneidungen mit Unternehmen, die nicht dem Verarbeitenden Gewerbe angehören. Diese Unternehmen zählen jedoch nicht zur Zielgruppe der Untersuchung.

Ohne *Innovationen* (etymologisch „*Erneuerungen*") basiert die Wirtschaft auf einer ständigen, genau zu berechnenden Reproduktion von Gütern und Dienstleistungen. Der ständige Bedarf des Verbrauchers ist ebenso konstant wie die Produktionsmethoden und der quantitative und qualitative Bedarf an den Produktionsfaktoren Arbeit und Boden. Alle verbrauchten Produktionsgüter werden durch neue, aber identische ersetzt (vgl. HEERTJE 1989: 1ff.). Dieser Prozeß kann durch Innovationen durchbrochen werden. Unter dem Begriff „*Innovation*" kann dabei sowohl der *Prozeß* verstanden werden, der, eingeteilt in unterschiedlich viele Phasen, mit der Idee zu einer Neuerung (*Invention*) beginnt und der Verbreitung der Neuerung (*Diffusion*) endet, als auch das *Ergebnis* dieses Prozesses. EWERS (1994) bezeichnet *Innovation* als Neuerung, die sich erfolgreich am Markt durchgesetzt hat. JACOBY (1987) dagegen sieht die gesamte Realisierung von Neuerungen in der Industrie als *Innovationsprozeß* an, der mit der Aufnahme erster Signale vom Markt beginnt und mit der erfolgreichen Vermarktung der Neuerungen endet. Dieser Ansatz dient als Grundlage für den empirischen Teil der vorliegenden Arbeit.

2.1.1 Technologische Innovationen

In den Bereich der ergebnisorientierten Definition von EWERS (1994) fallen die beiden bereits von SCHUMPETER (1911) genannten Innovationen, die *Produkt-* und die *Prozeßinnovation*. Beide werden als *technische* oder *technologische* Innovationen bezeichnet und somit von anderen Innovationsformen wie den *organisatorischen* oder den *Marktinnovationen* abgegrenzt.[4]

Die genaue Definition des Begriffes der „*technologischen Innovation*" wurde 1992 im Rahmen des sogenannten „*Oslo Manuals*", einer OECD-Richtlinie, festgelegt. Die Richtlinie der „Organisation for Economic Co-operation and Development" dient der Standardisierung von innovationsrelevanten Begriffen, um international vergleichbare Innovationsstudien durchführen zu können (vgl. OECD 1992b: 3f.) Im Rahmen des „*Oslo Manuals*" lautet die entsprechende Definition (vgl. OECD 1992b: 28):

„*Technological innovations comprise new products and processes. An innovation has been implemented if it has been introduced on the market (product innovation) or used within a production process (process innovation). Innovations therefore involve a series of scientific, technological, organisational, financial and commercial activities.*"

---

[4]   Zur Innovationstheorie SCHUMPETERS vgl. Abschnitt 2.2.1

Die Definition bezeichnet nicht nur die beiden Erscheinungsformen einer technologischen Innovation - die Produkt- und die Prozeßinnovation -, sondern sie betont zudem, daß von einer technologischen Innovation nur dann gesprochen werden kann, wenn die Neuerung in den Markt eingeführt
wird. Darüber hinaus wird eine Anzahl innovationsbegleitender Aktivitäten in die Definition integriert.

2.1.1.1 Die Produktinnovation

Der Begriff der *Produktinnovation* läßt sich wiederum in mehrfacher Hinsicht unterteilen. Eine
Möglichkeit besteht dabei in der Einteilung nach dem Aggregationsniveau des Untersuchungsob-
jekts. Innovationen können auf der *Unternehmensebene*, auf der *volkswirtschaftlicher Ebene* oder
weltweit untersucht werden. Dabei sind nicht nur Unterschiede in der Entstehung und den Auswirkungen von Innovationen denkbar, sondern auch in ihrer Bedeutung. Innovationen können für ein
Unternehmen neu sein oder sie können sich im Extremfall als Weltneuheiten erweisen. Aus betrieblicher Sicht bedeutet eine Produktinnovation nach HAHN (1989) die Aufnahme neuartiger Produkte in das bestehende Produktprogramm eines Unternehmens. Die Produktinnovation wird somit als neuartiges Produkt aus der Sicht des Unternehmens, nicht des Marktes angesehen (vgl.
HAHN 1989: 131).

Eine weitere Einteilung baut auf der Unterscheidung nach dem Aggregationsniveau der Betrachtung von „Innovation" auf. Die Klassifikation erfolgt im Hinblick auf die wirtschaftlichen Auswirkungen in Abhängigkeit von der Bedeutung der Neuerung. Ein neues Produkt kann also den Charakter
einer *Basisinnovation* mit erheblichen wirtschaftlichen Auswirkungen auf Unternehmen, Regionen
oder die Gesamtwirtschaft haben, oder es kann sich um eine *Routineinnovation* mit sehr begrenz-
ter Wirkung handeln. Die Unterscheidung, die im Rahmen der OECD-Richtline vorgenommen
wurde, setzt ebenfalls an der Bedeutung des Produktes an. Als besonders bedeutend werden
grundsätzlich neue Produkte bezeichnet. Die Definition für ein besonders bedeutendes neues Produkt lautet (vgl. OECD 1992b: 29):

*„Major product innovation is a product whose intended use, performance characteristics, attributes,
design properties or use of material and components differs significantly compared with previously
manufactured products. Such innovations can involve radically new technologies, or can be based
on combining existing technologies in new use."*

Nach dieser Definition handelt es sich bei dem neuen Produkt um eine Weltneuheit, wobei es
durchaus aus einer neuen Kombination bekannter Technologien bestehen kann. Produktinnovationen dieser Art können somit ohne den Einsatz unternehmensinterner Forschung realisiert werden.
Als Produktinnovation werden jedoch auch *wesentliche Verbesserungen* bestehender Produkte
bezeichnet (vgl. OECD 1992b: 29):

*„Incremental product innovation is an existing product whose performance has been significantly
enhanced or upgraded. This again can take two forms. A simple product may be improved (in
terms of improved performance or lower cost) through use of higher performance components or
materials, or a complex product which consists of a number of integrated technical subsystems
may be improved by partial changes to one of the subsystems."*

Durch diese Definition sind Produktveränderungen, die zu keiner Verbesserung, sondern zu einer
einfachen Modifikation führen, keine Innovationen sondern *Produktdifferenzierungen*. Oftmals ist
es jedoch schwer, die Grenze zwischen grundsätzlich neuen Produkten und Produktdifferenzie-

rungen zu ziehen. So kann zum Beispiel das neue Modell eines Automobils, wenn es ohne technische Verbesserungen auf dem Markt erscheint, als Produktdifferenzierung bezeichnet werden,
während es durch die Integration technischer Neuerungen zu einer Produktinnovation werden
kann. Ähnliche Differenzierungen in der Definition von Innovationen werden bei den Produkten
von Zulieferunternehmen vorgenommen. Ein Produkt, welches im Kundenauftrag hergestellt wird
und aus der Sicht des Unternehmens neu ist, kann nur dann als Produktinnovation bezeichnet
werden, wenn eigene Entwicklungsarbeiten notwendig waren, um die Produktion des neuen Produktes beginnen zu können. Waren jedoch keine eigenen Konstruktions-, Forschungs- oder Entwicklungsarbeiten notwendig, so handelt es sich um keine Produktinnovation, obwohl das Produkt
aus der Sicht des Unternehmens unter Umständen völlig neu ist.

2.1.1.2 Die Prozeßinnovation

Prozeßinnovationen beziehen sich auf Produktionsmethoden und zwar unabhängig davon, ob die
Produktionseinrichtungen verändert werden oder nicht. Wichtig ist nur, daß es zu einer *Verbesserung* der Methoden kommt (vgl. OECD 1992b: 29):

„*Process innovation is the adaption of new or significantly improved production methods. These
methods may involve changes in equipment or production organisation or both. The methods may
be intended to produce new or improved products, which cannot be produced using conventional
plants or production methods, or essentially to increase the production efficiency of existing products.*"

Auch hier sind Grenzfälle unvermeidbar, die eine Zuordnung neuer Prozesse zu den Prozeßinnovationen erschweren. Oftmals ist es kaum möglich zu beurteilen, welche Veränderungen „neu"
sind oder als „bedeutend" bezeichnet werden können. Darüber hinaus werden auch einige innova-
tionsbegleitende Aktivitäten als Innovationsaktivitäten bezeichnet. Diese Aktivitäten, zum Beispiel
die Einführung von elektronischer Datenverarbeitung (EDV) oder die Installation von „just-in-time"
Systemen, sind jedoch nur dann den technologischen Innovationen zuzurechnen, wenn sie notwendig sind, um Produkt- oder Prozeßinnovationen durchzuführen (vgl. OECD 1992b: 30). Dienen
sie nicht der Einführung von technologischen Innovationen sondern der Verbesserung der Organisation, so sind sie den *organisatorischen Innovationen* zuzurechnen.

Ähnliches gilt für den Einsatz neuer Maschinen. Sie zählen nur dann zu den Prozeßinnovationen,
wenn sie die Produktionsmethoden verbessern. Das betrifft auch den Einsatz von Maschinen im
Rahmen von Produktinnovationen. So zählt zum Beispiel eine neue Maschine, die gekauft wurde,
um eine Produktinnovation zu verpacken, nicht zu den Prozeßinnovationen, da sie die Produktionsmethode nicht verbessert (vgl. OECD 1992b: 31). Entsprechend sind auch Neuanschaffungen,
die der Erweiterung der Produktion dienen ohne die Produktionsmethode zu verbessern, keine
Prozeßinnovationen.

Wie im Rahmen der vorgestellten Ergebnisse der Unternehmensbefragung später deutlich werden
wird, ist es in der Praxis überaus schwer, sowohl die einzelnen Formen der Innovationen voneinander zu trennen, als auch die beschriebenen Grenzfälle in ausreichender Weise zu würdigen.[5]
Gleichzeitig ist diese Trennung jedoch außerordentlich wichtig, da sonst erhebliche Fehlinterpreta-

---

[5]   Da insbesondere bei der Anwendung neuer Techniken, zum Beispiel in der Biotechnologie oder bei der
       Herstellung von CNC-Maschinen eine Trennung zwischen Produkten und Prozessen nur äußerst schwer
       möglich ist, empfehlen KOSCHATZKY et al. (1992: 10), daß auf eine solche Trennung im Bereich der High-
       Tech-Industrie verzichtet werden sollte.

tionen von Meßergebnissen zu erwarten sind. Dies gilt, wie in Abschnitt 6 gezeigt werden wird, insbesondere bei der Verwendung von Indikatoren, die den Output von Innovationsaktivitäten messen sollen.

2.1.2 Innovation als Prozeß

Eine technologische Innovation ist das Ergebnis eines Prozesses, der mit einer *Idee* beginnt und mit dem *Markteintritt* bzw. der *Diffusion* einer Neuerung endet (vgl. GRUPP 1994: 224ff.). Der Aufbau und der Verlauf von Innovationsprozessen ist im Rahmen der vorliegenden Arbeit von besonderer Bedeutung, da es das Ziel der Arbeit ist, festzustellen, welchen internen, externen und regionalspezifischen Einflüssen die Innovationsprozesse der mittelhessischen Industrieunternehmen ausgesetzt sind. Im Rahmen dieser Fragestellung ist es wichtig, den typischen Verlauf von Innovationsprozessen kennenzulernen, um daraufhin nach Faktoren suchen zu können, die auf den Prozeß Einfluß nehmen.

Die meisten Untersuchungen, die Indikatoren zur Messung von Innovationstätigkeiten verwenden, gehen von einem Innovationsprozeß aus, der *linear* verläuft (vgl. HANSEN 1985: 13ff.). Dieser Prozeß beinhaltet die Stufen *Forschung - Entwicklung - Konstruktion u. Design - Produktion - Marketing* (vgl. OECD 1994: 13). Der Kern dieses Modells wird durch den Bereich *Forschung und Entwicklung* (FuE) gebildet, so daß der Innovationsprozeß häufig mit dem idealtypischen Ablauf eines FuE-Prozesses gleichgesetzt wird. (vgl. IFO-INSTITUT FÜR WIRTSCHAFTSFORSCHUNG 1974: 5f.).

2.1.2.1 Forschungs- und Entwicklungsprozesse

Forschung und Entwicklung (FuE) wird in dieser Arbeit im Sinne des „Frascati-Handbuchs"[6] als: "*...systematische, schöpferische Arbeit zur Erweiterung des Kenntnisstandes [...] mit dem Ziel, neue Anwendungsmöglichkeiten zu finden*" definiert. FuE beinhaltet die Bereiche *Grundlagenforschung, angewandte Forschung, experimentelle Entwicklung* und zum Teil auch den Bereich der *Erprobung* neuer Produkte oder Prozesse.

- Bei der *Grundlagenforschung* werden neue wissenschaftliche Erkenntnisse gewonnen, die in der Regel keinen direkten Bezug zu spezifischen Produkten oder Verfahren haben. Grundlagenforschung wird hauptsächlich von Forschungsinstituten, Universitäten und Großforschungseinrichtung durchgeführt. Die Forschungsfinanzierung liegt zu einem großen Teil beim Staat.

- Die *Angewandte Forschung* dient in erster Linie der Gewinnung zielorientierter neuer naturwissenschaftlicher bzw. technischer Erkenntnisse. Auf der Basis eigener oder fremder Grundlagenforschung werden in einem absehbaren Zeitraum neue Lösungen für konkret definierte Probleme erbracht. Der Schwerpunkt der Forschungsträger verlagert sich zunehmend vom Staat auf die private Wirtschaft.

- Bei der *experimentellen Entwicklung* werden die Erkenntnisse der Forschung genutzt, um sie in konkrete Produkte oder Verfahren umsetzen zu können. Dabei kommen durch überwiegend ingenieurwissenschaftliche Tätigkeiten zum Einsatz. Dieses gilt hauptsächlich für den Bereich der *Neuentwicklung*, die als Versuch beschrieben werden kann, neue Erkenntnisse in marktfähige Produkte oder einsatzfähige Verfahren umzuwandeln. Sollen bestehende Produkte oder

---

6   Das Frascati-Handbuch ist eine OECD-Richtlinie, die erstmals im Jahre 1963 erstellt und seitdem vielfach revidiert wurde (in der vorliegenden Fassung 1992 erschienen). Sie dient der Definition von FuE, um FuE quantifizieren und international vergleichbar machen zu können.

Verfahren den Wünschen von Verbrauchern oder den Möglichkeiten neuer Techniken angepaßt werden, so erfolgt ein Prozeß der *Weiterentwicklung*. Die meisten Produkte und Verfahren
unterliegen einem ständigen Weiterentwicklungsprozeß, um dem Kriterium einer Verbesserung
der Wirtschaftlichkeit zu genügen (vgl. HAHN 1989: 147). Die Trennung der Begriffe *Neuentwicklung* und *Weiterentwicklung* ist jedoch, wie die Befragung einiger Unternehmen in Mittelhessen ergeben hat, in der Praxis nur schwer möglich.

- Um aus der Erfindung eine Innovation zu machen, sind *Konstruktion, Design* und der Bau von
  Prototypen sowie der Prozeß der *Erprobung* notwendig. Konstruktion und Design gehören jedoch nach den Definitionen des Frascati-Handbuchs nicht mehr zu den FuE-Tätigkeiten. Die
  Herausnahme dieser Begriffe aus der Definition führt bei der Erfassung von FuE-Kapazitäten in
  der Praxis zu Problemen, da eine Abtrennung der Konstruktions- von der Entwicklungsabteilung nahezu unmöglich ist.

Alle Teilbereiche der Forschung und der experimentellen Entwicklung können durch Eigenforschung und -entwicklung, Fremdforschung und -entwicklung sowie Gemeinschaftsforschung und -
entwicklung erfolgen. Während die Fremdforschung im Rahmen der Befragung mittelhessischer
Patentanmelder als „*Forschung durch Auftragsvergabe*" bezeichnet wird, werden Projekte der
Gemeinschaftsforschung als „*Forschung durch Zusammenarbeit*" vorgestellt (vgl. Abschnitt
10.2.2).

2.1.2.2 Interaktive Innovationsprozesse

Das Modell des linear verlaufenden Innovationsprozesses wird vielfach kritisiert. Die Kritik setzt
hauptsächlich an drei Punkten an (vgl. KLINE/ROSENBERG 1986: 285ff.):

- Innovationsprozesse verlaufen überwiegend nicht linear, da sie durch *Vor-* und *Rückkopplungseffekte* geprägt sind.

- Im linearen Modell erfolgt eine Überinterpretation der FuE bzw. eine zu geringe Beachtung von
  weiteren innovationsrelevanten Aktivitäten.

- Oftmals wird der Innovationsprozeß isoliert und nicht in seinen Abhängigkeiten von anderen
  Determinanten gesehen.

Die Unzulänglichkeiten des *linearen* Modells führten zur Entwicklung des *interaktiven* Modells eines Innovationsprozesses durch KLINE/ROSENBERG (1986), welches im wesentlichen auf folgenden
Grundannahmen beruht (vgl. Abb. 5):

Innovationsprozesse verlaufen nicht immer linear (C = „Central-chain-of-Innovation"), sondern
sind geprägt durch eine Reihe von *Rückkopplungseffekten* (f = „feedback loops"). Besondere Bedeutung haben die Rückkopplungseffekte, die vom Marketingbereich ausgehen (F). Gleichzeitig
ist Innovation abhängig von *Chancen*, die zum Beispiel durch Gesetzesänderungen, Änderungen
auf dem Weltmarkt oder durch neue Erfindungen oder Entwicklungen entstehen können. Je nachdem wie gut ein Unternehmen diese Chancen wahrnimmt und in sein bestehendes Produktprogramm integrieren kann, entwickelt sich der Innovationsprozeß (vgl. OECD 1992: 16). Die *strategischen Fähigkeiten* der Unternehmensführung bei der Anpassung der Produkte und Prozesse sowohl an die Marktverhältnisse als auch an die unternehmensinternen Möglichkeiten, bestimmen
den Verlauf des Innovationsprozesses somit wesentlich.

Die Potentiale des Unternehmens liegen nach diesem Modell in seinen Fähigkeiten in den Bereichen Technik, Design, Entwicklung und Marketing. Das „Chain-link Model of Innovation" von KLINE und ROSENBERG (1986) führt zu folgenden Erkenntnissen (vgl. OECD 1992: 16ff.; OECD 1994: 13):

- Der Erfolg oder Mißerfolg eines Innovationsprozesses hängt vor allem davon ab, wie gut ein Unternehmen dazu in der Lage ist, Rückkopplungen zwischen den einzelnen Phasen des Prozesses zu organisieren.

- Innovation ist ein Prozeß, der durch ein ständiges Agieren und Reagieren, sowohl vom eigenen Unternehmen als auch von Mitbewerbern, gekennzeichnet ist. Bestehende Produkte und Prozesse müssen ständig verbessert oder durch neue ersetzt werden.

Abb: 5: Das „Chain-link model" als interaktives Modell eines Innovationsprozesses

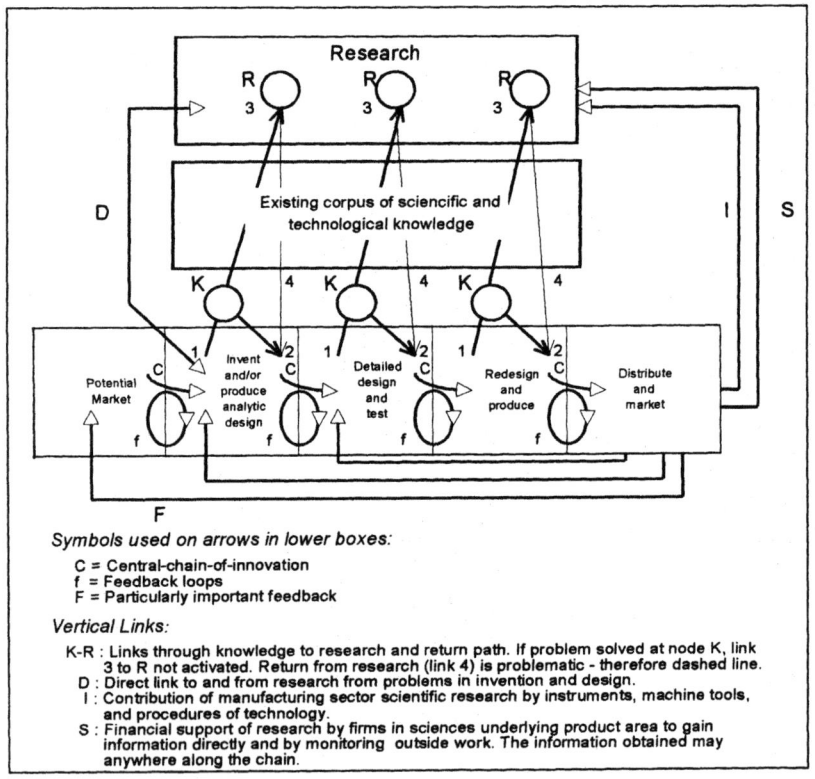

Quelle: OECD 1994 nach Kline/Rosenberg 1986

- Eine besondere Rolle spielt die Forschung. Anders als im linearen Modell des Innovationsprozesses wird die Forschung im „Chain-link Model" nicht nur als mögliche Voraussetzung für Innovationen angesehen (D), sondern in erster Linie als Form der Problemlösung in jeder Phase des Innovationsprozesses. Wenn im linear verlaufenden Innovationsprozeß Probleme entstehen, so werden sie möglichst mit Hilfe des unternehmensinternen Wissens (K) in den Schritten von 1 - 2 gelöst. Erst wenn das interne Wissen nicht mehr ausreicht, wird versucht, das Problem mit Hilfe des bekannten Wissens einer Volkswirtschaft über den Weg 1 - 2 - 3 - 4 zu lösen. Wenn es jedoch mit Hilfe des verfügbaren technologischen Wissens nicht zu lösen ist, muß Forschung betrieben werden. Somit wird Forschung in jeder Phase des Innovationsprozesses möglich und oftmals notwendig. Auch hier ist der Erfolg oder der Mißerfolg eines Innovationsprozesses davon abhängig, ob eigene oder externe Kompetenzen zur Problemlösung herangezogen werden können. Dies bedeutet, daß auch Unternehmen, die intern über ein geringes wissenschaftliches und technologisches Wissen verfügen, durchaus in der Lage sind, Probleme innerhalb eines Innovationsprozesses zu lösen, indem sie externes Wissen mobilisieren und Zugang zu externen Forschungseinrichtungen finden.

• Der Innovationsprozeß beeinflußt auch die Forschung. Die Beeinflussung erfolgt sowohl durch das Ergebnis des Innovationsprozesses, also die Innovation (I), als auch durch die Rückkopplungen, die im Zusammenhang mit den Problemlösungen in jeder Phase des Prozesses (S) möglich sind.

Die beschriebenen Modelle eines Innovationsprozesses - das *lineare* und das *interaktive* Modell - sind beide in dem *„kognitiven Modell eines Innovationsprozesses"* von GRUPP (1994) enthalten (vgl. Abb. 6):

Abb. 6: Schematische Darstellung des „Kognitiven Modells eines Innovationsprozesses"

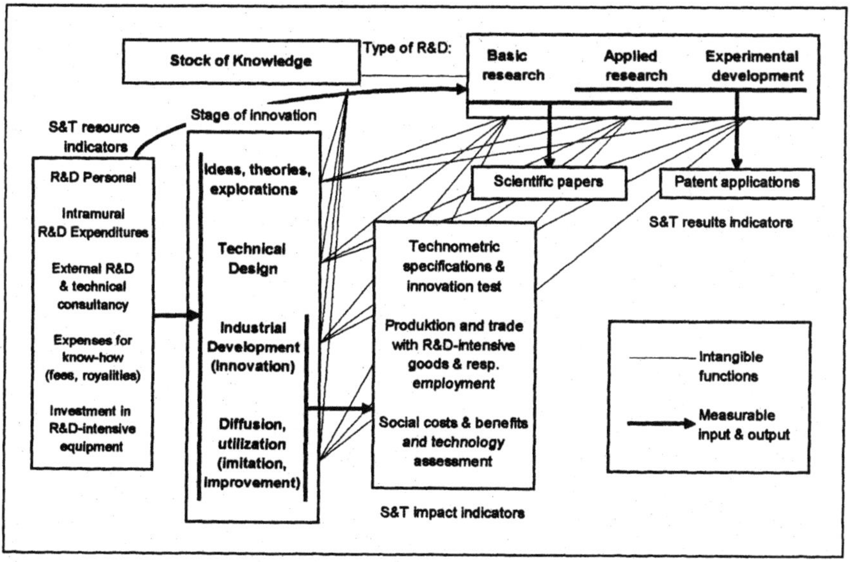

Quelle: nach Grupp 1994: 228

Das Ziel des Modells ist die Darstellung von Zusammenhängen zwischen verschiedenen Indikatoren, die den gesamten Wissenschafts- und Technologieprozeß beschreiben. Es ist jedoch auch geeignet, um zu verdeutlichen, daß der Innovationsprozeß in besonderer Weise vom Wissens-

bzw. Erkenntnisstand eines Unternehmens oder einer Volkswirtschaft (*Stock of knowledge*) abhängig ist. Dem Modell zufolge ist FuE in allen Stufen des Innovationsprozesses möglich oder notwendig. So muß selbst der Imitator einer Neuerung fast immer eigene FuE-Aktivitäten durchführen oder durchführen lassen, um ein marktfähiges Produkt herstellen zu können. GRUPP unterscheidet im Innovationsprozeß die beiden Aktivitäten *„Technical Design"* und *„Industrial Development"*. Unter *„Technical Design"* versteht er Produkte, die technisch realisiert sind und oftmals in Form von Prototypen existieren. Die Produkte werden durch das *„Industrial Development"*, welches durch ein kommerzielles Interesse an der Neuerung angeregt wird, in wirtschaftlich verwertbare Produkte weiterentwickelt. Unterbleibt das wirtschaftliche Interesse, so wird die Neuerung nicht zur Innovation in dem Sinne, daß sie als neues Produkt oder neuer Prozeß wirtschaftlich verwertet wird.[7] Wie eine Untersuchung von GIESE/STOUTZ (1997) gezeigt hat, ist der Anteil patentfähiger Erfindungen, die von mittelhessischen Industrieunternehmen nicht zu marktfähigen Produkten weiterentwickelt werden, mit knapp 60% relativ groß.

Wichtig ist, daß die drei - auch von KLINE/ROSENBERG (1986) aufgeführten - Teilbereiche *„Stock of Knowledge"*, *„R&D"* und *„Stage of Innovation"* zwar jeweils eigene Erscheinungsformen sind, sich jedoch gegenseitig bedingen und beeinflussen. Darüber hinaus führen beide Modelle prinzipiell zu dem Ergebnis, daß Innovationen nicht nur von interner oder externer FuE abhängig sind, sondern daß zusätzliche Faktoren, wie die strategischen Fähigkeiten eines Unternehmens sowie weitere Aktivitäten, die nicht zu den FuE-Aktivitäten gehören, eine Rolle spielen (vgl. OECD 1992: 17f.). Als Beispiele für solche Aktivitäten nennt die OECD in den Richtlinien des „Oslo Manual" (vgl. OECD 1992: 17):

- Produkt- und Prozeßinnovationen können durch das Verhältnis zu den Kunden eines Unternehmens beeinflußt werden. Ebenso können sie ausschließlich durch Aktivitäten in den Bereichen Design und Konstruktion realisiert werden. Darüber hinaus ist es möglich, Wettbewerber zu überwachen und Beratungsunternehmen zu konsultieren, um innovationsrelevantes Wissen zu erlangen.

- Externes Wissen kann in Form von Lizenzen erworben werden, indem sowohl Erfindungen als auch Know-how und Fähigkeiten in technischer oder gestalterischer Hinsicht extern bezogen werden.

- Humankapital kann intern ausgebildet oder extern rekrutiert werden.

- Es können Investitionen in neuen Prozesse vorgenommen werden.

- Eine weitere Möglichkeit besteht in der Neuorganisation des Managementsystems oder seiner Methoden.[8]

Die Richtlinien der OECD weisen ebenso wie die vorgestellten Innovationsmodelle auf die Bedeutung der strategischen Fähigkeiten eines Unternehmens bei der Planung und Durchführung von Innovationen und Innovationsprozessen hin. Daher wird in Abschnitt 3.1.4 näher auf unternehmensinterne Faktoren eingegangen werden, die bei der Auslösung von Innovationsprozessen eine Rolle spielen.

---

[7]   Wie in Abschnitt 7 gezeigt werden wird, unterbleibt das „Industrial Development" oftmals aufgrund der geringen Risikofreudigkeit einiger Unternehmer.

[8]   So wurde zum Beispiel von einem befragten Unternehmen ein *Innovationsmanager*, sowie sogenannte *Innovationsscouts* (Personal welches systematisch den bestehenden Markt nach Innovationen absucht) eingeführt (vgl. FAZ v. 9.8.96).

Insgesamt ist deutlich geworden, daß die Entstehung und der Verlauf von Innovationsprozessen von vielen Faktoren abhängen und daher nicht monokausal zu erklären sind. Im Zuge der Innovationsforschung wurden eine Reihe von theoretischen Ansätzen entwickelt, die sich nicht nur mit den Entstehungsvoraussetzungen, sondern auch mit den Auswirkungen von Innovationen befassen. Bevor nach möglichen Determinanten gesucht wird, die einen Einfluß auf die Entstehung und Ausgestaltung von Innovationsaktivitäten haben, sollen daher drei grundlegende theoretische Erklärungsansätze vorgestellt werden.

2.2 Innovationstheorien

Die unterschiedlichen Ansätze zur Erklärung von Innovationen und ihren Auswirkungen sind zwar vielfältig und heterogen, der Grundgedanke ist jedoch bei nahezu allen Innovationstheorien ähnlich. Gemäß der Annahme, daß Strukturen und Strategien verschiedener Unternehmen von ihrem „Kontext" abhängig sind, müssen die Wechselwirkungen zwischen dem Umfeld des Unternehmens, seiner Organisation und seinen Strategien untersucht werden. Als „Kontext" werden in der betriebswirtschaftlichen Organisationslehre alle Faktoren bezeichnet, die in der Lage sind Entscheidungen zu beeinflussen, jedoch selbst nicht oder nur langfristig verändert werden können. Diese Faktoren können dabei sowohl unternehmensintern als auch -extern sein.

EWERS (1994) unterscheidet drei theoretische Ansätze, mit deren Hilfe Entstehung und Auswirkungen von Innovationen erklärt werden können: Die *Innovationstheorie Schumpeters*, die *entscheidungsorientierten Innovationstheorien* und die *evolutorische Ökonomik*.

2.2.1 Die Innovationstheorie Schumpeters

Der wirtschaftswissenschaftlich geprägte Innovationsbegriff basiert auf der Definition SCHUMPETERS (1911). Er sieht in der technologischen Innovation den wesentlichen Motor für wirtschaftlichen Entwicklung. Seine Definition des Innovationsbegriffs: "*Wenn wir nicht die Faktormenge, sondern die Funktion verändern, dann haben wir eine Innovation*", bezieht er in erster Linie auf Basisinnovationen. SCHUMPETER unterscheidet fünf Fälle von Basisinnovationen (vgl. SCHUMPETER 1911: 100f):

1. *Herstellung eines neuen Gutes oder einer neuen Qualität eines Gutes.*
2. *Einführung einer neuen Produktionsmethode.*
3. *Erschließung eines neuen Arbeitsmarktes.*
4. *Eroberung einer neuen Bezugsquelle für Rohstoffe oder Halbfabrikate.*
5. *Durchführung einer Neuorganisation.*

Die Grundthese SCHUMPETERS (1964) besagt, daß jeder gleichgewichtige Zustand „zwangsläufig" zu Innovationen führt. Die Ursache hierfür sieht er in dem Wunsch der Unternehmen, steigende Gewinne zu erwirtschaften, des weiteren in den Vorteilen einer „Planungssicherheit", die durch den gleichgewichtigen Zustand bedingt ist und in einer längeren Periode ohne Innovationen. Durch kreditfinanzierte Innovationen von Pionierunternehmen und frühe Imitatoren sowie den damit verbundenen Betriebsmittel- und Konsumausgaben wird ein wirtschaftlicher Aufschwung erreicht. Nach einer bestimmten Zeit erfolgt jedoch „zwangsläufig" ein Abschwung, der seine Ursachen im wesentlichen in der Rückzahlung von Krediten, in den Sättigungstendenzen auf dem Markt und in einer steigenden Unsicherheit aufgrund der Preisveränderungen hat, die durch eine große Anzahl von Imitatoren entstehen.

Basisinnovationen bzw. zeitliche Clusterungen von Innovationen sind für SCHUMPETER Voraussetzung und Auslöser für zyklisch auftretende Konjunkturschwankungen. Er bezeichnet die Schwan-
kungen als „Lange Wellen" oder zu Ehren des Russen KONDRATIEFF, der sich nahezu zeitgleich mit
ihm den Konjunkturschwankungen widmet, als *„Kondratieff-Wellen"*. Die Theorie der „Langen
Wellen" ist in den Bereich der volkswirtschaftlichen Konjunkturtheorie einzuordnen und hat ursprünglich keinen Raumbezug. Sie ist jedoch - etwa bei der Betrachtung altindustrialisierter Regionen mit ihren spezifischen Problemen - durchaus auf Regionen anwendbar.[9]

Der frühe theoretische Ansatz SCHUMPETERS läßt den Komplex der Invention, also die Entstehung
der eigentlichen Erfindung, weitgehend außer acht. Wissenschaft und Technologie werden von
ihm grundsätzlich als exogene Größen angesehen. Erst in seinen späteren Arbeiten integriert
SCHUMPETER die FuE in seine Theorie und bildet mit seiner Vermutung, daß systematische FuE
eher von Großunternehmen durchgeführt werde und diese daher innovativer als kleine Unternehmen seien, die Grundlage für die sogenannte *„Schumpeter-Hypothese"* (vgl. Abschnitt 3.1.2).
FREEMAN spricht in diesem Zusammenhang von *„...the two Schumpeters, the young and the old..."*
(vgl. FREEMAN 1992: 75).

SCHUMPETER legt in seinem Erklärungsansatz besonderes Gewicht auf Innovationen, die durch
den *Unternehmer* erfolgen.[10] Dieser ist nur dann identisch mit dem Inventor, wenn es sich um
einen „Erfinder-Unternehmer" handelt. Erst durch die *unternehmerische Aktivität* wird aus einer
wissenschaftlichen Entdeckung eine Innovation. Demzufolge ist Innovation bei SCHUMPETER eine
Aktivität des *„creative entrepreneur"* während die Diffusion der Neuerung von den *„normal busi-
nessman"* durchgeführt wird (vgl. die Ausführungen von FREEMAN 1992: 76).

GILFILLAN (1934) geht im Gegensatz dazu davon aus, daß der technische Fortschritt aus einer
Reihe von Erfindungen, Entdeckungen und Weiterentwicklungen besteht. Anders als SCHUMPETER
vermutet er, daß in *inkrementalen* Innovationen und nicht im „plötzlichen" Auftreten *„radikaler"*
Innovationen die Erklärung für den technischen Fortschritt zu sehen ist. Faktoren wie *„learning-by-
doing"* oder *„learning-by-using"* spielen seiner Theorie zufolge eine große Rolle bei der Erzeugung
von Innovationen. Dieser Prozeß kann sich bis zu einem *„learning by inter-acting"* als Ausdruck
der gegenseitigen Beeinflussung zwischen Innovationsherstellern und Innovationsanwendern entwickeln (vgl. FREEMAN 1992: 77). So zeigt eine Langzeituntersuchung, die von HOLLANDER (1965)
bei Du Pont durchgeführt wurde, daß rund 90% aller Neuerungen auf die „kleinen" Verbesserungen der Techniker und Ingenieure zurückzuführen sind und nur 10% durch die zentrale FuE-
Abteilung in Form „geplanter" Innovationen erfolgen. Die meisten Neuerungen beruhen nach
HOLLANDER somit auf *„lerning-by-doing"* Prozessen und nicht auf den Aktivitäten einzelner *„Unternehmer"* bzw. auf *inkrementalen* und nicht auf *radikalen* Neuerungen.

Autoren wie MENSCH (1975) und FREEMAN (1992) sind sich darin einig, daß nur eine Kombination
aus beiden Theorien in der Lage ist, die Entstehung von Innovationen plausibel zu erklären. Die
Kombination beider Erklärungsansätze wird im Rahmen der *„evolutorischen Ökonomik"* an späterer Stelle beschrieben (vgl. Abschnitt 2.2.3).

---

9   Zu der Theorie der „Langen Wellen", ihren räumlichen Implikationen und ihren Grenzen vgl. die Ausfüh-
     rungen von BATHELT 1991: 288ff.
10   Ein *Unternehmer* ist nach SCHUMPETERS Verständnis das Wirtschaftssubjekt, welches fähig ist, die Rou-
     tine zu verlassen und Neuerungen durchzuführen. Somit kann theoretisch jede Person im Unternehmen
     zum Unternehmer werden, unabhängig von ihrer Funktion innerhalb des Unternehmens.

2.2.2 Entscheidungsorientierte Innovationstheorien

Die *entscheidungsorientierten Innovationstheorien* basieren auf den Grundannahmen der neoklassischen Mikroökonomie, also im wesentlichen auf einer Gleichgewichtsorientierung der Ansätze sowie der Annahme eines gewinnmaximierenden Verhaltens der Unternehmen. Die innerbetrieblichen Strukturen der Unternehmen werden dabei nicht berücksichtigt, da die Unternehmen bei diesen Ansätzen durch Produktionsfunktionen charakterisiert werden (vgl. EWERS 1994: 501).

Auf dieser Grundlage wurden mehrere Modelle entwickelt, mit deren Hilfe neben dem optimalen Umfang und dem optimalen zeitlichen Einsatz von Ressourcen (zum Beispiel FuE-Aktivitäten) zur Schaffung von Innovationen auch die Abhängigkeit der Innovationsanreize von unterschiedlichen Marktstrukturen und die Auswirkungen der Innovationen auf die Marktstrukturen ermittelt werden sollen. Die Modelle unterscheiden sich nach EWERS (1994) hauptsächlich danach, ob die Innovationsergebnisse unternehmensextern vorgegeben oder das Produkt eigener FuE sind. Des weiteren unterscheiden sie sich danach, ob die Marktstrukturen feststehend vorgegeben sind oder durch endogene Faktoren beeinflußt werden können.

Nach DASGUPTA/STIEGLITZ (1980) kommt besonders den Modellen des „*Patentrennens*" im Rahmen der neoklassischen Innovationstheorien große Bedeutung zu. Nach diesen Modellen sind Innovationen (bzw. deren Notwendigkeit) exogen vorgegeben und die Unternehmen bestimmten durch die Konzeption ihrer Forschungsaktivitäten den Zeitraum und damit den Aufwand bis zur tatsächlichen Innovation. Die Forschungsaktivitäten werden solange ausgedehnt, bis die Grenzkosten und die erwarteten Grenzerlöse übereinstimmen.

2.2.3 Die evolutorische Ökonomik

Die *evolutorische Ökonomik* wird von EWERS (1994) als Kombination der SCHUMPETER'schen Innovationstheorie, der behaviouristischen Organisationstheorie und der Evolutionstheorie aus der Biologie bezeichnet. Auch die evolutorische Ökonomik zeichnet sich durch eine große Heterogenität der Erklärungsansätze aus. Sie ist jedoch wesentlich durch die Arbeiten von DOSI (1988) geprägt, der seine Innovationstheorie auf drei Komponenten aufbaut: Auf den *Eigenschaften* und den *Bestimmungsgründen* für Innovationen sowie auf den *Beziehungen zwischen Innovationen und Marktprozessen.* Insgesamt identifiziert EWERS (1994) auf dieser Grundlage vier wesentliche Eigenschaften von Innovationen:

- Die wichtigste Eigenschaft einer Innovation ist, daß sie jeweils durch die spezifischen technologischen Vorgaben ihrer Umgebung begrenzt wird. DOSI (1988) spricht von den „*technologischen Paradigmen*",[11] innerhalb derer Innovationen stattfinden. Die Richtung der Innovation wird somit durch den Rahmen der bestehenden Technologie mitbestimmt. Dieses hat zum Beispiel zur Folge, daß technische Innovationsprozesse in verschiedenen Branchen unterschiedlich verlaufen (vgl. FREEMAN 1992: 132ff.).[12]

- Die zweite Eigenschaft von Innovationen ist, daß sie zu einem großen Teil auf unternehmensspezifischem Wissen und entsprechenden unternehmensspezifischen Innovationsmöglichkei-

---

[11] Von FREEMAN (1992) wird der Begriff auf die „technologisch-ökonomischen Paradigmen" erweitert (vgl. FREEMAN 1992: 75)

[12] Wie die empirischen Ergebnisse der Arbeit in Abschnitt 10 zeigen, befassen sich in Wetzlar Unternehmen unterschiedlicher Branchen mit der gleichen Technologie. Dort beeinflußt die bestehende Technologie entsprechend die Unternehmen unterschiedlichsten Branchen

ten beruhen. Die spezifischen Fähigkeiten der unternehmensinternen Akteure bestimmen die Organisation der innovationsrelevanten Tätigkeiten (zum Beispiel die Innovationsstrategien oder den FuE-Einsatz).

- Die dritte Eigenschaft bezieht sich auf die Fähigkeit der unternehmensinternen Wissensbasis, sich aufgrund eigener FuE-Tätigkeiten und der Imitation von Konkurrenten fortlaufend zu verändern und weiterzuentwickeln.

- Die vierte Eigenschaft betrifft den Öffentlichkeitsgrad einer Innovation. Jede Innovation basiert nur bis zu einem bestimmten Grad auf unternehmensspezifischem Wissen. Das Wissen kann auch durch Imitation, Kauf von Patenten, Personalabwerbungen, etc. erlangt werden. Somit führen Innovationen auch zu Erträgen, die nicht nur beim Inventor anfallen.

Die Bestimmungsgründe für Innovationen sind im Rahmen der evolutorischen Ökonomik nicht monokausal zu erklären. Sie werden weder nur durch eine Veränderung der Nachfragestruktur hervorgerufen (*demand-pull-Hypothese*) noch einseitig durch Veränderungen, die in der Folge neuer Forschungsergebnisse zu erwarten sind (*technology-push-Hypothese*).[13] Vielmehr sind Innovationen das Ergebnis eines Wechselspiels zwischen den Chancen zu einer Innovation, der Verfügbarkeit von technologischem Wissen und marktbestimmenden Faktoren, zum Beispiel einer bestimmten Nachfrage- oder Wettbewerbsstruktur (vgl. FREEMAN 1992: 81ff.).

Die Gewichtung der Bestandteile dieses Wechselspiels ist davon abhängig, ob die Innovationen im Rahmen bestehender „technologischer Paradigmen" stattfinden oder ob sich die „technologischen Paradigmen" ändern. Wenn sie sich nicht ändern, so werden die Dimensionen der Innovationen überwiegend durch den Wunsch nach einer Beanspruchung von Innovationserträgen durch das eigene Unternehmen sowie durch technologische Chancen gesteuert. Die technologischen Chancen ergeben sich aus noch nicht genutzten Innovationsmöglichkeiten und - damit eng verbunden - der spezifischen Wissensbasis des Unternehmens. Längerfristig ist jedoch zu erwarten, daß die marktbestimmenden Faktoren zu neuen „technologischen Paradigmen" führen. Dadurch werden die Chancen zu Innovationen verändert und ein anderes technologisches Wissen wird erforderlich.

Die Theorie der evolutorischen Ökonomik ist geeignet, um die Unterschiede in der Innovationstätigkeit von Unternehmen unterschiedlicher sektoraler Zugehörigkeit zu erklären, da diese durch ungleiche Innovationschancen der einzelnen Sektoren sowie durch sektorale Unterschiede in der Möglichkeit Innovationsgewinne zu internalisieren bedingt sind. Die Theorie schließt jedoch nicht aus, daß es auch innerhalb der Sektoren zu unterschiedlichen Innovationstätigkeiten kommen kann. Diese resultieren aus unterschiedlichen Innovationsstrategien und Organisationsstrukturen der Unternehmen sowie aus den spezifischen Eigenschaften der einzelnen Innovationen.

Mit Hilfe der Theorie der evolutorischen Ökonomik soll auch die Wechselwirkung zwischen Innovationen und Marktstrukturen[14] erklärt werden. Der Ansatz basiert auf der Evolutionslehre und ist im wesentlichen gekennzeichnet durch einen Zuwachs innovationsrelevanten Wissens in den Unternehmen, die Diffusion von Neuerungen (oder auch von Wissen) in Form von Imitationen durch die Konkurrenz sowie eine Selektion der Innovationsergebnisse durch den Markt. Der Verlauf des Prozesses kann in vereinfachter Weise wie folgt beschrieben werden: Ist eine Innovation erfolgreich, so kann das innovierende Unternehmen seine Wettbewerbsposition verbessern und ändert

---

13 Zu den beiden Thesen zu möglichen Innovationsmotiven vgl. VAN DUIJN 1981 u. BATHELT 1991: 15.
14 Merkmale der Marktstruktur sind z.B. die Größenstruktur, die Produktivität und die Innovationsraten (vgl. EWERS 1994: 503)

dadurch die Marktstruktur. Je nachdem, wie schnell die Innovation durch die Konkurrenz imitiert werden kann, wird der Wettbewerbsvorsprung - der bis zu einer Monopolstellung des innovierenden Unternehmens reichen kann - wieder beseitigt. Die Imitationsmöglichkeiten hängen von einer Vielzahl von Faktoren ab, zum Beispiel den Schutzmöglichkeiten (durch Schutzrechte oder Geheimhaltung) oder der Fähigkeit der Konkurrenz, die Innovation zu imitieren. Durch die Beseitigung der Wettbewerbsvorteile wird die Marktstruktur erneut verändert. Dieser Prozeß wiederholt sich theoretisch nach jeder erfolgreichen Innovation.

Die vorgestellten Innovationstheorien schließen sich nicht gegenseitig aus. Vielmehr betrachten sie Innovationen aus unterschiedlicher Sichtweise und unter verschiedenartigen Voraussetzungen und Grundannahmen. Im Rahmen der vorliegenden Arbeit finden insbesondere die evolutorische Innovationstheorie und die Theorie SCHUMPETERS Beachtung. Mit Hilfe der evolutorischen Innovationstheorie kann zum Beispiel erklärt werden, warum Unternehmen, die sich mit der gleichen Technologie befassen, besonderen Innovationsbedingungen unterworfen sind. Daraus läßt sich ableiten, daß einzelne Branchen unterschiedliche Innovationsintensitäten aufweisen und daß Unternehmen an Standorten, die durch Konzentrationen bestimmter Branchen gekennzeichnet sind, oftmals spezifische Innovationsaktivitäten entwickeln.

Demgegenüber kann die Innovationstheorie SCHUMPETERS dabei helfen, einen Zusammenhang zwischen der Größe und der Innovationsfähigkeit eines Unternehmens herzustellen. Zudem betont sie direkt die Rolle des „Unternehmers" und damit auch die Bedeutung der Qualifikation und Risikofreudigkeit von Entscheidungsträgern im Unternehmen bei der Einführung von Innovationen.

Sowohl aus den Modellen der Innovationsprozesse als auch aus den drei vorgestellten theoretischen Ansätzen zur Erklärung von Innovationen lassen sich eine Reihe von Determinanten der Erfindungs- und Entwicklungstätigkeit von Industrieunternehmen ableiten. Dieses sind insbesondere die strategischen Fähigkeiten der Entscheidungsträger in den Unternehmen (u.a. die Fähigkeit „Wissen" zu rekrutieren), die Intensität der Forschung und die Vorgaben des Marktes (u.a. durch die bestehende Technologie). Die relativ unspezifischen Determinanten, die sich aus den Theorien ablesen lassen, sollen im folgenden durch Literaturrecherchen spezifiziert und ergänzt werden.

3 Determinanten der Erfindungs- und Entwicklungstätigkeit

Im folgenden Abschnitt soll der Frage nachgegangen werden, welche Faktoren das Erfindungsge-
schehen in einer Region beeinflussen können. Daß ein solcher Einfluß angenommen werden
kann, ergibt sich aus der Tatsache, daß regionale Unterschiede in der Erfindungtätigkeit der Industrieunternehmen in der Bundesrepublik Deutschland bestehen. (vgl. zum Beispiel MEYER-
KRAHMER 1984; BRACZYK (1987); BONKOWSKI/LEGLER 1990; GREIF 1992; STOUTZ 1992; PFIRRMANN
1994).[15]

Die Problematik bei der Auswertung von Analysen, die sich mit der Suche nach regionalen Innovationsdisparitäten befassen, liegt unter anderem darin begründet, daß die einzelnen Autoren dem
Innovationsbegriff einen unterschiedlichen Inhalt geben und daß die Untersuchungsergebnisse auf
unterschiedlichen regionalen und sektoralen Aggregationen basieren. Das Hauptproblem besteht
jedoch darin, daß es bislang keine Methode gibt, mit deren Hilfe „Innovation" gemessen werden
kann. Unterschiede in den Innovationsaktivitäten von Unternehmen werden daher mit Hilfe verschiedener Indikatoren wie dem FuE-Personal und den FuE-Ausgaben, der Zahl der Patentanmeldungen oder erteilten Patente sowie der Anzahl neuer Produkte oder Prozesse ermittelt. Da jedoch keiner dieser Indikatoren geeignet ist, die Innovationsaktivitäten oder Innovationen in der
Wirtschaft exakt widerzuspiegeln, leiden die Meßergebnisse oftmals unter Ungenauigkeiten (vgl.
SCHERER 1965; 1983; 1984; 1993 DOSI 1988; ACS/AUDRETSCH 1991; CHAKRABARTI/HALPERIN 1991;
SCHWALBACH/ZIMMERMANN 1991; SCOTT 1991; OECD 1992; 1994; KLEINKNECHT 1993, ARCHIBU-
GI/PIANTA 1996; GIESE/STOUTZ 1997).

Generell können auf der Basis unterschiedlichster Indikatoren Unterschiede in den Innovationsaktivitäten von Unternehmen sowohl zwischen den Agglomerationen und den peripheren Räumen
als auch zwischen dem Norden und dem Süden der (alten) Bundesrepublik Deutschland festgestellt werden. Als Beispiel mag eine ältere Untersuchung von MEYER-KRAHMER (1984) dienen.
MEYER-KRAHMER ermittelt mit Hilfe der Daten von rund 8.200 FuE betreibenden kleinen und mittleren Unternehmen sowie den Umfrageergebnissen des Fraunhofer-Instituts regionale Innovationspotentiale. Als räumliche Basis dienen ihm die Raumordnungsregionen und die siedlungsstrukturellen Regionstypen der Bundesforschungsanstalt für Landeskunde und Raumordnung
(BfLR)[16]. Er berechnet die „Innovationsdichte" sowohl als „Anteil innovierender Unternehmen an
allen Betrieben im Investitionsgütergewerbe" als auch als „Anteil der Unternehmen, die FuE-
Aufträge vergeben, an allen innovierenden Unternehmen im Innvestitionsgütergewerbe" und stellt
in beiden Fällen die beschriebenen räumlichen Unterschiede fest.

Auch eine Untersuchung von PFIRRMANN (1994) basiert auf Unternehmensdaten, die im Rahmen
des Programms „Zuschüsse zu den Aufwendungen für Forschungs- und Entwicklungspersonal für
kleine und mittlere Unternehmen" (PKZ), jedoch zu einem späteren Zeitpunkt erhoben wurden. In
seiner Analyse ermittelt PFIRRMANN die Innovationstätigkeit der Unternehmen auf der Basis der
siedlungsstrukturell typisierten Raumordnungsregionen der Bundesrepublik (alt). Als Indikatoren
wählt er sowohl Input-Indikatoren (FuE-Personal und FuE-Aufwendungen) als auch Output-
Indikatoren (Anzahl neuer Produkte und neuer Verfahren) und - wie er sie bezeichnet -

---

[15]   Zu ähnlichen Untersuchungen in den USA vgl. ACS/AUDRETSCH (1991); AUDRETSCH/FELDMAN (1996);
       AUDRETSCH/STEPHAN (1996), in der Schweiz vgl. AREND/STUCKEY (1984), in den Niederlanden vgl.
       DAVELAAR/NIJKAMP (1989), in Frankreich, Italien und China vgl. DEBRESSON/HU (1996)
[16]   In den Grenzen der Definition von 1987 (vgl. BFLR 1987: 7f.)

Throughput-Indikatoren (Zahl der Patente und der Patentanmeldungen) aus. Ebenso wie ACS/AUDRETSCH (1991), die den Zusammenhang zwischen der Innovationstätigkeit von Industrie-unternehmen und ihrer Größe untersuchen, kommt er zwar zu dem Ergebnis, daß regionale Un-terschiede in den Innovationsaktivitäten von Unternehmen bestehen, schränkt jedoch ein, daß sie, je nach gewähltem Indikator, unterschiedlich stark in Erscheinung treten. Bei PFIRRMANN (1994) werden die regionalen Unterschiede in den Innovationsaktivitäten der Unternehmen besonders deutlich, wenn er Input-Indikatoren zur Messung heranzieht. Die auffälligen regionalen Unter-schiede, die bei der Wahl absoluter Werte in Erscheinung treten, sind wesentlich geringer ausge-prägt, wenn die entsprechenden Werte relativiert werden (zum Beispiel gemessen an den Be-schäftigten).[17]

An den „Zwischenergebnissen" im Innovationsprozeß setzt auch eine Untersuchung von GREIF (1992) an. In seiner Arbeit werden die Patentanmeldungen inländischer Patentanmelder des Jah-res 1988 beim DPA den Stadt- und Landkreisen sowie den Raumordnungsregionen der Bundesre-publik zugeordnet und dort jeweils als Anteil an allen Beschäftigten im Produzierenden Gewerbe dargestellt. Auch diese Analyse führt zu dem Ergebnis, daß in Agglomerationen mehr Patente pro Beschäftigtem angemeldet werden als in peripheren Räumen. Ein Süd-Nord-Gefälle ist ebenfalls deutlich zu erkennen.

Abb. 7: Verteilung ausgewählter Indikatoren für Innovationsaktivitäten (jeweils im Verhält-nis zu den Sozialversicherungspflichtig Beschäftigten im Verarbeitenden Gewerbe 1991 nach den Siedlungsstrukturellen Regionstypen der BfLR)

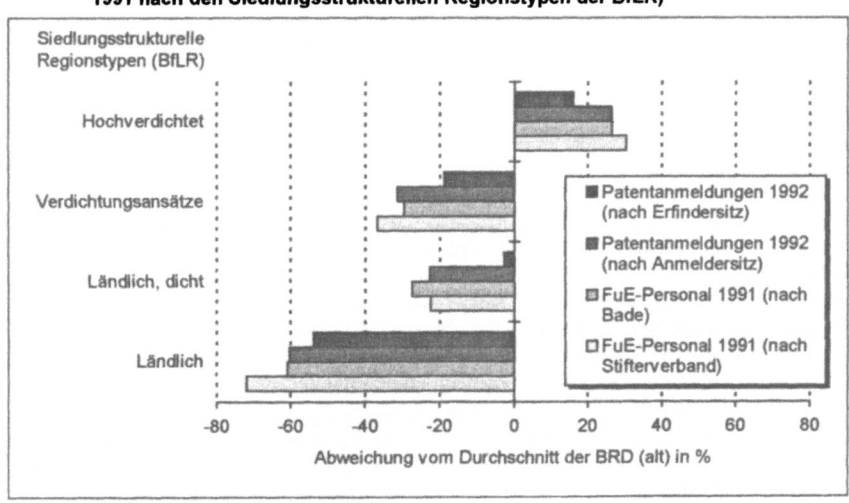

Datengrundlage: Bade 1995; Stifterverband 1992; Deutsches Patentamt 1992; eigene Berechnungen

Das gleiche räumliche Verteilungsbild ergibt sich, wenn das FuE-Personal im Verarbeitenden Ge-werbe als Indikator für Innovationsaktivitäten ausgewählt wird. Abb. 7 zeigt die Intensitäten aus-gewählter Potentialindikatoren nach den siedlungsstrukturellen Regionstypen der BfLR. Die Abbil-

---

17 Die Ergebnisse deuten auf einen Zusammenhang zwischen Größe und Innovationstätigkeiten von Un-ternehmen hin. Vgl. hierzu Abschnitt 3.2.1

dung macht nicht nur deutlich, daß in den hoch verdichteten Regionen überdurchschnittlich starke und in den ländlich strukturierten Regionen besonders schwache Innovationsaktivitäten gemessen werden können. Sie zeigt zudem, daß die Ergebnisse durch die Wahl des Indikators und der Datenquelle beeinflußt werden. Ebenso wie bei PFIRRMANN (1994) fallen die regionalen Unterschiede in den Innovationsaktivitäten von Unternehmen bei der Wahl von Input-Indikatoren deutlicher aus als bei der Wahl von Output-Indikatoren.

Die Existenz regionaler Unterschiede in den Innovationsaktivitäten von Unternehmen wird in der Literatur generell anerkannt (vgl. auch BRUGGER 1980, 1984; EWERS 1984; GIESE/NIPPER 1984; WINDELBERG 1984; MEYER-KRAHMER 1985, 1986; GENOSKO 1986; GIESE 1987; IRSCH/MÜLLER-KÄSTNER 1989; TÖDTLING 1990; FISCHER/MENSCHIK 1991 (für Österreich); PFIRRMANN 1991; FELDMAN 1993 (für die USA); HASSIK 1994; u.a.). Bisher konnte jedoch keine allgemeingültige Theorie zu ihrer Erklärung vorgestellt werden. Um dennoch Hinweise auf mögliche Ursachen für die Disparitäten finden zu können, aus denen sich Determinanten der Erfindungs- und Entwicklungstätigkeit ableiten lassen, muß daher auf eine Reihe oftmals recht heterogener Erklärungsansätze zurückgegriffen werden.

So kann zum Beispiel danach gefragt werden, warum innovative Unternehmen ihren Standort in einer bestimmten Region haben, ohne dabei nach den Gründen für die Entstehung von technologischen Innovationen in den Unternehmen zu suchen. Entsprechende Beispiele sowohl traditionell-statischer als auch dynamisch-evolutionärer Erklärungsansätze für eine industrielle Standortverteilung finden sich bei BATHELT (1991). Diese Ansätze werden hier nicht weiter verfolgt, da mit ihrer Hilfe nur indirekte Aussagen über mögliche Gründe für eine regional unterschiedliche Ausprägung von Innovationsaktivitäten gemacht werden können.[18]

In der vorliegenden Arbeit soll vielmehr nach Faktoren gesucht werden, die dafür verantwortlich sind, daß Unternehmen in verschiedenen Regionen unterschiedlich innovativ sind. Der Schwerpunkt der Suche gilt den Determinanten, die das Innovationsverhalten der Unternehmen beeinflussen.

Das Innovationsverhalten kann prinzipiell durch alle internen und externen Faktoren beeinflußt werden, die einen Einfluß auf die Innovationstätigkeiten der Unternehmen haben.[19] Die möglichen Einflüsse, die in diesem Zusammenhang zu regional unterschiedlichen Innovationsaktivitäten von Unternehmen führen, werden im wesentlichen auf folgende Faktoren zurückgeführt:

- Auf die ungleichen Umfeldbedingungen der Unternehmen generell (vgl. TÖDTLING 1990).

- Auf die Größe der Unternehmen (vgl. SCHERER 1991; COHEN/CLEPPER 1991; 1996; AUDRETSCH/VIVARELLI 1996; BERTSCHECK/ENTORF 1996), ihre sektorale Zugehörigkeit (vgl. SCHERER 1982; ACS/AUDRETSCH 1991; KLEINKNECHT/REIJNEN/SMITS 1993; EWERS 1994), das Alter ihrer Produkte (vgl. SCHÄTZL 1992) oder ihre interne Organisationsstruktur (vgl. KOSCHATZKY 1997).

- Auf Vernetzungen zwischen Unternehmen und Hochschulen oder anderen Forschungseinrichtungen (Wissenstransfer) (vgl. DEILMANN 1995).

---

[18] Ein indirekter Einfluß auf die Innovationsaktivitäten kann beispielsweise im Rahmen der dynamisch-evolutionären Erklärungsansätze dadurch entstehen, daß einige Industriesektoren durch positive Rückkopplungseffekte von Verflechtungsbeziehungen ihr eigenes spezifisches regionales Umfeld kreieren (vgl. BATHELT 1991: 249ff.).

[19] vgl. hierzu auch die detaillierte Sammlung möglicher Determinanten eines regionalen Innovationsprozesses bei KOSCHATZKY 1997: 182ff.

- Auf Vernetzungen zwischen Unternehmen (auch Dienstleistungsunternehmen) (vgl. FRITSCH 1995).

- Auf die Existenz sogenannter „kreativer Milieus" (vgl. FROMHOLD-EISEBITH 1994).

- Auf regional unterschiedliche Mentalitäten (PFIRRMANN 1991).[20]

Es ist jedoch zu betonen, daß sich die einzelnen Ursachen oftmals überschneiden oder gegenseitig erst bedingen.

Durch die folgende Literaturrecherche werden Thesen über Zusammenhänge und Einflußfaktoren auf den Innovationsprozeß herausgearbeitet. Diese sollen an späterer Stelle im Rahmen der Befragung von Unternehmen in Mittelhessen überprüft werden. Der Fragestellung der Arbeit entsprechend wird eine Einteilung in unternehmensinterne-, externe und regionalspezifische Einflußfaktoren auf die Innovationsaktivitäten der Unternehmen vorgenommen. Die Literaturauswertung zeigt jedoch, daß eine solche Unterteilung - zum Beispiel aufgrund eines direkten Einflusses des Marktes (unternehmensextern) auf unternehmerische Entscheidungen (unternehmensintern) - oftmals schwer möglich ist. Aus diesem Grund muß im folgenden mit Überschneidungen oder einer wechselseitigen Abhängigkeit der einzelnen Determinanten gerechnet werden.

3.1 Unternehmensbezogene Determinanten des Innovationsprozesses.

Die folgenden unternehmensbezogenen Determinanten der Innovationstätigkeit beeinflussen die Innovationsaktivitäten der Unternehmen generell. Sie können durch eine regional unterschiedliche Verteilung dazu führen, daß Innovationsprozesse nicht in jeder Region gleich verlaufen.

3.1.1 Auswirkungen des Alters von Produkten und Produktgruppen auf die Innovationsaktivitäten

Der Einfluß des Alters von Produkten und Produktgruppen auf die Ausgestaltung der Innovationsaktivitäten von Unternehmen läßt sich aus den Annahmen der Produktzyklus-Hypothese ableiten. Die Produktzyklus-Hypothese bildet zusammen mit den Erkenntnissen aus der makroökonomischen Theorie der „Langen Wellen" und den Wachstumspoltheorien das Konstrukt der Produktlebenszyklustheorie (vgl. STERNBERG 1988: 59).

Die Produktzyklus-Hypothese beruht auf der Annahme, daß jedes Produkt eine begrenzte Lebensdauer hat und daß die einzelnen Phasen, die ein Produkt im Laufe seines Lebens durchläuft, spezifische Verhältnisse zwischen dem Produkt und seinem Markt zur Folge haben. Sowohl die Anforderungen eines Unternehmens an einen regionalen Standort, als auch die wirtschaftlichen Auswirkungen auf eine Region werden nach dieser Hypothese durch das „Alter" der dort produzierten Güter beeinflußt.

Der Beginn des Lebenszyklus eines Produktes wird in der Literatur unterschiedlich festgelegt. Die überwiegende Zahl der Autoren lassen den Zyklus mit einer Einführungsphase beginnen (vgl. HAHN 1986: 199; WÖHE 1986: 626; THOMAS 1987: 27ff.), andere Veröffentlichungen stellen der Einführungsphase eine - teilweise gegliederte - Analyse- Innovations- oder Entwicklungsphase voran (vgl. HOPFENBECK 1989: 552; SCHÄTZL 1992: 195). BATHELT (1991) unterscheidet zwischen

---

[20] Diesem Ansatz wird in dieser Arbeit jedoch nicht weiter nachgegangen.

einem Produktlebenszyklus im weiteren Sinne, der durch eine vorkommerzielle Phase und eine kommerzielle Phase - den eigentlichen Marktzyklus - gekennzeichnet ist, und einem Produktlebenszyklus im engeren Sinne, der nur aus dem Marktzyklus besteht.

Der gesamte Lebenszyklus eines Produktes wird entsprechend in unterschiedlich viele Phasen eingeteilt. (vgl. HOPFENBECK 1989: 551ff.; WÖHE 1986: 626f.; vgl. HAHN 1986: 199; BATHELT 1991: 302). Für die vorliegende Arbeit ist die Einteilung des Lebenszyklus nach SCHÄTZL (1992) in eine Entwicklungs- und Einführungsphase, eine Wachstumsphase, eine Reife- und eine Schrumpfungsphase gewählt worden (vgl. Abb. 8):

- Die *Entwicklungs-* und *Einführungsphase* (Innovationsphase) des Produktlebenszyklus ist gekennzeichnet durch Widerstände gegenüber dem neuen Produkt und fehlende Informationen auf der Nachfrageseite, hohe Produktionskosten, fortgesetzte FuE-Aktivitäten zur Anpassung des Produktes an die Marktbedürfnisse und fehlende Gewinne bis zum Übergang in die Wachstumsphase.

Abb. 8: Phasen des Produktzyklus

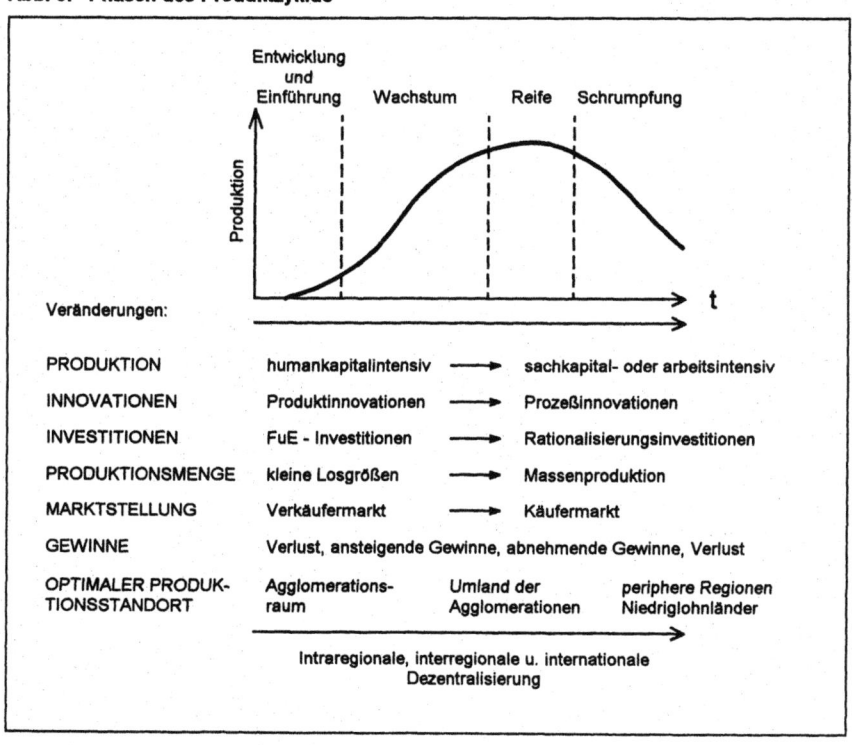

Quelle: Schätzl 1992: 195

- In der *Wachstumsphase* setzt eine starke Nachfrage ein, die Bedeutung der FuE-Aktivitäten geht erheblich zurück und verlagert sich von der Produktentwicklung auf die Prozeßverbesserung. Gewinn kann erwirtschaftet werden, obwohl der Produktpreis stärker sinkt als die Produktionsgrenzkosten, d.h. der Preis und die Grenzkosten nähern sich an.

• In der *Reifephase* wird durch ausgereifte Produkte und standardisierte Produktionsverfahren eine Massenproduktion ermöglicht; eine Marktsättigung sowie ein Konkurrenzdruck machen sich bemerkbar und führen zu abnehmenden Gewinnen.

• In der *Schrumpfungsphase* stagniert die Nachfrage oder geht zurück, was eine Zurücknahme des Produktes vom Markt am Zyklusende zur Folge hat. Gründe für eine Degeneration können neben der Marktsättigung und dem Konkurrenzdruck auch Nachfrageveränderungen oder Substitutionswirkungen neuer Produkte sein (vgl. NUHN 1985: 189; WÖHE 1986: 626ff.; BATHELT 1991: 299ff.).

Nach VAN DUIJN (1984) läßt sich der Lebenszyklus eines Produkts jedoch beeinflussen. Eine Verlängerung der Reifephase oder gar ein Wiederanstieg der Kurve kann durch mehrere Maßnahmen herbeigeführt werden: Neben einer Senkung der Kosten, zum Beispiel durch Prozeßinnovationen, Rationalisierungsmaßnahmen oder durch die Auslagerung der Produktion „reifer" Produkte in Regionen mit niedrigerem Lohnniveau, sind auch Maßnahmen wie die Erschließung neuer Märkte oder die Verbesserung des Produkts denkbar (vgl. V. DUIJN 1984: 21; BATHELT 1991: 315; SCHÄTZL 1992: 196).

Abb. 8 zeigt die Schwerpunktverschiebungen von verschiedenen Faktoren im Verlauf des Lebenszyklus eines Produktes, die zur Erklärung von Unterschieden in den Innovationsaktivitäten von Unternehmen beitragen können. Von der Entwicklungsphase bis zu Schrumpfungsphase erfolgt eine Verschiebung von einer humankapitalintensiven zu einer sachkapital- bzw. arbeitsintensiven Produktion. Während sich die Innovationsaktivitäten der Unternehmen zu Beginn des Lebenszyklus auf die Entwicklung von Produktinnovationen konzentriert, bekommen in der Reifephase des Produkts die Prozeßinnovationen eine größere Bedeutung, da die Produktionskosten gesenkt werden müssen. Entsprechend ist eine Verschiebung von FuE-Investitionen auf Rationalisierungsinvestitionen zu erwarten (vgl. SCHÄTZL 1992: 195). Die Schwerpunktverschiebungen der genannten Faktoren führen in doppelter Hinsicht zu Konsequenzen in bezug auf die Region:

1. Eine gegebene Industriestruktur kann die Entwicklungsperspektiven einer Region prägen. Regionen, in denen Unternehmen oder Branchen mit vorwiegend „jungen" Gütern ihren Standort haben, erhalten bedeutend bessere Entwicklungsaussichten als Regionen, die durch die Produktion „älterer" Produkte geprägt werden. Zudem ziehen die „jüngeren" Produktionsstandorte eher spezialisierte Dienstleistungsunternehmen und qualifizierte Arbeitskräfte an als „alte" Regionen mit einem wachsenden Bedeutungsverlust.

2. Andererseits suchen sich die Unternehmen ihre Produktionsstandorte nach den vorhandenen Standortfaktoren aus. Die humankapitalintensive Entwicklungsphase benötigt eine hohe Qualifikation der Beschäftigten, spezialisierte Dienstleistungsunternehmen (vgl. HIRSCHMAN 1967: 35; ACS/AUDRETSCH 1993) sowie Risikokapital und FuE-Einrichtungen. Die benötigten Standortfaktoren finden sich hauptsächlich in urban-industriellen Zentren (vgl. SCHÄTZL 1992: 197). Die zunehmende Standardisierung bei der Herstellung der Produkte sowie der zunehmende Konkurrenzdruck zwingen die Produzenten zur Kostensenkung. Entsprechend verändern sich die Standortanforderungen. Die Qualifikation verliert an Bedeutung, billige Arbeitskräfte und Rationalisierungen, die durch Prozeßinnovationen ermöglicht werden, lassen periphere Regionen, teilweise Regionen in Billiglohnländern, als günstige Standorte interessant werden.

Gemäß der Annahme einer räumlich funktionalen Arbeitsteilung, die aufgrund der Erkenntnisse der Produktzyklustheorie bei Mehrbetriebsunternehmen zu erwarten ist, werden die Unternehmen ihre innovationsrelevanten Funktionen wie FuE oder Marketing (bzw. Marktforschung) überwiegend auf Standorte konzentrieren, die über eine gute Forschungsinfrastruktur verfügen, also auf Standorte in den Agglomerationen (vgl. auch GIESE/NIPPER 1984: 206f.). Die Innovationsaktivitäten der Unternehmen erscheinen dort entsprechend überdurchschnittlich intensiv, insbesondere wenn sie mit Hilfe von FuE- oder Patentindikatoren gemessen werden. Die Konzentration der innovationsrelevanten Funktionen der Mehrbetriebsunternehmen auf die Agglomerationen wird dabei im wesentlichen auf den besseren Zugang zu den innovationsrelevanten Informationen zurückgeführt.

Aus der Produktzyklus-Hypothese lassen sich zusammenfassend folgende Erkenntnisse ableiten, die einen Betrag zur Suche nach den Determinanten der Erfindungs- und Entwicklungstätigkeit von Industrieunternehmen liefern können:

• Das Alter der Produkte oder Produktgruppen, die ein Betrieb herstellt, hat Auswirkungen auf die Anforderungen an die Erfindungs- und Entwicklungsaktivitäten. Während „junge" Güter in besonderer Weise Innovationsaktivitäten zur Herstellung und Verbesserung von Produkten erfordern, werden bei „alten" Gütern Aktivitäten im Bereich der Prozeßinnovationen wichtig.

• Betriebe, aber auch Branchen, die überwiegend „junge" Güter herstellen, müssen in der Regel mehr in Forschung und Entwicklung investieren als Betriebe und Branchen mit überwiegend „alten" Gütern. Dies läßt vermuten, daß auch der Bedarf an externer FuE und externer Information bei „jungen" Betrieben und Branchen besonders groß ist.

3.1.2   Auswirkungen der Betriebsgröße auf die Innovationsaktivitäten

Im Rahmen der Innovationstheorie SCHUMPETERS (vgl. Abschnitt 2.2.1) wird den Großunternehmen eine führende Rolle bei der Durchführung von Innovationstätigkeiten innerhalb einer Volkswirtschaft zugeschrieben. Wenn die sogenannte „*Schumpeter-Hypothese*" zutrifft, dann werden Innovationsaktivitäten zu wesentlichen Teilen durch die Größe der Unternehmen beeinflußt. Diese Annahme wird in der Literatur jedoch kontrovers diskutiert (vgl. MÜLLER/SCHIENSTOCK 1978; GIESE/NIPPER 1984; ACS/AUDRETSCH 1991, 1993; CHAKRABARTI/HALPERIN 1991; COHEN/KLEPPER 1991, 1996; FITZROY/KRAFT 1991; LINK/REES 1991; SCHERER 1991; STONEMAN 1991; AUDRETSCH/VIVARELLI 1996; BERTSCHECK/ENTORF 1996). Zu den unterschiedlichen Aussagen hat insbesondere beigetragen, daß die Innovationsleistung von Industrieunternehmen nicht direkt, sondern nur mit Hilfe von Indikatoren gemessen werden kann. Je nachdem, welcher Indikator ausgewählt wird, verändern sich - wie in Abb. 9 gezeigt wird - die empirische Ergebnisse erheblich.

Die Annahme, daß die Innovationsleistung mit der Größe der Unternehmen zunehmen würde, hat die Wirtschaftspolitik der 80er Jahre sowohl in den USA als auch in Europa geprägt. Besonders in der Reagan-Ära wurden eine Reihe von Gesetzesänderungen in den USA mit dem Ziel vorgenommen, die Antitrust-Gesetze zu lockern, um durch eine Zusammenlegung und Vergrößerung der Forschungseinrichtungen dem internationalen Wettbewerb besser begegnen zu können (vgl. SCHERER 1991: 25ff.). Eine ähnliche Entwicklung hat SCHERER (1991) auch in verschiedenen europäischen Staaten beobachten können.[21] Seiner Ansicht nach gibt es jedoch keinen empirischen

---

[21]   Vgl. den historischen Rückblick auf die Diskussionen um den Zusammenhang zwischen Unternehmensgröße und Innovationsfähigkeit bei SCHERER 1991: 25ff.

Beweis dafür, daß eine Konzentration von Forschungskapazitäten die Innovationsleistungen einer Volkswirtschaft erhöhen könnte (vgl. SCHERER 1991: 24).

Die beiden Autoren COHEN und KLEPPER (1991) betonen ihre zwiespältige Haltung bei der Beantwortung der Frage, welche Unternehmensgröße zu einer besonders hohen Innovationsleistung führt. Einerseits gehen sie davon aus, daß kleine Unternehmen innovationsaktiver sind als große, andererseits werden für viele wichtige Innovationen Forschungskapazitäten benötigt, über die kleine Unternehmen nicht verfügen. Sie vermuten daher, daß jede Unternehmensgröße bei der Realisierung von Innovationen bestimmte Vorteile hat. Die *„social advantages"* kleiner Unternehmen beruhen auf der größeren Vitalität, die aufgrund einer geringen Bürokratisierung zu erwarten ist, während die *„social advantages"* der großen Unternehmen aus ihrer besseren Information resultieren. Die besseren Informationen führen nach COHEN/KLEPPER (1991) zu einem vergleichsweise höheren Output je eingesetzter FuE-Einheit.

COHEN und KLEPPER folgern daraus, daß eine Aufsplittung weniger großer Unternehmen in mehrere kleine zu einer Verbreiterung der Innovationsmöglichkeiten bei einer insgesamt niedrigeren Innovationsintensität führen würde. Je nach der Branche, dem Produktprogramm und der Marktlage ist eine optimale Unternehmensgröße denkbar. Die Voraussetzungen für die jeweils optimale Unternehmensgröße können sich dabei sehr schnell ändern (vgl. COHEN/KLEPPER 1991: 183ff.). Diese Erkenntnisse werden von SCHERER (1991) und ACS/AUDRETSCH (1993) durch die Behauptung untermauert, daß die Innovationsfähigkeit der einzelnen Unternehmensgrößen von ihren sektorspezifischen „technologischen Chancen" abhängt. Eine Untersuchung von über 8000 Innovationen in den USA durch ACS/AUDRETSCH (1993) führt zu dem Ergebnis, daß es sowohl Sektoren gibt, in denen kleine Unternehmen innovativer sind (zum Beispiel die Elektronik und die Prozeßkontrolle), als auch Sektoren in denen große Unternehmen sich als innovationsaktiver erweisen (zum Beispiel die Pharmazie und die Luftfahrt).

Für eine überdurchschnittliche Innovationsleistung von Großunternehmen spricht nach SCHERER (1991), daß sie über mehr Kapital verfügen als kleine und mittlere Unternehmen. Er betont, daß einige Produkte, besonders im militärischen Bereich, einen extrem kostenintensiven Entwicklungsaufwand verursachen. Auch die Risiken einer Innovation sind aufgrund der besseren finanziellen Ausstattung eher von großen Unternehmen zu tragen als von kleinen. Viele Großunternehmen verfügen zudem über ein ausgedehntes vertikales Produktionssystem, so daß eine gemeinsame FuE zwischen „Zulieferern" und „Abnehmern" mit wenig Aufwand möglich ist.

Gegen die *Schumpeter-Hypothese* spricht, daß kleine Unternehmen aufgrund einer geringeren Bürokratisierung nicht nur in der Auswahl ihrer Forschungsvorhaben (vgl. COHEN/KLEPPER 1991: 183), sondern auch bei der Nutzung von Universitätskontakten flexibler sind als große Unternehmen (vgl. LINK/REES 1991: 62). Dieses führt dazu, daß die Zusammenarbeit zwischen kleinen Unternehmen und Hochschulen bei der Entwicklung von Produktinnovationen produktiver ist. Als Grundlage für ihre Behauptung verweisen LINK/REES auf eine Untersuchung von 209 Unternehmen, die von verschieden Universitäten als Forschungspartner genannt wurden. Grundsätzlich arbeiten zwar große Unternehmen eher mit Universitäten zusammen, jedoch sind die kleinen eher fähig, die gemeinsam produzierten Forschungsergebnisse in neue Produkte umzusetzen (vgl. auch ACS/AUDRETSCH/FELDMAN 1992: 35).

Die empirische Überprüfung der *Schumpeter-Hypothese* führte in der Vergangenheit zu unterschiedlichen Ergebnissen, die fast ausschließlich auf der Wahl und der Interpretation der Indikatoren zur Messung von Innovationsaktivitäten beruhten. Eine in England vorgenommene Auswertung technologischer Innovationen zwischen 1955 und 1965 führte zu dem Ergebnis, daß Großunternehmen mit mehr als 50.000 Beschäftigten deutlich mehr Innovationen pro Beschäftigten hervorbringen als Unternehmen mit weniger als 500 Beschäftigten. In einer späteren Arbeit, die den Zeitraum von 1971 bis 1983 untersucht, werden jedoch andere Werte ermittelt. Die Großunternehmen erscheinen zwar immer noch innovativer als die kleinen und mittleren Unternehmen, die Innovationsleistungen steigen jedoch weniger als proportional zur Unternehmensgröße an. Eine besonders geringe Innovationsleistung wird bei den Unternehmen mit 5000 - 9999 Beschäftigten gemessen (vgl. SCHERER 1991: 24ff.). Die Auswertung einer weiteren Erhebung von wichtigen Innovationen, die zwischen 1953 und 1975 erfolgte, zeigt, daß die wichtigsten Innovationen in Frankreich zu 57%, in den USA zu 50% in der Bundesrepublik Deutschland zu 37%, in Großbritannien zu 33% und in Japan zu 20% von Unternehmen mit weniger als 50 Mio. $ Umsatz getätigt wurden (vgl. SCHERER 1991: 24).[22] SCHERER führt die besonders niedrigen Prozentanteile in Japan jedoch auf die Mentalität der Japaner zurück. Nur die besten Akademiker bekommen eine Anstellung in einem Großunternehmen.

ACS/AUDRETSCH (1991; 1993) überprüfen auf der Basis von Innovationszählungen in den USA einen möglichen Zusammenhang zwischen der Unternehmensgröße und den FuE-Aktivitäten. Das Ziel ihrer Analyse ist es zu ermitteln, ob die höheren FuE-Ausgaben der Großunternehmen zu einem überproportionalen Output an Innovationen führen. Das Ergebnis zeigt, daß innovierende Unternehmen - gemessen an der Zahl der durchgeführten Innovationen - durchschnittlich drei mal größer sind als nicht-innovierende Unternehmen (vgl. ACS/AUDRETSCH 1991: 41f.). Sie bestätigen zwar, daß der FuE-Input - gemessen als Höhe der FuE-Ausgaben - mit der Größe der Unternehmen überproportional wächst, betonen jedoch gleichzeitig, daß der FuE-Output - gemessen als Zahl der durchgeführten Innovationen - weniger als proportional zu den FuE-Ausgaben ansteigt. Dieses Ergebnis läßt sie zum damaligen Zeitpunkt vermuten, daß die *Schumpeter-Hypothese* nicht haltbar ist, da die Produktivität der FuE mit zunehmender Unternehmensgröße nachläßt.

In Abb. 9 werden die von ACS/AUDRETSCH untersuchten Unternehmen rangskaliert nach der Größe aufgeführt. Während auf der Ordinate die aufaddierten Anteile am Umsatz, an den Beschäftigten, den FuE-Ausgaben und den Innovationen abgetragen sind, zeigt die Abszisse die Rangfolge der Unternehmen nach der Größe. Aufgeführt sind die 100 größten Unternehmen aus der Stichprobe. Die vier größten Unternehmen vereinen rund 15% des Umsatzes und 23% der FuE-Ausgaben, jedoch nur 5% der gezählten Innovationen auf sich. Es wird deutlich, daß der Anteil der FuE-Ausgaben jeweils überproportional zu der Unternehmensgröße ansteigt, der Anteil der Innovationen jedoch weniger als proportional. So können bei den 100 größten Unternehmen 67% des Umsatzes und 73% der FuE-Ausgaben gemessen werden, jedoch nur 36% der Innovationen. Das bedeutet, daß auf die 551 verbleibenden Unternehmen 33% des Umsatzes, 27% der FuE-Ausgaben und 64% der gemessenen Innovationen entfallen.

Zu einem ähnlichen Ergebnis kommt SCHERER (1965), der den Zusammenhang zwischen der Höhe der FuE-Ausgaben, der Zahl der Patente und der Unternehmensgröße in den USA untersucht. Auch hier führt die Zunahme der FuE-Ausgaben bei steigender Unternehmensgröße nicht zu einer proportionalen Zunahme der Zahl der Patente. CHAKRABARTI/HALPERIN (1991) bestätigen dieses Ergebnis, indem sie nachweisen, daß kleine Unternehmen mit durchschnittlich 0,87 Patenten pro eine Million $ Ausgaben für FuE deutlich mehr Patente im Verhältnis zu ihrem FuE-Einsatz besitzen als große Unternehmen, die nur einen Patentbesitz von 0,21 pro Million $ Ausgaben für FuE haben (vgl. CHAKRABARTI/HALPERIN 1991: 78f.). Sie betonen jedoch, daß die Zusammenhänge

---

[22] Allerdings sind die einzelnen Werte für die Länder oftmals sehr klein. So konnten für Frankreich nur 17 Innovationen ermittelt werden (vgl. SCHERER 1991: 36).

branchenspezifisch sind und daß der statistische Zusammenhang zwischen den FuE-Ausgaben und der Zahl der Patente bei großen Unternehmen enger ist als bei kleinen. Sie glauben, daß kleine Unternehmen in unregelmäßigen Abständen bzw. projektweise in den frühen Phasen des Produktlebenszyklus innovativ sind, während große Unternehmen regelmäßige Prozeßinnovationen durchführen und daher überwiegend in den späteren Phasen des Zyklus ihre Innovationsaktivitäten entfalten (vgl. CHAKRABARTI/HALPERIN 1991: 81).

Abb. 9: Anteile des Umsatzes, der Beschäftigung, der FuE-Ausgaben und der Zahl der Innovationen von Unternehmen in Abhängigkeit von ihrer Größe (661 Unternehmen = 100%, Kurven geglättet)

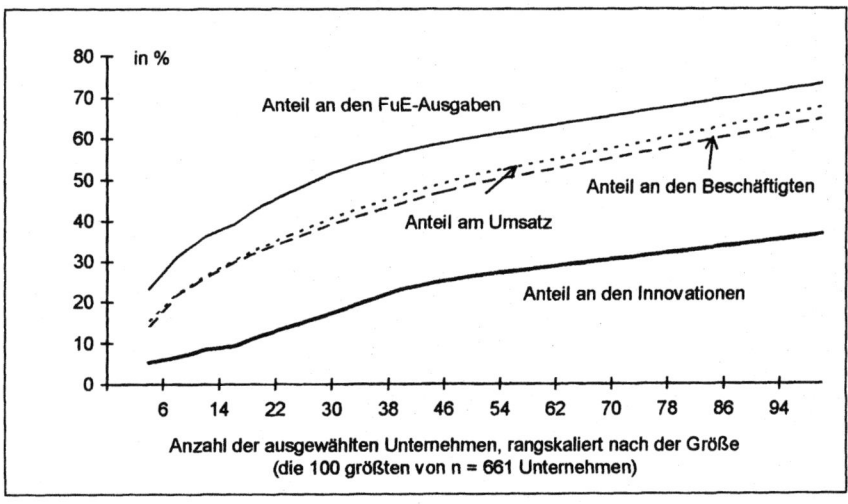

Quelle: Nach Acs/Audretsch 1991: 45, Tab. 3.4

COHEN/KLEPPER (1996) bezweifeln, daß sich die Output-Indikatoren „Zahl der Patente" oder „Zahl der erfaßbaren Innovationen" eignen, um den tatsächlichen Innovations-Output der Unternehmen zu messen. Sie weisen empirisch nach, daß der Anteil der Prozeßinnovationen bei den Großunternehmen deutlich größer ist als bei kleinen, diese sich jedoch seltener in Patenten oder zählbaren Innovationen niederschlagen und daher der tatsächliche Output der Großunternehmen höher ist als der meßbare. Dieses Ergebnis deckt sich mit der Mutmaßung MANSFIELDS (1988), daß große Unternehmen ihre FuE-Aufwendungen eher auf die Durchführung von Prozeßinnovationen konzentrieren, um sich auf diese Weise im globalen Wettbewerb ihre Konkurrenzfähigkeit erhalten zu können. Er berechnet, daß über 60% der Forschungsausgaben großer japanischer Unternehmen für Prozeßinnovationen verwendet werden.[23]

Die Befürchtung, daß es aufgrund der unzureichenden Datenlage kaum möglich sein wird, eine Aussage über den Zusammenhang zwischen der Unternehmensgröße und der Innovationsleistung treffen zu können, wird von KLEINKNECHT (1991) geteilt. Um die FuE-Aktivitäten niederländischer

---

[23] SCHERER (1991) führt allerdings eine Untersuchung in Großbritannien an, die zu dem Ergebnis kommt, daß der Anteil der Forschungsausgaben für Prozeßinnovationen bei den mittleren Unternehmen am höchsten ist. Er hält daher die These, daß es einen Zusammenhang zwischen der Unternehmensgröße und den Ausgaben für Prozeßinnovationen gibt, für nicht erwiesen.

Unternehmen quantifizieren zu können, wertet er drei unterschiedliche Quellen aus und erhält deutlich unterschiedliche Daten. Besonders bei den kleinen Unternehmen sind die Differenzen beträchtlich. KLEINKNECHT erklärt sich diese Differenzen je nach der gewählten Erhebungsmethode mit der oftmals fehlenden Bereitschaft nicht-innnovativer Unternehmen bei der Beantwortung von Fragebögen (vgl. KLEINKNECHT 1991: 107), mit der geringeren, unregelmäßigen und nicht formalisierten Forschungstätigkeit der kleinen Unternehmen (vgl. KLEINKNECHT 1991: 92 und 102)[24] und damit, daß 50% der kleinen Unternehmen - im Gegensatz zu 2% der großen Unternehmen - ihre Forschung extern betreiben. Hinzu kommt, daß kleine Unternehmen überdurchschnittlich oft ihre Forschungstätigkeit auf informellem Wege durchführen (vgl. auch FITZROY/KRAFT 1991: 154).

Wenn ausschließlich die formelle FuE in den Unternehmen gewertet wird, so stimmt nach Ansicht KLEINKNECHTS (1991) die Behauptung, daß die Höhe der FuE-Aufwendungen mit der Unternehmensgröße zunimmt. Wird jedoch die informelle FuE hinzu genommen, so zeigt sich, daß kleine Unternehmen deutlich mehr FuE betreiben als große Unternehmen (vgl. KLEINKNECHT 1991: 103).[25] Nach AUDRETSCH/VIVARELLI (1996) beruht ein Teil des Innovationserfolgs junger, kleiner Unternehmen auf den Forschungs- und Entwicklungsaktivitäten von Universitäten und ist daher ebenfalls nicht immer bei den kleinen Unternehmen meßbar.

Zusammenfassend kann festgestellt werden, daß es keine allgemeingültigen Aussagen über den Einfluß der Größenstruktur auf die Innovationsfähigkeit der Unternehmen gibt. Es existieren sowohl kleine als auch große Unternehmen, die innovationsaktiv sind. Zwar nimmt der formelle Forschungsaufwand mit der Unternehmensgröße zu, jedoch scheint der Innovations-Output - bis auf einige Ausnahmen - nicht proportional zum Input zu wachsen (vgl. SCHERER 1991: 25). Wie die aufgeführten Beispiele zeigen, ist eine genaue Messung der Innovationsleistung von Unternehmen mit Hilfe der bekannten Indikatoren kaum möglich.

Darüber hinaus kann aus den Erkenntnissen gefolgert werden, daß eventuell vorhandene Unterschiede in der Innovationsfähigkeit von kleinen und von großen Unternehmen auf einer Vielzahl von Faktoren beruhen. Nach ACS/AUDRETSCH (1993) sind dieses neben dem Grad der Kapitalintensität der Innovation insbesondere der Konzentrationsgrad der Branche, die gesamte Innovationsaktivität innerhalb der Branche und der Umfang, in dem die Branche von kleinen Unternehmen besetzt ist (vgl. ACS/AUDRETSCH 1993: 24f.).

3.1.3 Auswirkungen der sektoralen Zugehörigkeit auf die Innovationsaktivitäten

Gemäß der Theorie der evolutorischen Ökonomik ist zu mutmaßen, daß die sektorale Zugehörigkeit der Unternehmen deren Innovationstätigkeit stark beeinflußt (vgl. Abschnitt 2.2.3). Beispielsweise konzentrieren sich fast alle von ACS/AUDRETSCH (1991) im Rahmen der Erhebung der Small Business Administration (SBA) erfaßten Innovationen auf die vier Wirtschaftszweige Elektrotechnik, Meßgeräte, Computer und Maschinenbau (vgl. ACS/AUDRETSCH 1991: 41f.). KLEINKNECHT/ REIJNEN/SMITS (1993) ermitteln durch eine Zählung von Innovationen aus Fachjournalen eine Konzentration der Innovationstätigkeit auf die Wirtschaftszweige Elektrotechnik (18,6% aller Innovationen), Maschinenbau (18,0%) und Chemie (6,7%) (vgl. KLEINKNECHT/REIJNEN/SMITS 1993: 64).

---

[24] KLEINKNECHT (1991) bezeichnet Unternehmen mit weniger als 20 Beschäftigten als kleine Unternehmen und mit mehr als 500 Beschäftigten als große Unternehmen. Er ermittelt, daß nur 21% der kleinen jedoch 89% der großen Unternehmen FuE betreiben (vgl. KLEINKNECHT 1991: 102)

[25] Kleinknecht schränkt jedoch ein, daß nicht-innovative kleine Unternehmen oftmals nicht in die Innovationserhebungen mit eingeschlossen werden, so daß diese Aussage mit Vorsicht zu interpretieren ist (vgl. KLEINKNECHT 1991: 103)

Die Verteilung der Innovationen nach Sektoren ist abhängig von der Wahl des Indikators zur Messung von „Innovation" sowie von der sektoralen Abgrenzung der Unternehmen. Wenn die Zahl der Patentanmeldungen der Analyse zugrunde gelegt wird, so erweisen sich die Wirtschaftszweige Elektrotechnik mit 34,8% aller Patentanmeldungen des Jahres 1983 in der Bundesrepublik Deutschland, der Maschinenbau mit 22,4% und die Chemie mit 20,5% als besonders innovationsaktiv (vgl. GREIF/POTKOWIK 1990). Die gleichen Wirtschaftszweige werden im Rahmen einer Erfassung der Patentanmeldungen von Industrieunternehmen in Mittelhessen von 1989 bis 1993 ebenfalls als erfindungsaktiv ermittelt. Hier werden 27,3% aller Patentanmeldungen von Unternehmen der Elektrotechnik, 21,4% von Unternehmen der Chemie und 21,3% von Unternehmen der Maschinenbaubranche vorgenommen (vgl. GIESE/STOUTZ 1997). Auch einige Untersuchungen, die ursprünglich der Frage nach dem Einfluß der Größe eines Unternehmens auf dessen Innovationsfähigkeit nachgegangen sind, können sektorspezifische Ausprägungen bei der Innovationstätigkeit der Unternehmen erkennen (vgl. SCHERER 1983: 115; KLEINKNECHT et al. 1991: 94; COHEN/KLEPPER 1991: 184f.).

Die vorgestellten Ergebnisse legen die Vermutung nahe, daß eine Messung und Beurteilung der Innovationstätigkeiten von Unternehmen nur dann zu verwertbaren Ergebnissen führt, wenn sie sektorspezifisch vorgenommen wird. Es wäre zum Beispiel falsch zu behaupten, daß ein Unternehmen des Wirtschaftszweigs Steine/Erden weniger innovativ sei als ein chemisches Unternehmen der gleichen Größe, nur weil es weniger oder keine Patente anmeldet.

Daß es selbst bei dem Vergleich praktisch identischer Unternehmen im Rahmen von Innovationsuntersuchungen zu unterschiedlichen Ergebnissen kommen kann, zeigt SCOTT (1991). Der Vergleich zwischen mehreren Unternehmen, die gleich groß sind, die der gleichen Branche angehören und die ein nahezu identisches Produktprogramm haben, zeigt, daß sich die Patentportfolios deutlich unterscheiden. SCOTT führt die Unterschiede auf die verschiedenartigen unternehmensinternen Strategien zurück, die aufgrund spezifischer Konkurrenzbedingungen angewendet werden, um den Wettbewerbern zu begegnen (vgl. SCOTT 1991: 145).

Grundsätzlich ist jedoch zu erwarten, daß die Unternehmen der gleichen oder ähnlichen Branche eine spezifische Ausprägung ihrer Innovationsaktivitäten aufweisen. Die geographische Nähe zwischen Unternehmen der gleichen Branche führt daher nach FELDMAN/FLORIDA (1994) dazu, daß spezifisches Wissen und Expertentum regional zusammengeführt wird und durch Vernetzungen wiederum neues Wissen generiert (vgl. auch AUDRETSCH/FELDMAN 1996). Unter Umständen können sich durch Konzentrationen dieser Art spezifische regionale Arbeitsmärkte herausbilden (vgl. EWERS 1994: 505).

3.1.4 Unternehmensinterne Determinanten der Innovationstätigkeit

Viele der vorgestellten theoretischen und empirischen Arbeiten haben auf die Bedeutung der strategischen Fähigkeiten eines Unternehmens bei der Planung und Durchführung von Innovationen und Innovationsprozessen aufmerksam gemacht. Daher stellt sich die Frage, welche konkreten Faktoren bei der Auslösung von Innovationsprozessen innerhalb eines Unternehmens eine Rolle spielen.

Der Innovationsprozeß im Unternehmen wird aus betriebswirtschaftlicher Sicht nach WIENADT (1994) in der Regel durch einen *Gewinnanreiz* für den Innovator ausgelöst. Der *Wettbewerb* auf dem Markt, hervorgerufen durch Imitation oder durch Innovationen von Konkurrenten, führt zu einem Absinken der Renditen von Investitionen in vorhandene Produkte und Prozesse. Je größer der Wettbewerbsdruck, desto stärker sinken die Renditen. Der Gewinnanreiz für die Innovatoren, kombiniert mit dem beschriebenen Wettbewerbsdruck, zwingt die Unternehmen zu Innovationsaktivitäten.

Auch JACOBY (1987) sieht die treibende Kraft für die Auslösung von Innovationsprozessen eher in den Entwicklungen auf dem Markt, als in den technischen Möglichkeiten eines Unternehmens.[26] Nach ALBACH (1983) dagegen hängt sie nicht nur vom Wettbewerbsdruck, sondern in besonderer Weise auch von den vorherrschenden Unternehmensstrategien ab. Vor allem in kleinen und mittleren Unternehmen wird die Unternehmensstrategie oftmals durch Einzelpersonen geprägt, so daß auch die Innovationsaktivitäten in extremer Weise von der Persönlichkeit der Führungskräfte - i.d.R. des Geschäftsführers - bestimmt werden. ALBACH (1983) unterscheidet zwischen *konservativer* und *unternehmerischer* Unternehmensstrategie. Eine konservative Unternehmensstrategie führt mit steigendem Wettbewerbsdruck eher zu Verbesserungsinnovationen, während eine unternehmerische eher zu Produktinnovationen führt. In Zeiten geringen Wettbewerbsdrucks konzentrieren sich Vertreter der eher konservativen Unternehmensstrategien auf Prozeßinnovationen und die Vertreter der unternehmerischen Strategien auf Basisinnovationen.

3.1.4.1 Innovationen als Folge betriebswirtschaftlicher Planung

Nach HAHN (1989) ist eine Innovation idealerweise das Ergebnis der *strategischen Unternehmensplanung.* Die Entscheidungsfindung, ob neue Produkte oder Prozesse entwickelt werden sollen, ist Teil des Planungsprozesses bei der *Produktgestaltung.* Die *Produktgestaltung* baut als Bestandteil der strategischen Planung auf den Ergebnissen der *generellen Unternehmensplanung* auf. Zur generellen Zielplanung gehören übergeordnete Planungsprozesse, die sich mit der Festlegung des Tätigkeitsfeldes, mit angestrebten Umsätzen, mit der Wahl der Unternehmensphilosophie und -kultur, etc. befassen.

Kern der strategischen Planung ist die *Geschäftsfeldplanung.* Sie legt das langfristig angestrebte Produktprogramm, die Produktionstiefe sowie die dafür benötigten Potentiale fest. Ihre Hauptaufgabe liegt in der Schließung von prognostizierten Deckungsbeitragslücken, die entstehen würden, wenn die Produktion konstant, d.h. ohne Veränderung der Produkte, Prozesse oder Organisationen durchgeführt werden würde. Der Entscheidungsprozeß betrifft die Auswahl neuer sowie die Ausmusterung der alten Produkte, Prozesse und sonstiger Potentiale. Daneben werden jedoch auch Entscheidungen über neue Kombinationen von Produkten, Prozessen und Märkten sowie Produktionsstätten getroffen. Die entsprechenden Strategien können als Wachstums-, Schrumpfungs- und Umstrukturierungsstrategien bezeichnet werden (vgl. HAHN/LABMANN 1990: 123ff.).

Ein wichtiges planerisches Instrument im Bereich der Produktinnovationen ist die *Portfolioanalyse,* die auf den *Lebenszyklen* der Produkte aufbaut.[27] Durch die Aufstellung eines Produktportfolios soll nicht nur das Geschäftsfeld des Unternehmens geplant, sondern darüber hinaus die Finanzierung geplanter Innovationen aus den Gewinnen des laufenden Produktprogramms gewährleistet werden.

Die Finanzierung technischer Innovationen ist jedoch nicht immer durch ein bestehendes Produktprogramm gesichert. Dieses gilt in besonderer Weise für junge Unternehmen. Eine Reihe wichtiger Innovationen, zum Beispiel im Bereich der Computerindustrie oder der Biotechnologie gehen

---

[26] Vgl. die Unterscheidung zwischen demand-pull- und technology-push-Hypothesen im Rahmen der Innovationstheorien (vgl. Abschnitt 2.2.3)

[27] Vgl. hierzu die Ausführungen in Abschnitt 3.1.1; zur Portfolioanalyse vgl. HOPFENBECK: 631ff.

auf die Risikobereitschaft kleiner Unternehmen bzw. deren Geschäftsführer zurück (zum Beispiel Intel Corporation, Nixdorf, Biogen, Gentech, SAP). Junge Unternehmen haben zwar den größeren relativen Anteil am Wachstum der Arbeitsplätze (vgl. PRAKKE 1989: 68), sie müssen jedoch teilweise erhebliche Schwierigkeiten bei der Finanzierung überwinden, da die Innovationen oftmals von großer Unsicherheit behaftet sind. Das Risiko des Innovierenden und seiner Finanzgeber ist entsprechend hoch.[28] In der fehlenden Risikobereitschaft der bundesdeutschen Finanzierungsinstitute wird vielfach ein Innovationshemmnis gesehen (vgl. KULICKE 1997a: 127ff.; 1997b: 109ff.; WUPPERFELD 1997: 153ff.).[29]

3.1.4.2 Einfluß der Qualifizierung der Mitarbeiter auf die Innovationsaktivitäten

Es reicht für die Unternehmen nicht aus, die Notwendigkeit von Innovationen zu erkennen und die Durchführung von Innovationsprozessen zu planen. Der Erfolg eines technologisch orientierten Innovationsprozesses ist nach ALBACH (1990) im wesentlichen von fünf unternehmensinternen, personenbezogenen Faktoren abhängig:

- Von der Kompetenz der Mitarbeiter, die zum optimalen Input internen und externen Wissens in den Innovationsprozeß führt.

- Von einer möglichst großen Freiheit bei der Entfaltung der Kreativität bei den Mitarbeitern.

- Von der Fähigkeit der Mitarbeiter, Informationen aufzunehmen, auszutauschen und in den Innovationsprozeß zu integrieren.

- Von einem möglichst großen Engagement der Mitarbeiter beim Einsatz von Wissen und Kreativität.

- Von der Fähigkeit der Unternehmensführung und der Mitarbeiter, ihr Wissen durch Informationsgewinnung zu erweitern.

Insgesamt wird deutlich, daß der Ablauf von Innovationsprozessen verschiedenen unternehmensinternen Restriktionen unterworfen ist. Eine wesentliche Bedingung für die Durchführung von Innovationstätigkeiten in den Unternehmen ist die Erkenntnis, daß technische Innovationen notwendig sind, um langfristig ausreichende Renditen auf durchgeführte Investitionen erhalten zu können. Ist die Notwendigkeit erkannt, so bedarf es einer ausreichenden Bereitschaft, sowohl bei der Unternehmensführung (z.B. Risikobereitschaft), als auch bei den Mitarbeitern des Unternehmens, um Innovationsaktivitäten zu entfalten. Um letztendlich geplante Innovationen realisieren zu können, müssen darüber hinaus die technischen und wirtschaftlichen Voraussetzungen sowie die notwendige Qualifizierung der Mitarbeiter des Unternehmens gewährleistet sein. Während die Qualifizierung der Unternehmer und anderer Entscheidungsträger nach ALBACH (1990) besonders in ihrer Fähigkeit, Informationen zu gewinnen und zu verarbeiten besteht, sieht PLESCHAK (1997) sie eher in der Fähigkeit, Vernetzungen mit innovationsunterstützenden Einrichtungen zur organisieren.

---

[28] *Risiko* setzt im Gegensatz zur *Unsicherheit* die Kenntnis einer Anzahl von Alternativen sowie die Erfolgschancen dieser Alternativen voraus. Bei Unsicherheit sind weder die Erfolgschancen, noch ist die eventuelle Existenz von Alternativen überhaupt bekannt (vgl. PRAKKE 1989: 67).

[29] Zur allgemeinen Problematik bei der Finanzierung junger Technologieunternehmen vgl. KULICKE 1997: 109ff.

3.2 Regionalspezifische Determinanten des Innovationsprozesses

Im folgenden sollen regionalspezifische Determinanten vorgestellt werden, die Erfindungs- und Entwicklungsaktivitäten von Unternehmen beeinflussen. Insbesondere sind dies *Verflechtungen* bzw. *Vernetzungen*, die zwischen Unternehmen sowie zwischen Unternehmen und anderen Akteuren in der Region beobachtet werden können. Im einzelnen werden Einflüsse thematisiert, die aus *Verflechtungen* mit *anderen Unternehmen* - auch *Dienstleistungsunternehmen* -, *Universitäten*, *Fachhochschulen*, *Transferstellen*, *Technologie- und Gründerzentren* und *außeruniversitären Forschungseinrichtungen* resultieren. Die Innovationsaktivitäten der Unternehmen werden im wesentlichen durch die *Zusammenarbeit* oder *Kooperation* zwischen verschiedenen Akteuren sowie durch die damit verbundene *Informationsgewinnung* beeinflußt. Solche Verflechtungen können *institutionalisierter* oder *nicht-institutionalisierter* Art sein. Neben der Bedeutung und den Voraussetzungen für eine *Zusammenarbeit* werden daher verschiedene Ausprägungen von *Netzwerken* sowie die Bedeutung sogenannter „*kreativer Milieus*" vorgestellt.

Die Begriffe der „*Zusammenarbeit*", des „*Netzwerks*" und des „*Milieus*" werden in der Literatur unterschiedlich definiert und verwendet. Bevor die Einflüsse von „Netzwerken" und „kreativen Milieus" auf die Innovationsaktivitäten von Unternehmen beschrieben werden, soll daher kurz dargestellt werden, welche Inhalte die Begriffe in der vorliegenden Arbeit erhalten sollen:

- *Zusammenarbeit*[30] im Forschungsbereich wird als wichtig erachtet, weil feststeht, daß Innovationen oftmals nur *arbeitsteilig* realisiert werden können (vgl. FRITSCH 1995: 1ff.). Die Arbeitsteilung findet dabei entweder zwischen verschiedenen Unternehmen, zwischen Produzenten und Abnehmern (vgl. v.HIPPEL 1988) oder zwischen Unternehmen und Forschungseinrichtungen statt (vgl. LUNDVALL 1992; NELSON 1992). In Abschnitt 3.2.1.1 soll erklärt werden, warum arbeitsteilig durchgeführte Innovationsaktivitäten erfolgreich sind, welche Formen der Arbeitsteilung möglich sind und welche Faktoren die Unternehmen davon abhalten, im Forschungsbereich zusammenzuarbeiten.

- Das unternehmensbezogene *Netzwerk* wird nach STRAMBACH (1995) in Anlehnung an die Transaktionskostentheorie als *Koordinationsmechanismus* von Interaktionen sowie als spezielle *Organisationsstruktur* zwischen arbeitsteilig agierenden Akteuren begriffen (vgl. Abschnitt 3.2.1.2).

- Als *kreatives Milieu* wird in dieser Arbeit die Einbettung innovativer Netzwerke in das regionale Umfeld der Unternehmen bezeichnet (vgl. Abschnitt 3.2.1.3).

Da die Zusammenarbeit zwischen mehreren Akteuren ein wesentlicher Bestandteil eines unternehmensbezogenen Netzwerks ist, sind Überschneidungen zwischen den Ausführungen in Abschnitt 3.2.1.1 und Abschnitt 3.2.1.2 kaum zu vermeiden. Die Unterteilung in zwei Abschnitte wurde vorgenommen, um einem Problem begegnen zu können, welches im empirischen Teil der Arbeit auftreten wird: In Abschnitt 10 sollen mögliche unternehmensbezogene Netzwerke in der Re-

---

[30] In der Literatur sind die Begriffe der *Zusammenarbeit* und der *Kooperation* nur teilweise identisch. Merkmale des Kooperationsbegriffs sind nach BENISCH (1973: 68): „*...einerseits die Zusammenarbeit zwischen Unternehmen durch Abstimmung (Koordination) von Funktionen und Ausgliederung von Funktionen oder Übertragung auf eine gemeinschaftliche Einrichtung und andererseits die rechtliche und - in den nicht der vertraglichen Zusammenarbeit unterworfenen Bereichen - auch die wirtschaftliche Selbständigkeit.*" Nach dieser Definition ist der Begriff der Zusammenarbeit weiter gefaßt als der Begriff der Kooperation. Daher werden arbeitsteilig durchgeführte Aktivitäten im folgenden als Zusammenarbeit bezeichnet, es sei denn, der Kooperationsbegriff wird zitiert oder im empirischen Teil der Arbeit im Rahmen der Befragung verwendet

gion Mittelhessen ermittelt werden. Der empirische Nachweis der Existenz von Unternehmens-netzwerken ist jedoch sehr schwer und ein exakter Nachweis unmöglich (vgl. SYDOW 1992: 15). Die Unternehmen in der Untersuchungsregion können jedoch gefragt werden, ob sie Innovationen auch arbeitsteilig realisieren. Das bedeutet, daß eine Zusammenarbeit zwischen verschiedenen Akteuren durchaus nachgewiesen werden kann. Um unternehmensbezogene Netzwerke in der Region erfassen zu können, werden in Abschnitt 10 aus den empirischen Nachweisen arbeitsteilig durchgeführter Innovationsaktivitäten Hinweise auf die Koordinationsform „Netzwerk" abgeleitet.

3.2.1　Der Einfluß von „Netzwerken" und „kreativen Milieus" auf die Innovationsaktivitäten

3.2.1.1　Die Bedeutung der Zusammenarbeit zur Förderung von Innovationsaktivitäten

Sowohl im Rahmen der Diskussionen um *„regionale Netzwerke"* als auch um *„innovative bzw. kreative Milieus"* werden Vernetzungen zwischen Unternehmen und anderen Akteuren in der Region als ideale Voraussetzungen für die Entstehung von Innovationen angesehen (vgl. FREEMAN 1992; FROMHOLD-EISEBITH 1994; FRITSCH 1995; STRAMBACH 1995, KOSCHATZKY 1997, u.a.). Obgleich die genannten Untersuchungsansätze sich in vielen Punkten unterscheiden, betonen sie dennoch die Bedeutung der *Zusammenarbeit* zwischen den Akteuren. Regionale Unterschiede in Form und Intensität der Zusammenarbeit lassen sich dabei im wesentlichen auf folgende Ursachen zurückführen:

- Die Notwendigkeit einer Zusammenarbeit, aber auch die Voraussetzung dafür, ist nach EWERS (1994) aufgrund unterschiedlicher sektoraler Konzentrationen von Unternehmen in einer Region und den damit verbundenen unterschiedlichen technologischen Anforderungen und Wettbewerbsbedingungen nicht immer in gleicher Weise gegeben. In Regionen, die in bezug auf ihre sektorale Struktur homogen sind, sind die Voraussetzungen für eine Zusammenarbeit zwischen regionalen Akteuren besser als in heterogen strukturierten Räumen.

- Die Form der Zusammenarbeit zwischen verschiedenen Akteuren wird nach FROMHOLD-EISEBITH (1994) durch private Kontakte sowie Zusammengehörigkeitsgefühle zwischen den Beteiligten geprägt. Die Empfindung einer Zugehörigkeit zu bestimmten Regionen oder Personengruppen kann zum Beispiel durch historisch bedingte Gemeinsamkeiten bestimmt werden oder aber durch Kontakte im Freizeitbereich (Klubs, Vereine, etc.). Auch eine gemeinsame Schul-, Ausbildungs- oder Hochschulzeit kann zu Zusammengehörigkeitsgefühlen bei den Akteuren in der Region führen (vgl. Abschnitt 10.2.1).

Die Bedeutung und die Auswirkungen einer Zusammenarbeit im industriellen FuE-Bereich wurden schon relativ früh untersucht, zum Beispiel durch SOLOW (1957). Bis zu diesem Zeitpunkt konzentrierten sich die Forscher auf die Analyse der Innovationstätigkeit des Einzelunternehmens. Die Grundlage für Innovationen wurde nahezu ausschließlich in der *internen* Forschungstätigkeit des innovierenden Unternehmens gesehen (vgl. FREEMAN 1992: 94f.).

Daß die internen Aktivitäten nicht immer ausreichen, um Innovationen zum Erfolg zu verhelfen, zeigt eine Untersuchung von ROTHWELL (1972). Er analysiert sowohl erfolgreiche als auch nicht-erfolgreiche technische Neuerungen und nennt als wichtigste erfolgsentscheidende Determinanten (vgl. die Darstellungen bei FREEMAN 1992: 94f.):

- Erfolg haben Innovationen immer dann, wenn der Innovator die besonderen Probleme, Anforderungen und Bedürfnisse des Anwenders der Innovation kennt. Nicht-erfolgreiche Innovatoren kennen die besonderen Bedürfnisse nicht genau. Die Bedeutung eines engen Verhältnisses zwischen dem Hersteller und dem Anwender einer Innovation wird auch von LUNDVALL (1988) betont.

• Mißlungene Innovationen sind oftmals gekennzeichnet durch fehlende Absprachen zwischen den einzelnen funktionalen Bereichen im Unternehmen. Eine funktionierende Kommunikation zwischen den Forschungsabteilungen und den anderen funktionalen Abteilungen im Unternehmen führt FREEMAN (1992) auf die Existenz „interner Netzwerke" zurück.

• Erfolgreiche Innovatoren nutzen häufiger externe Quellen für neue Technologien. Mißerfolge stellen sich bei solchen Unternehmen ein, die charakterisiert sind durch „...the lack of communication with external technology networks, whether national or international." (vgl. FREEMAN 1992: 95).

• Für erfolgreiche Innovationen wird häufiger qualitativ hochwertige, teure Forschung benötigt. Somit führt eine Konzentration von Forschungskapazitäten zu einer Steigerung der Erfolgsaussicht bei einer Innovation.

• Besondere Bedeutung kommt der Grundlagenforschung zu. Die Leistung der internen Grundlagenforschung wird dabei durch externe Vernetzungen, besonders mit Universitäten, gesteigert.

Zusammengefaßt bestätigt die Studie die Bedeutung der Zusammenarbeit sowohl zwischen Anwendern und Herstellern als auch die Bedeutung der Zusammenarbeit mit anderen Unternehmen und Institutionen, die in der Lage sind, technisches Wissen bereitzustellen. FREEMAN (1992) betont besonders die Bedeutung der informellen Zusammenarbeit, die er als wichtiger für die Entstehung von Innovationen erachtet als die formelle Zusammenarbeit.

Die Motive für eine Zusammenarbeit zwischen den Subunternehmen japanischer Großunternehmen der Elektroindustrie, die ihre Standorte über die ganze Welt verteilt haben, und den Großunternehmen erfragt v.KOOIJ (1990). Er kommt zu dem Ergebnis, daß die spezialisierte Technologie der Subunternehmer als wichtigste Voraussetzung für eine Zusammenarbeit genannt wird. Zudem kann er in Erfahrung bringen, daß die Großunternehmen durch die Förderung der Zusammenarbeit nicht nur den Informationsfluß zwischen dem Großunternehmen und den Subunternehmen, sondern auch zwischen den Subunternehmen verbessern, um durch die Nutzung der jeweiligen Kompetenzen der Subunternehmer eine optimale Anpassung der Zulieferteile an die eigenen Bedürfnisse zu erreichen.[31]

HAGEDOORN/SCHANKENRAAD (1990) nennen als wichtigsten Grund für eine Zusammenarbeit zwischen Industrieunternehmen ebenfalls die Zusammenführung technologischer Kompetenzen, während SAXENIAN (1990) in ihrer Untersuchung im Silicon Valley die Zeitersparnis des einzelnen bei der Entwicklungsarbeit betont. Durch immer kürzere Lebenszyklen der Produkte in der Computerindustrie ist es dem Einzelunternehmen kaum noch möglich, die Entwicklung der Produkte so schnell und flexibel zu betreiben, daß die Konkurrenzfähigkeit erhalten bleibt (vgl. auch MOWERY/ROSENBERG 1989: 25; IMAI/BABA 1989, FREEMAN 1992: 108; KOSCHATZKY 1997: 213). Auch SCOTT (1988) sieht im Rahmen seiner Untersuchung sogenannter „Industrial Districts" den wesentlichen Vorteil einer Zusammenarbeit zwischen den Unternehmen in einer Region darin, daß sie schnell und flexibel auf neue Marktanforderungen reagieren können.

---

[31] Eine Zusammenfassung weiterer Arbeiten aus den USA, Europa und Japan, die die zunehmende Bedeutung der Zusammenarbeit zwischen einzelnen Unternehmen betonen, findet sich bei FREEMAN (1992: 105ff.)

Eine umfassende Sammlung möglicher Motive für eine *Zusammenarbeit im Bereich FuE* stellt FRITSCH (1995) vor:

- Verschiedene Projekte, die von einzelnen Unternehmen aufgrund fehlender finanzieller, personeller oder materieller Mittel nicht durchgeführt werden können, werden durch die Zusammenführung entsprechender Potentiale mehrerer Akteure ermöglicht.

- Den einzelnen Akteuren werden neue Technologiebereiche erschlossen.

- Besonders im Falle vertikaler Kooperationen wird Doppelarbeit vermieden; die Entwicklung technologischer Neuerungen kann somit beschleunigt werden.

- Durch externes Wissen können interne Lerneffekte stimuliert werden.

- Das spezialisierte Wissen der Partner kann genutzt werden.

- Eine Kooperation im FuE-Bereich kann Kooperationen in anderen Bereichen anstoßen, auch Kooperation, die durch die Nutzung der regionalen und sektoralen Marktnetze der Partner entstehen können.

Als besondere Motive für eine Zusammenarbeit auf *horizontaler* Ebene nennt FRITSCH:

- Die geringere Gefahr eines Wettbewerbs in der Region.

- Die Kenntnisnahme der FuE-Arbeiten von konkurrierenden Unternehmen.

- Eine gemeinsame Marktabschottung gegenüber Außenstehenden und Absprachen zur Verstärkung der gemeinsamen Marktmacht.

Die Zusammenarbeit auf *horizontaler* Ebene bezeichnet eine Beziehung zwischen Partnern, die auf dem Absatzmarkt miteinander konkurrieren. Bei der *vertikalen* Verbindung handelt es sich um Abnehmer - Zulieferer Beziehungen, in die FRITSCH auch Universitäten und Forschungseinrichtungen als (Wissens-) Zulieferer integriert. Wenn die Partner der Zusammenarbeit zwar nicht auf dem gleichen Markt, jedoch auf einem angrenzenden arbeiten, so liegen *diagonale* Beziehungen vor und wenn sie auf völlig unterschiedlichen Märkten agieren *konglomerate* Beziehungen.

Die Bedeutung einzelner Personen und die Intensität des *Vertrauensverhältnisses* zwischen den Partnern hat Auswirkungen auf die Form der Zusammenarbeit. Als zweite Komponente neben dem *Vertrauen* beeinflußt nach FRITSCH ein gemeinsames „*Leitbild*" die Intensität der Zusammenarbeit im Forschungsbereich (vgl. auch KOSCHATZKY 1997: 197). Um die Zusammenarbeit im FuE-Bereich im Raum Wetzlar im Regierungsbezirk Gießen anzuregen, wurde zum Beispiel das „*Vordringen in die Mikrostrukturbereiche*" in Anlehnung an die historische industrielle Struktur Wetzlars, die stark durch die Entwicklung und Produktion von Mikroskopen gekennzeichnet war, als „Leitbild" und somit als gemeinsames Entwicklungsziel formuliert (vgl. HUND 1992).

Das *Vertrauen* zwischen den Partnern und die Ausprägung des „*Leitbildes*" prägen somit die Form der Zusammenarbeit im Forschungsbereich (vgl. Abb. 10):

- Die extremste Form der Zusammenarbeit im Forschungsbereich sind Joint Ventures. Diese Form zeichnet sich durch gemeinsame Forschungsarbeiten in einer separat organisierten Forschungsinstitution aus. Die Institution gehört allen Partnern gemeinsam.

- Die nächste Abstufung erfolgt in Form gemeinsam koordinierter FuE-Arbeiten in den jeweils eigenen Abteilungen. Teilweise werden Abteilungen für Projekte zusammengelegt.

- Ein weniger intensives Vertrauensverhältnis ist bei der gemeinsamen Nutzung von Geräten und Einrichtungen sowie beim Austausch von Forschungsergebnissen, zum Beispiel in Form von Lizenzvergaben, notwendig.

- Auch die Zusammenarbeit im Bereich Standardisierung, Normung und Qualitätssicherung wird als Form der Kooperation ohne enges Vertrauensverhältnis gewertet.

- Eine weitere Form der Zusammenarbeit besteht im informellen Austausch von Wissen zwischen den Mitarbeitern der Unternehmen. Dieser Austausch muß auf der Basis von Gegenseitigkeit stattfinden.

Kooperationsformen, die auf einem weniger dichten Vertrauensverhältnis basieren, werden nach BECKER (1994) häufiger realisiert als Joint-Ventures im FuE-Bereich oder als andere Formen der Zusammenlegung von Forschungspotentialen, die ebenfalls ein großes Maß an Vertrauen zu dem Partner fordern.

Abb. 10: Formen der Zusammenarbeit im FuE-Bereich

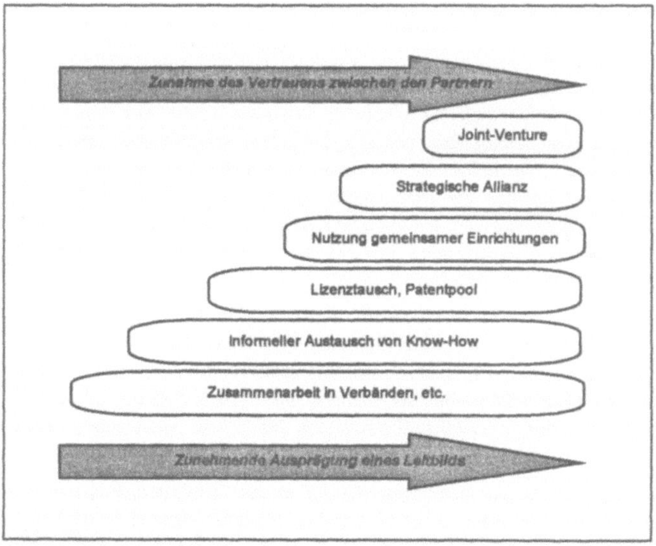

Zunahme des Vertrauens zwischen den Partnern

Joint-Venture

Strategische Allianz

Nutzung gemeinsamer Einrichtungen

Lizenztausch, Patentpool

Informeller Austausch von Know-How

Zusammenarbeit in Verbänden, etc.

Zunehmende Ausprägung eines Leitbilds

Quelle: nach Fritsch 1995

Die Zusammenarbeit im Forschungsbereich bietet nach FRITSCH (1995) jedoch nicht nur Vorteile für die Partner. Besonders die Gefahr eines Vertrauensmißbrauchs wird als Grund genannt, der gegen eine Zusammenarbeit spricht. Die Zusammenarbeit setzt - insbesondere wenn sie im Bereich der FuE erfolgt - ein großes Maß an gegenseitigem Vertrauen zwischen den Partnern voraus. Die einzelnen Akteure profitieren nicht nur vom Wissen des Partners, sondern sie müssen oftmals auch Einblicke in ihre eigenen Forschungs- oder Produktionsvorhaben gewähren. Daraus resultiert die Angst, sich dem Partner „auszuliefern" und sich der Gefahr eines Abflusses des eige-

nen Know-hows auszusetzen. Das unternehmensinterne Know-how wird zumeist für schützens-
werter als die einzelnen technologischen Erfindungen angesehen.[32]

Die Suche nach einem vertrauenswürdigem und kompetenten Vertragspartner gestaltet sich demzufolge oftmals als kompliziert, denn schon bei den Voraussetzungen für eine Zusammenarbeit
macht sich ein Problem bemerkbar: Die Basis für die Wahl eines Partners und für den Aufbau
eines Vertrauensverhältnisses ist die Kenntnis seiner FuE-Tätigkeiten und seiner spezifischen
Kompetenzen. Beides läßt sich jedoch in der Regel erst im Laufe einer Zusammenarbeit ermitteln,
da es im Vorfeld der Zusammenarbeit kaum möglich ist, die Vertrauenswürdigkeit des potentiellen
Partners realistisch abzuschätzen. Es ist jedoch häufig zu beobachten, daß bestehende persönliche Kontakte zu potentiellen Kooperationspartnern den Auswahlprozeß erleichtern (BECKER 1994).

Die Zusammenarbeit zwischen Unternehmen sowie zwischen Unternehmen und anderen Akteuren
erfolgt oftmals im Rahmen sogenannter *Netzwerke*; daher sollen die Bedeutung und die Auswirkungen von Netzwerken, insbesondere in ihrer Ausprägung als *regionale Netzwerke*, dargestellt
werden.

3.2.1.2 „Netzwerke" und ihre Bedeutung im Innovationsprozeß

Zur Erklärung des Netzwerkbegriffs finden sind in der Literatur eine Reihe von Definitionen. So
bezeichnen HAHN/GAISER/HÉRAUD/MULLER (1994) „*Unternehmensnetzwerke*" als Intensivierung
einer zwischenbetrieblichen Zusammenarbeit. Diese kann zum Beispiel in Form des Erwerbs von
Kapitalanleihen erfolgen oder aber durch Liefer- und Lizenzverträge, Kooperationen oder sogar
Betriebsauslagerungen. Sie sind: „*...Ausdruck des informellen Zusammenschlusses rechtlich und
wirtschaftlich selbständiger Unternehmen zur Durchführung gemeinsamer Vorhaben (Vertrieb,
FuE, usw.) und Folge flexibler Spezialisierung, die auf dem Einsatz flexibler Technologien, qualifizierter Arbeitskräfte und der Dezentralisierung von Unternehmensfunktionen zum Zweck einer qualitativen Spezialisierung oder zur Kostensenkung basiert.*" (vgl. HAHN/GAISER/HÉRAUD/MULLER
1994: 193).

Demgegenüber erscheint die Definition von STRAMBACH (1995) allgemeiner. Sie definiert Netzwerke als eine mögliche Form verschiedener *Koordinationsmechanismen* in der Interaktion zwischen
den Akteuren in einer Region. Netzwerke werden als *Koordinationskonzepte* zwischen den beiden
klassischen Koordinationsformen der *Transaktionskostentheorie* „Markt" und „Hierarchie" angesehen.[33]

Nach dem klassischen transaktionskostentheoretischen Ansatz werden Tauschbeziehungen durch
die Kosten einer Aktion gesteuert. Die Minimierung der Transaktionskosten entscheidet demzufolge, ob eine Tauschaktionen in Form von Marktbeziehungen oder über die Hierarchie abgewickelt
wird. Die empirische Überprüfung der klassischen Annahme durch STRAMBACH zeigt jedoch, daß
zwischen Markt und Hierarchie weitere Koordinationsformen bestehen, die nicht eindeutig zuzuordnen sind, jedoch nach transaktionskostentheoretischen Erwägungen ausgewählt wurden. Gemeint sind Joint-Ventures, Strategische Allianzen und andere Formen der Kooperation.

Um diese Formen einer Koordination von Austauschbeziehungen beschreiben und in die Theorie
einordnen zu können, muß sie den beiden klassischen gegenübergestellt werden:

---

[32] Zitat eines Befragten: *"Wir Mittelständler fürchten die Kooperation wie der Teufel das Weihwasser."*
[33] Vgl. auch die inhaltlich ähnlichen Definition von GRABHER 1993: 749. Zur Transaktionskostentheorie vgl.
      WILIAMSON (1975)

Marktbeziehungen sind Austauschbeziehungen, die spontan eingegangen werden können. Sie orientieren sich an den Preisen der Anbieter und sind oftmals kurzlebig. Der Vorteil einer solchen Austauschbeziehung ist hauptsächlich in der großen Flexibilität bei der Partnerwahl zu sehen. Der Kreis möglicher Partner ist zumeist größer als bei einer Netzwerkbeziehung, da theoretisch jeder Akteur, der eine spezifizierte Leistung erbringen kann, als potentieller Partner in Frage kommt.

Im Gegensatz zu marktförmig organisierten Austauschbeziehungen gelten Netzwerke als stabiler und langlebiger. Im wesentlichen unterscheiden sich beide Koordinationsformen jedoch durch die Hauptmerkmale einer Netzwerkbeziehung: dem *Vertrauen* und der *Reziprozität*. Das *Vertrauen* innerhalb von Netzwerken bezeichnet THORELLI (1986) "...*als die Gewißheit, daß der Partner eine Aufgabe in der Weise erledigt, als sei sie seine eigene*". Die *Reziprozität* der Beziehung wird in der Erwartung der Partner gesehen, daß Beziehungen dieser Art auf Gegenseitigkeit beruhen und nicht durch ausschließlich gebende oder nehmende Akteure gekennzeichnet sind.

Von den hierarchisch organisierten Beziehungen unterscheiden sich Netzwerkbeziehungen durch ihre losen Verbindungen. Zwar versuchen Hierarchien ebenfalls Kontinuität und Stabilität zwischen den Akteuren einer ökonomischen Aktivität herzustellen, da die Beziehungen jedoch hierarchisch aufgebaut sind, erfolgt die Festlegung der Ziele gemeinsamer Aktionen einseitig. Die klar definierten Ziele und die Langlebigkeit hierarchisch strukturierter Beziehungen sind oftmals bessere Voraussetzungen für eventuelle spätere Netzwerkbeziehungen als marktförmige Koordinationsformen. STRAMBACH (1995) sieht in den Netzwerken nicht nur eine dritte Koordinationsform ökonomischer Beziehungen, sondern gleichzeitig eine Verbindung der ersten beiden Koordinationsformen. Lose Verbindungen und somit große Flexibilität sind die Vorteile der marktförmigen Beziehungen und gleichzeitig kennzeichnend für Netzwerke, während von den hierarchischen Beziehungen Vertrauen und Kooperation übernommen werden. Die Verbindung der beiden Koordinationsformen „Markt" und „Hierarchie" in „Netzwerken" wird von STRAMBACH als wichtige Koordinationsform von Aktivitäten zwischen „wissensintensiven Dienstleistungen" und anderen Akteuren, hauptsächlich Unternehmen, angesehen.

Eine Definition von Netzwerken, die in bezug auf die Innovationstätigkeit von Unternehmen von Bedeutung sind, liefern IMAI/BABA (1989). Sie beschreiben ein *Innovationsnetzwerk* wie folgt: „*Network organisation is a basic institutional arrangement to cope with systemic innovation. Networks can be viewed as an inter-penetrated from a market and organisation. Empirically they are closely coupled organisations having a core with both weak and strong ties among constituent members.... We emphasis the importance of co-operative relationship among firms as a key linkage mechanism of network configurations. They include joint ventures, licensing arrangements, management contracts, sub-contracts, producing sharing and R&D collaboration.*"

Nach IMAI/BABA (1989) können Netzwerke somit als ausgewählte und spezifische Verkettungen zwischen bevorzugten Partnern im Umfeld und innerhalb des Unternehmens zur Reduktion von Unsicherheiten bezeichnet werden. FREEMAN nennt in diesem Zusammenhang zehn Kategorien von Netzwerken (vgl. FREEMAN 1992: 98f.):

1. *Joint ventures and research corporations*
2. *Joint R&D agreements*
3. *Technology exchange agreements*
4. *Direct investment (minority holdings) motivated by technology factors*
5. *Licensing and second sourcing agreements*
6. *Subcontracting, production-sharing and supplier networks*
7. *Research associations*

8. *Government-sponsored joint research programmes*
9. *Computerised data banks and value-added networks for technical and scientific interchange*
10: *Other networks, including informal networks*

Die jeweiligen Kategorien von innovationsrelevanten Netzwerken sind oftmals keine Einzelerscheinungen, d.h. einige Unternehmen sind durch Netzwerke verschiedener Kategorien mit anderen Akteuren verbunden (vgl. FREEMAN 1992: 99). Im Gegensatz zu FRITSCH betont FREEMAN besonders die Bedeutung der informellen Netzwerke, jedoch macht auch er auf das Problem ihrer Messung aufmerksam. PAVITT (1986) spricht vom *„tacit knowledge"* welches zwischen den Akteuren ausgetauscht wird. Es steht zu vermuten, daß hinter den meisten formellen Netzwerken informelle Netzwerke stehen, die diese unterstützen oder erst ermöglichen. (vgl. FREEMAN 1992: 100).

FREEMAN (1992) betont darüber hinaus, daß sowohl *unternehmensexterne* als auch *unternehmensinterne* Netzwerke im Bereich der FuE von Bedeutung für die Generierung von Innovationen sind. Dabei sind externe Netzwerke sowohl für Unternehmen, die keine interne FuE betreiben, als auch für Unternehmen mit eigener FuE in gleicher Weise bedeutsam sind, denn:*"...the in-house competence of the R&D department was complemented by occasional or regular links with universities, government laboratories, consultants, research associations and other firms."* (vgl. FREEMAN 1992: 98f.). Diese formelle oder informelle Verkettung ist bei erfolgreichen Unternehmen eher die Regel als die Ausnahme.

Soziologische Faktoren, die sowohl formelle als auch informelle Netzwerke erleichtern bzw. ermöglichen, stehen im Mittelpunkt einer Arbeit von LUNDVALL (1988). Er stellt fest, daß beide Netzwerkformen nicht immer auf Vertrauen sondern in einigen Fällen auch auf Verpflichtungen oder gar Furcht vor dem Partner basieren (vgl. auch KOSCHATZKY/GUNDRUM 1997: 209f.). Ein große Rolle in der Ausgestaltung der Netzwerkbeziehungen spielen neben kulturellen Faktoren wie der Sprache auch nationale oder regionale Zugehörigkeitsgefühle, ideologische Übereinstimmungen sowie Faktoren wie Erfahrung und Ausbildung und sogar gemeinsame Interessen bei der Freizeitbeschäftigung.

Eine Reihe von Autoren haben in der Vergangenheit den Versuch unternommen, sowohl die Existenz als auch die Bedeutung verschiedener Formen von Netzwerken empirisch nachzuweisen. Als Beispiele sind die Arbeiten von PIORE/SABEL (1984), V.HIPPEL (1988), SCOTT (1988), ACS/AUDRETSCH/FELDMAN (1992) FELDMAN (1992), FELDMAN/FLORIDA (1994), JAFFE/TRAJTENBERG/ HENDERSON (1993), AUDRETSCH/MAHMOODE (1994), MANSFIELD (1995) und AUDRETSCH/STEPHAN (1996) zu nennen.

ACS, AUDRETSCH, FELDMAN und FLORIDA (1992,1993 u.1994), befassen sich mit den Einflußfaktoren auf die Innovationsaktivitäten der Unternehmen in verschiedenen Regionen der USA. Sie stellen fest, daß Innovationen in den meisten Bundesstaaten weniger auf individuelle Standortentscheidungen innovativer Unternehmen, als vielmehr auf die Existenz einer *„regionalspezifischen technologischen Infrastruktur"* zurückzuführen sind. Diese besteht aus den Teilbereichen: universitäre FuE, industrielle FuE, spezialisierte Dienstleistungsunternehmen und einer Konzentration von Unternehmen der gleichen oder ähnlichen Branche. Wichtig ist jedoch nicht die Existenz der einzelnen Komponenten einer technologischen Infrastruktur in der Region, sondern deren *flexibles Zusammenspiel* mit entsprechenden Vor- und Rückkopplungsprozessen.

Mit der Existenz und der Bedeutung *informeller Netzwerke* befassen sich überwiegend die Vertreter der *„Uppsalarer Gruppe"* (zum Beispiel ERIKSON/HAKANSSON 1990; JOHANSON/MATTSON 1987) sowie V.HIPPEL (1988), der die Bedeutung der persönlichen Nähe zwischen den Akteuren im Innovationsprozeß untersucht. Im Rahmen einer empirischen Erhebung stellt er fest, daß eine wesentliche Komponente des Innovationsprozesses der *„informelle Handel mit Know-how"* ist. Dieser Handel oder Austausch wird verkörpert durch Formen der informellen Forschungszusammenarbeit zwischen den Ingenieuren und Technikern unterschiedlicher Unternehmen, oft von Konkurrenten (vgl. v.HIPPEL 1988: 76ff.).

Andere Untersuchungen beschäftigen sich mit verschiedenen Formen der Zusammenarbeit zwischen Hochschulen und Unternehmen. AUDRETSCH/MAHMOODE (1994) schließen aus den empirisch ermittelten Zusammenhängen zwischen den FuE-Aufwendungen von Universitäten und von Industrieunternehmen in einer Region auf die Bedeutung des Informationsflusses zwischen den beteiligten Akteuren. MANSFIELD (1995) sowie JAFFE/TRAJTENBERG/HENDERSON (1993) mutmaßen, daß enge, persönliche Kontakte bei der Vernetzung zwischen Hochschulen und Unternehmen bedeutsamer sind als die Qualifikation der Hochschule. Bei der einseitigen Vergabe von Forschungsaufträgen werden jedoch die jeweils am besten qualifizierten Fakultäten bevorzugt. Hier verlieren „face-to-face" Kontakte, die für eine Vernetzung als wichtig bezeichnet werden, nach MANSFIELD (1995) an Bedeutung.

AUDRETSCH/STEPHAN (1996) versuchen, in den USA die Bedeutung des lokalen Wissenstransfers zwischen Hochschulen und Unternehmen für die regionale Konzentration von Biotechnologieunternehmen auf die drei Standorte Boston, San Diego und San Francisco zu ergründen. Sie kommen zu dem Ergebnis, daß formale Transfernetzwerke die regionalen Konzentrationen nicht erklären können, sondern daß hierfür vielmehr die nicht-offiziellen Kanäle des Wissenstransfers verantwortlich gemacht werden müssen. Insbesondere sind dies die persönlichen Beziehungen zwischen den Forschern unterschiedlicher Unternehmen.

Die skizzierten Arbeiten verdeutlichen die innovationsfördernden Effekte von Netzwerkbeziehungen und die verschiedenen Formen der Ausgestaltung als *interne, externe, formelle, informelle* und *regionale* Netzwerke. FREEMAN (1992) befaßt sich darüber hinaus mit der *Entwicklung* von Netzwerkbeziehungen. Generell erwartet er, daß jeder Wechsel der technologisch-ökonomischen Paradigmen zum Aufbau völlig neuer Netzwerkbeziehungen führt.[34] Grundsätzlich sind dabei zwei Entwicklungsverläufe von Netzwerkbeziehungen denkbar (vgl. FREEMAN 1992: 112ff.):

1. Netzwerke können vorübergehende Erscheinungsformen sein, die von den Unternehmen aufgebaut werden, um die Übernahme neuer Technologien von anderen Akteuren zu erleichtern. Diesem Ansatz zufolge verläuft die Entwicklung im Rahmen eines jeden neuen technologisch-ökonomischen Paradigmas gleichförmig: Wenn eine neue Technologie eingeführt wird, gibt es noch keine einheitlichen Standards und kein einheitliches Design; vielmehr existieren eine Fülle von Informationsflüssen zwischen denjenigen Unternehmen, die sich zuerst mit den neuen Technologien befassen. Die Zusammenarbeit wird zuerst durch informelle Netzwerke und später durch formelle koordiniert. Durch zunehmende Standardisierungen wird die Nachfrage nach Informationen reduziert und gleichzeitig eine Massenproduktion ermöglicht.

    Nach dieser Theorie werden einige Unternehmen in dem Moment, in dem sie mit der neuen Technologie vertraut sind, versuchen, einen möglichst großen Teil der Kompetenz unter die eigene und unmittelbare Kontrolle zu bekommen. Dieses führt dazu, daß einige der Unternehmen vom Markt verdrängt oder von großen Unternehmen aufgenommen werden, während andere von kleinen und mittleren zu großen Unternehmen anwachsen. Die wachsenden Unter-

---

[34] Im Gegensatz zu DOSI (1988), der die technologischen Paradigmen eher auf der betriebswirtschaftlichen Ebene einordnet, bezieht FREEMAN (1992) sie eher auf die volkswirtschaftliche Untersuchungsebene.

nehmen internalisieren die Technologien der Kooperationspartner und bauen die externen Netzwerke ab. Auf diese Weise kann erklärt werden, warum viele kleine, innovative Unternehmen aus Sektoren wie Software oder Computer- und Biotechnologie, die in den 80er Jahren in den USA entstanden sind, in den 90er Jahren Konzentrationstendenzen erlebt haben. Eine ähnliche Entwicklung nahm auch die Automobilindustrie in den USA nach dem 2. Weltkrieg.

Sowohl der Rückgang der Unternehmensanzahl als auch die steigende Kompetenz der überlebenden Unternehmen sowie deren Standardisierungstendenzen führen somit zu einer *Schrumpfung der externen Netzwerke.*

2. Der zweite Ansatz geht davon aus, daß Netzwerke zwischen unabhängigen Unternehmen eine zunehmend wichtigere Rolle bei der Entwicklung neuer Produkte und Prozesse spielen werden. Nach diesem theoretischen Ansatz ist es wenig bedeutsam, wenn einige kleine Unternehmen von anderen übernommen werden oder selber wachsen, da immer wieder neue kleine Unternehmen mit der notwendigen Kompetenz gegründet werden, um den großen, etablierten Unternehmen Konkurrenz bieten zu können. Die neuen Unternehmen werden jeweils neue Netzwerke aufbauen, wobei der Aufbau durch die verbesserten Kommunikationsbedingungen in den 90er Jahren zunehmend erleichtert wird. Dem 2. Ansatz zufolge werden die Netzwerke nicht einfach abgebaut und mit dem Aufkommen einer neuen Technologie wieder aufgebaut, sondern sie generieren sich immer wieder neu und bestehen zum Teil parallel zueinander.

Die dargestellten empirischen Arbeiten machen darauf aufmerksam, wie schwer die Begriffe der „Zusammenarbeit" oder „Kooperation" vom Begriff des „Netzwerks" getrennt werden können. Auch im Rahmen der Suche nach Vernetzungen in Mittelhessen, die im empirischen Teil der vorliegenden Arbeit beschrieben wird (vgl. Abschnitt 10), ist es in der Regel schwer zu entscheiden, ob die erfaßten Formen arbeitsteilig durchgeführter Innovationen auf unternehmensbezogene Netzwerke hindeuten oder nicht.

3.2.1.3 Kreative Milieus und ihre Bedeutung im Innovationsprozeß

Aus den Ausführungen im Abschnitt 3.2.1.2 wird deutlich, daß regionale unternehmensbezogene Netzwerke zur Förderung der Erfindungs- und Entwicklungstätigkeiten in einer Region beitragen können. Seit Mitte der 80er Jahre wird darüber hinaus das *kreative* oder *innovative Milieu*[35] als Faktor herangezogen, dessen Existenz geeignet erscheint, um regional unterschiedliche Voraussetzungen für Innovationsaktivitäten in einer Region zu erklären (vgl. MAILLAT 1991; FROMHOLD-EISEBITH 1994).

Die Erfassungsmethodik und die Bewertung kreativer Milieus sind in besonderer Weise durch die Untersuchungsergebnisse der *„Groupe de Recherche Européen sur le Milieux Innovateurs"* (GRE-MI) geprägt worden.[36] Von den Mitgliedern dieser Gruppe stammt ein Großteil der Begriffsbestimmungen, die im Zusammenhang mit kreativen Milieus in der Literatur zu finden sind. Im deutschsprachigen Raum hat sich besonders FROMHOLD-EISEBITH (1994) mit der Definition des Milieubegriffs, der Bedeutung kreativer Milieus für die wirtschaftliche Entwicklung, den Methoden zur Erfassung und den verschiedenen Möglichkeiten einer Beeinflussung des kreativen Milieus befaßt.

---

[35] FROMHOLD-EISEBITH (1994) betont, daß beide Begriffe synonym zu verwenden sind.
[36] Vgl. hier insbesondere die Arbeiten von CAMAGNI (1991) und MAILLAT/QUÉVIT/SENN (1993)

Eine allgemeingültige Definition des kreativen Milieus gibt es nicht, vielmehr existieren eine Reihe von Erklärungsansätzen, die oftmals sehr unterschiedlich sind. Die verschiedenen Ansätze zur Erklärung und Abgrenzung des Begriffs lassen sich nach den Ausführungen des GREMI auf drei Bezugsebenen reduzieren (vgl. FROMHOLD-EISEBITH 1994):

- Auf der *Ebene des Einzelunternehmens* soll durch die Integration in ein kreatives Milieu die Beschaffung externer Informationen erleichtert werden.

- Die *kognitive Ebene* betont das kreative Milieu als Raum gleicher Wahrnehmung, eines gemeinschaftlichen Verhaltens und eines gemeinsamen Know-hows.

- Die dritte Bezugsebene setzt an den *Wirkungen von Austauschbeziehungen* zwischen den Akteuren in einer Region an. Diese Austauschbeziehungen können zu verschiedenen Formen eines vernetzten Lernens und Handelns führen.

Die verschiedenen Definitionen eines kreativen Milieus sollen hier nicht im einzelnen aufgeführt werden, vielmehr werden seine wesentlichen Merkmale und Auswirkungen vorgestellt.[37] Nach dem Verständnis der GREMI zeichnet sich ein kreatives Milieu durch folgende Merkmale aus (vgl. MAILLAT/QUÉVIT/SENN 1993: 5):

- Durch eine räumliche Einheit, die sich nicht administrativ abgrenzen läßt, sondern vielmehr durch eine Homogenität im Verhalten der Akteure, in der Problemwahrnehmung und in der technischen Kultur gekennzeichnet ist.

- Durch Akteure, die aus unterschiedlichen Organisationen, zum Beispiel aus Unternehmen, Forschungseinrichtungen, lokalen Behörden, etc. in einer Region stammen und eine eigene relative Entscheidungsautonomie besitzen.

- Es besteht nicht nur aus Verbindungen zwischen den Organisationen bzw. den Akteuren, sondern darüber hinaus auch aus materiellen Elementen in Form von Unternehmen und Infrastruktureinrichtungen, aus immateriellen in Form von Wissen und Know-how und aus institutionellen, die überwiegend durch Behörden, Kammern, etc. wahrgenommen werden.

- Zwischen den regionalen Akteuren findet ein Kontakt und ein Austausch statt, der zu einer verbesserten Nutzung endogener Potentiale führen kann.

- Eine aus der Tradition erworbenen Lernfähigkeit ermöglicht den Akteuren ein schnelles Reagieren auf wirtschaftliche Veränderungen.

Da jedoch einige der Merkmale, die von der GREMI als charakteristisch für kreative Milieus genannt werden, umstritten sind - so zum Beispiel, daß die Lernfähigkeit in einer Region auf deren Tradition zurückzuführen sei - reduziert FROMHOLD-EISEBITH (1994) ihre Ausführungen auf die Definition eines kreativen Milieus von CAMAGNI (1991). CAMAGNI definiert das kreative Milieu als (vgl. CAMAGNI 1991: 3): *„...the set, or the complex network of mainly informal social reationships on a limited geographical area, often determining a specific external „image" and a specific internal „representation" and sense of belonging, which enhance the local innovative capability through synergetic and collective learning processes."* Aus dieser Definition leitet FROMHOLD-EISEBITH als wesentliche Merkmale des kreativen Milieus (vgl. FROMHOLD-EISEBITH 1994: 33): *„...das Netz informeller sozialer Beziehungen, die räumliche Abgegrenztheit, die gefühlsmäßige Einheit und Geschlossenheit nach außen wie nach innen..."* ab, betont jedoch, daß die bloße Existenz dieser Merkmale in einer Region nicht zwangsläufig auf ein kreatives Milieu schließen lassen. Um dem

---

[37] Zu den unterschiedlichen Definitionen eines kreativen Milieus vgl. FROMHOLD-EISEBITH 1994: 3ff.

Anspruch der Kreativität gerecht werden zu können, müssen zudem Lernprozesse eintreten, die zu einer innovationsfördernden Wirkung führen.

Vor allem im Charakter der Beziehungsnetze zwischen den Akteuren in einer Region besteht die beste Möglichkeit, kreative Milieus von den oben beschriebenen Netzwerkbeziehungen abzugrenzen. CAMAGNI (1990) trennt beide Begriffe indem er fordert (vgl. CAMAGNI 1990: 4, zit. bei FREEMAN 1992: 99): *„Network relations of a mainly informal and tacit nature, exist also within the local environment, linking through open chains, firms and other local actors...our proposal is to use the term 'network' (réasau) only in the case of explicit linkages among selected partners and to refer to the former as 'milieu relationships'."* FROMHOLD-EISEBITH betont zwar ebenfalls den informellen Charakter der Verbindungen zwischen den Akteuren eines kreativen Milieus, sie dehnt die Beziehungen zwischen ihnen jedoch bis auf den privaten Bereich aus. Über die Kontakte bei privaten, jedoch auch nicht-privaten Anlässen werden Vertrauensverhältnisse zwischen den Akteuren aufgebaut, die zu gegebener Zeit als Voraussetzung für die Bildung innovationsrelevanter Vernetzungen dienen können.

Obgleich ein wesentliches Merkmal des kreativen Milieus nach FROMHOLD-EISEBITH in seiner räumlichen Abgegrenztheit liegt, handelt es sich um ein offenes System, welches Informationen von außen aufnimmt und dann regionsintern zirkulieren läßt. Der Einlaß erfolgt dabei nicht nur über die bestehenden Außenkontakte der Unternehmer, die in das kreative Milieu integriert sind, sondern beispielsweise auch durch die überregionalen Wissenschaftskontakte von Forschungsinstituten oder Hochschulen in der Region.

Zusammengehalten wird das Beziehungsnetz durch ein *„regionales Gemeinschaftsgefühl"*, welches auf Faktoren wie einer gemeinsamen technischen Kultur, einem gemeinsamen Problembewußtsein, gemeinsamen Erwartungen oder einem gemeinsamen Know-how bestehen kann. Im Extremfall artikuliert sich dieses „Gemeinschaftsgefühl" der Akteure in einem gemeinsamen „Leitbild". FROMHOLD-EISEBITH warnt jedoch davor, daß dieses extreme „Gemeinschaftsgefühl" auch zu einer Art „Verfilzung" bzw. zu einem „regionalen Klüngel" mit innovationshemmenden Auswirkungen führen kann.

Die unterschiedlichen Voraussetzungen, Anlässe und Akteure, die ein kreatives Milieu ausmachen, führen dazu, daß es einen dynamischen Charakter annimmt und sich daher in der Intensität und den Auswirkungen schnell ändern kann. Zudem ist es durchaus möglich, daß mehrere kreative Milieus parallel zueinander und mit unterschiedlichen regionalen Grenzen existieren.

Ein kreatives Milieu bietet neben der Erleichterung von Informationsflüssen im wesentlichen eine ideale Voraussetzung für die Implementierung einer wirtschafts- oder innovationsrelevanten Netzwerkbeziehung. Der Übergang zwischen den Verbindungen im Rahmen eines kreativen Milieus und denjenigen eines regionalen Innovationsnetzes ist daher fließend. FROMHOLD-EISEBITH (1994) vermutet sogar, daß: *„...das „kreative Milieu" einer Region und die regional verstandorteten Bereiche eines aktiven Innovations-Netzes im Grunde dasselbe sind."* Gleichzeitig streicht sie jedoch einige, eher marginale Unterschiede heraus, die Entstehung und Art der Verknüpfung zwischen den Akteuren betreffen (vgl. FROMHOLD-EISEBITH 1994: 37).

Die Kreativität innerhalb des Milieus basiert auf einem kollektiven Lernprozeß. Da dieser jedoch durch die Informationssammlung aus unterschiedlichen wirtschaftlichen Bereichen inspiriert werden kann, wird durch die räumliche Zusammenführung kompetenter Persönlichkeiten aus der Industrie, der Wissenschaft, der kommunalen Verwaltung und anderer wirtschaftsrelevanter Organisationen - oftmals auf privater Ebene - die Wahrscheinlichkeit eines anregenden Informationsflusses und der Kreativität bei den Akteuren erhöht. Der kollektive Lernprozeß, der somit wesentlich durch das Wissen kompetenter Akteure in der Region angeregt wird, kann oftmals direkt in ein formalisiertes Innovationsnetzwerk überführt werden bzw. erleichtert die Installation eines solchen. Der Informationsaustausch wird insbesondere durch „face-to-face"- Kontakte ermöglicht, so daß sich viele der so entstehenden Kontaktnetze innerhalb eines bestimmten räumlichen Areals bilden.

MALECKI (1991) nimmt an, daß die Kreativität der Akteure zusätzlich durch eine wirtschaftliche Krise in der Region angeregt werden kann. Der wirtschaftliche Rückgang in der Region „zwingt" die Akteure dazu, auf Basis der endogenen Potentiale eine gemeinsame Problemlösung in der Region zu entwickeln. So kann zum Beispiel angenommen werden, daß die Versuche einer Zusammenarbeit zwischen verschiedenen Akteuren in Wetzlar auf eine wirtschaftliche Krise im Bereich der Feinmechanik/Optik zurückzuführen sind (vgl. Abschnitt 10.2.3.1).

Die Bedeutung und die Funktionen der einzelnen Akteure innerhalb eines kreativen Milieus sollen hier nicht weiter diskutiert werden. Auch zu den direkten Auswirkungen eines kreativen Milieus, die insbesondere die informelle Art der Informationsgewinnung „unter der Hand", Empfehlungen als „Türöffner", etc. betreffen, sei auf die ausführlichen Darstellungen bei FROMHOLD-EISEBITH (1994) verwiesen.

Für die hier vorliegende Untersuchung sollen als wesentliche Merkmale des kreativen Milieus die regionale Abgrenzung, die sich durch die Identifikation der Akteure mit der Region definiert und die Existenz eines Netzes informeller, oftmals privater sozialer Kontakte mit Auswirkungen auf die Kreativität und somit die Innovationstätigkeit in der Region festgehalten werden.

Die Messung kreativer Milieus erweist sich aus mehreren Gründen als problematisch. Bisher wurden von der GREMI eine Reihe von Fallstudien in ausgewählten Regionen durchgeführt, mit dem Ziel, neben den innovationsbeeinflussenden Strukturfaktoren auch die informellen Verbindungen zwischen den regionalen Akteuren zu ermitteln. Dabei hat es sich als außerordentlich kompliziert erwiesen, die Dimensionen und die Auswirkungen eines kreativen Milieus von den anderen Faktoren abzukoppeln und einzeln zu untersuchen. Daher läßt sich oftmals nicht klären, ob gemessene innovationsfördernde Aktivitäten ursächlich auf die Existenz eines solchen Milieus zurückzuführen sind (vgl. FROMHOLD-EISEBITH 1995: 41).

Einige neuere Untersuchungen setzen sowohl an der Dynamik der regionalen Lernprozesse als auch an den meßbaren Verbindungen zwischen den Akteuren in der Region an. Der Lernprozeß soll dabei durch die Erfassung von Know-how und Kompetenzen gemessen werden. Die Messung wird mit Hilfe von Teilindikatoren durchgeführt, die geeignet erscheinen, um Ergebnisse der Lernprozesse darzustellen. Beispiele hierfür sind die Raten der neu entstanden Unternehmen, die Zahl der Patentanmeldungen, das Wachstum der Bildungsausgaben, etc. Die Verflechtungen der Akteure in der Region sollen darüber hinaus mit Hilfe von Teilindikatoren wie der Zahl der Joint Ventures, dem Anteil der Aktivitäten unternehmensbezogener Dienstleistungsunternehmen, dem Umfang des Austausches qualifizierter Arbeitskräfte zwischen regionalen Unternehmen, etc. ermittelt werden (vgl. FROMHOLD-EISEBITH 1994: 41). Bei allen Untersuchungsansätzen[38] bleibt jedoch zu hinterfragen, ob tatsächlich das kreative Milieu einer Region erfaßt wird. Vielmehr steht zu befürchten, daß oftmals regionale Strukturmerkmale und regionale Netzwerkbeziehungen die Untersuchungsergebnisse so stark beeinflussen, daß der isolierte Einfluß eines kreatives Milieu nicht festzulegen ist.

---

[38] Zu der Vielzahl von weitere Untersuchungsansätzen vgl. die Darstellungen bei FROMHOLD-EISEBITH 1994: 42ff.

3.2.2 Vernetzungen im Forschungsbereich

Die Bedeutung von Vernetzungen im Forschungsbereich zur Förderung unternehmerischer Innovationsaktivitäten wird in einer Vielzahl von theoretischen und empirischen Arbeiten hervorgehoben. Potentielle Partner für unternehmensbezogene Vernetzungen im Forschungsbereich sind
neben anderen Industrieunternehmen auch Hochschulen, Fachhochschulen sowie Forschungs-
dienstleistungsunternehmen und -institute.[39] Die Vernetzung zwischen diesen Akteuren soll durch
Transferstellen gefördert werden. Im folgenden werden mögliche Wege eines Technologietransfers, mögliche Transferpartner sowie Transferstellen und deren Bedeutung beim Aufbau von inno-
vationsbezogenen Vernetzungen vorgestellt.

3.2.2.1 Vernetzungen mit Forschungseinrichtungen

Da in Mittelhessen zwei Universitäten, eine Fachhochschule sowie eine Reihe von Forschungs-
dienstleistungsunternehmen ihren Standort haben, liegt die Vermutung nahe, daß der Wissens-
und Technologietransfer[40] zwischen Forschungseinrichtungen und Unternehmen eine Rolle bei
der Durchführung der Erfindungs- und Entwicklungstätigkeiten in der Untersuchungsregion spielen
wird.

Der Transfer zwischen Hochschulen, Forschungsinstituten und Unternehmen kann auf unterschiedliche Art erfolgen. DEILMANN (1995: 15ff.) unterscheidet fünf verschiedene Formen des Wis-
sens- und Technologietransfers, betont jedoch gleichzeitig die große Anzahl der oftmals sehr heterogenen Klassifizierungsversuche in der Literatur:

• Als *Forschungstransfer* bezeichnet er die Übertragung neuer wissenschaftlicher Erkenntnisse,
  die im Rahmen der Forschungstätigkeiten an den Hochschulen oder Forschungsinstituten erarbeitet werden. Dabei ist es unwesentlich, ob es sich um Eigenforschung, die zur wirtschaftlichen Weiterverwertung angeboten wird, um Auftragsforschung oder um eine gemeinsame Forschung handelt. DEILMANN wertet verschiedene Arbeiten aus, die sich im Laufe der letzten 15
  Jahre mit Fragen zum Forschungstransfer auseinandergesetzt haben. Zu nennen sind insbesondere die Untersuchung von SCHAMP/SPENGLER (1985), die sich mit Forschungskontakten
  der Universität Göttingen befaßt, die Studien von SCHRÖTER (1987; 1990), die sich der Identifikation von Forschungskontakten der Universitäten in Marburg und Tübingen widmen und denen von FROMHOLD-EISEBITH (1992), die sich mit den Forschungskontakten zwischen der Technischen Universität Aachen und der Industrie beschäftigt. Obwohl ein Vergleich der Studien
  durch die jeweils unterschiedlichen Abgrenzungen der Untersuchungsregionen erschwert wird
  und zudem ungleich strukturierte Fachbereiche in die Untersuchungen einbezogen werden,[41]
  können dennoch einige generelle Aussagen getroffen werden. Es zeigt sich übereinstimmend,
  daß im Rahmen eines Forschungstransfers die Orientierung der Hochschulen auf die Hochschulregion als gering bezeichnet werden kann. Nur zwischen 4% und 15% der Empfänger des
  Transfers haben ihren Standort innerhalb der jeweiligen Hochschulregion (vgl. DEILMANN 1995:
  18). Vergleichbare Zahlenwerte können für den Forschungstransfer zwischen den außeruniver-

---

[39] Vgl. hierzu die Ausführungen bei DEILMANN (1995)
[40] Unter dem Wissens- und Technologietransfer versteht DEILMANN (1995: 15): „ *Die Übertragung innovati-
       onsrelevanten Wissens von Hochschulen und außeruniversitären Forschungseinrichtungen in den An-
       wendungsbereich.*" Als Anwendungsbereich bezeichnet er nicht nur die Unternehmen, sondern auch
       staatliche Einrichtungen, Behörden, Kammern und Verbände. Zur Bedeutung des Technologietransfers
       vgl. auch BACHFISCHER (1984); TÄGER (1984); TÄGER/KRUG (1988); ALLESCH (1994); BEYER (1994)
[41] Zu den unterschiedlichen Erhebungsmethoden vgl. DEILMANN 1995: 18f.

sitären Forschungseinrichtungen und der Industrie nicht vorgelegt werden, jedoch deuten die Untersuchungsergebnisse von FROMHOLD-EISEBITH (1992) und DEILMANN (1995) an, daß hier ähnliche quantitative Ausprägungen zu erwarten sind (vgl. FROMHOLD-EISEBITH 1992: 108ff.; DEILMANN 1995: 20ff.).

• Die zweite Form des Wissens- und Technologietransfers besteht im *Personaltransfer*. Bisher existieren jedoch nur sehr wenige empirische Untersuchungen, die Auskunft darüber geben können, wie groß der Anteil der Hochschulabsolventen ist, die nach ihrem Studium oder ihrer Promotion in der Hochschulregion verbleiben, um dort einer Beschäftigung nachzugehen. FROMHOLD-EISEBITH (1992) hat unter Verwendung von „Ehemaligen-Verzeichnissen" der TH Aachen den Verbleib von rund 2000 Hochschulabsolventen der ingenieur- und naturwissenschaftlichen Institute recherchiert (vgl. FROMHOLD-EISEBITH 1992: 129f.). Den Verzeichnissen zufolge haben nur rund 11% der Absolventen ihren Arbeitsplatz in der Region Aachen gefunden. Die Ausrichtung des Personaltransfers auf andere Regionen in der Bundesrepublik Deutschland, zum Beispiel auf Agglomerationen in Hessen, Baden-Württemberg und Bayern, ist deutlich stärker ausgeprägt. FROMHOLD-EISEBITH führt die regionale Ausrichtung des Personaltransfers im wesentlichen auf die gewählte Fachrichtung oder den Herkunftsort der Absolventen zurück. So ist zum Beispiel der Personaltransfer in den südlichen Teil der Bundesrepublik bei den Absolventen der Elektrotechnik besonders hoch (vgl. FROMHOLD-EISEBITH 1992: 131ff.).

• Als dritte Form des Wissens- und Technologietransfers nennt DEILMANN *Spin-offs*[42] und *technologieorientierte Unternehmensgründungen*. Er bezieht sich auf die Arbeiten von FROMHOLD-EISEBITH (1992) und STERNBERG (1988) indem er feststellt, daß diese Form des Transfers eine deutlich stärkere regionale Orientierung auf den Standort der Hochschule aufweist. Während FROMHOLD-EISEBITH insgesamt 140 *Spin-off*s der TH Aachen ausfindig machen kann, von denen 55% in der Hochschulregion erfolgten, errechnet STERNBERG für *Spin-off*s der Universität Hannover einen entsprechenden Anteil von 86% (vgl. die Zusammenfassung bei DEILMANN 1995: 23). Insgesamt ist der Anteil der technologieorientierten Unternehmensgründungen, die als *Spin-off*s direkt von den Hochschulabgängern vorgenommen werden, an beiden Hochschulstandorten geringer als derjenige, der von Personen aus der Industrie erfolgt.

• Als weitere Formen des Wissens- und Technologietransfers nennt er *Beratungs-* und *Gutachtertätigkeiten*, die auch die wissenschaftliche Weiterbildung von Akademikern aus der Wirtschaft durch Tagungen, Symposien, Kolloquien oder auch durch Abendkurse, etc. einschließt. Die regionalen Auswirkungen dieser Form des Transfers wurde jedoch bisher nicht empirisch überprüft.

Neben den verschiedenen Formen des Wissens- und Technologietransfers untersucht DEILMANN verschiedene Einflußfaktoren, die ausschlaggebend für die räumliche Ausgestaltung des Transfers sind. Mögliche Einflußfaktoren sind: die räumlichen Distanz, die fachliche Ausrichtung der untersuchten Institutionen, die Struktur der Transferpartner in der Wirtschaft, der Einfluß von Transferstellen und Technologiezentren sowie *persönliche Kontakte* und verschiedene Formen von *Transfernetzwerken* (vgl. DEILMANN 1995: 24ff.):

---

[42] Spin-off-Unternehmensgründungen bezeichnet HUNSDIEK (1987: 153): „*als Neugründungen technologiebasierter Unternehmen, die im Einvernehmen mit der Inkubatororganisation erfolgen und mit denen Gründer oder Gründerteams als ehemalige Mitarbeiter von Unternehmen, Forschungseinrichtungen, Universitäten oder anderen Forschungs- und Entwicklungsorganisationen Inventionen auf den Markt bringen*". Nach dieser Definition muß die Idee zur Gründung des Unternehmens aus der Arbeit beim ehemaligen Arbeitgeber resultieren.

Die Bedeutung der räumlichen Nähe zwischen den Transferpartnern ist, wie bereits oben ange-
deutet wurde, abhängig von der Form des Wissens- und Technologietransfers. Besonders stark ist
die Bindung des Transfers an die Region durch die technologieorientierten Unternehmensneu-
gründungen ausgeprägt. Nach Ansicht von FROMHOLD-EISEBITH (1992) resultiert die Orientierung
der Unternehmensgründer auf die Region in der sie studiert haben jedoch weit mehr aus privaten
bzw. familiären Bindungen innerhalb der Region als aus einer Bindung an die Hochschule (vgl.
FROMHOLD-EISEBITH 1992: 149f.). Der gleiche Grund ist vermutlich für die Wahl eines Arbeitsplatzes in der Hochschulregion verantwortlich.

FuE-Kooperationen werden nach MEYER-KRAHMER (1984) von kleinen und mittleren Unternehmen
bevorzugt mit Hochschulen oder Forschungsinstituten durchgeführt, die ihren Standort in der
räumlichen Nähe zum Unternehmen haben. Wenn das gesuchte Know-how jedoch an der nächstgelegenen Hochschule nicht gefunden werden kann, bedeutet eine größere räumliche Distanz
zum Partner jedoch kein Hindernis bei einer Zusammenarbeit. Deutlich mehr Gewicht mißt JAFFE
(1989) der räumlichen Nähe zwischen der universitären und der industriellen FuE in den USA bei.
Auch MANSFIELD (1991) und FELDMAN/FLORIDA (1994) kommen in ihren Untersuchungen zu dem
Ergebnis, daß die Unternehmen in den USA eher dazu neigen, die Forschungskapazitäten der
geographisch nächstgelegenen Universität zu nutzen, unabhängig von deren Ruf. FELD-
MAN/FLORIDA (1994) berufen sich auf NELSON (1986), indem sie behaupten, daß die universitäre
Forschung förderlich für die Produktion industrieller Forschung ist. Die Aufgabe der industriellen
Forschung ist es, wissenschaftliche und technologische Informationen in Innovationen umzuset-
zen. Da die Auswirkungen der industriellen auf die universitäre Forschung geringer sind als umgekehrt, folgern die beiden Autoren, daß die Existenz einer Universität positive Auswirkungen auf die
Forschungsaktivitäten der räumlich nahegelegenen Industrieunternehmen haben muß. Es ist jedoch fraglich, inwieweit sich die Erkenntnisse der amerikanischen Studien auf die Verhältnisse in
der Bundesrepublik Deutschland übertragen lassen, insbesondere da für die Untersuchung der
Zusammenhänge zwischen der universitären und der industriellen FuE als Untersuchungsregionen
die relativ großen Bundesstaaten der USA ausgewählt wurden.

Von mehreren Autoren werden die Fächerstruktur und das Forschungsprofil einer Hochschule als
Einflußfaktoren bei der Suche nach einem potentiellen Transferpartner betont (vgl. zum Beispiel
GIESE 1987: 26; DEILMANN 1995: 25f.). Die Intensität des Transfers innerhalb der Region ist somit
von den angebotenen Fachrichtungen an den Universitäten abhängig. Es gibt einige Fachbereich-
che, die von den Unternehmen bevorzugt für eine Zusammenarbeit ausgewählt werden. Da die
Zusammenarbeit jedoch nicht nur einseitig durch das Angebot der Hochschule, sondern ebenso
durch die Nachfrage der Unternehmen nach einem spezifischen Wissen bestimmt wird, müssen
die Industriestruktur und das Fächerangebot an der Hochschule in einer Region aufeinander abge-
stimmt sein, um eine intensive Zusammenarbeit zwischen Industrie und Hochschule zu ermöglichen. Generell erhöht jedoch ein breites Fächerangebot an der Hochschule die Wahrscheinlichkeit
eines Wissens- und Technologietransfers in der Region (vgl. DEILMANN 1995: 26).

Weiterhin ist die Intensität der Zusammenarbeit zwischen den Hochschulen und den Unternehmen
von der Unternehmensgrößenstruktur in der Region abhängig. So zeigen mehrere, von DEILMANN
zusammengefaßte Studien, daß der Anteil der Unternehmen, die mit Hochschulen oder außeruniversitären Forschungsinstituten im Bereich FuE zusammenarbeiten, mit der Größe der Unternehmen zunimmt (vgl. DEILMANN 1995: 27f.). Als Grund hierfür wird eine stärkere FuE-Tätigkeit der
größeren Unternehmen im Rahmen ihrer Innovationsvorhaben angegeben. Offensichtlich erleichtert die Existenz einer eigenen FuE-Abteilung - die oftmals in kleineren Unternehmen nicht vorhanden ist - die Weiterverarbeitung universitärer Forschungsergebnisse. Demzufolge ist die Inten-

sität des Wissens- und Technologietransfers auch von der vorhandenen privaten Forschungsinfrastruktur der regionalen Industrie abhängig. Diese Angaben werden durch die Ergebnisse einer Untersuchung von FELDMAN/FLORIDA (1994), die in den USA die räumliche Verteilung von 4.200 Produktinnovationen untersucht haben, bestätigt. Sie stellen mit Hilfe von Korrelationsanalysen fest, daß die Intensität der Innovationstätigkeit der Unternehmen von der „Technologischen Infrastruktur" einer Region abhängig ist (vgl. Abschnitt 3.2.1.2).

Die Zusammenarbeit bzw. der Wissens- und Technologietransfer zwischen privaten Unternehmen und Hochschulen wird in besonderer Weise durch persönliche Kontakte und informelle Beziehungsverflechtungen erleichtert (vgl. DEILMANN 1995: 31f.). Die persönlichen Kontakte können dabei im Rahmen von Vorträgen, Veranstaltungen oder Messen neu entstehen oder aber durch einen bestehenden Kontakt des Forschungspersonals zur eigenen universitären Ausbildungsstätte geprägt sein. Besonders bei den Hochschullehrern der ingenieurwissenschaftlichen Fachrichtungen konnten ALLESCH/PREIß-ALLESCH/SPENGLER (1988) zudem eine, der Universitätslaufbahn zeitlich vorgelagerte, oftmals mehrjährige Beschäftigung in der Privatwirtschaft ermitteln. Die Kontakte, die während dieser Zeit geknüpft wurden, sowie die genaue Kenntnis des Know-hows eines früheren Arbeitgebers aus der Privatwirtschaft, beeinflussen die Suche nach einem potentiellen Kooperationspartner und erleichtern eine erneute Kontaktaufnahme zum Zweck einer Zusammenarbeit (vgl. ALLESCH/PREIß-ALLESCH/SPENGLER 1988: 87).

Die Bedeutung persönlicher Kontakte bei der Etablierung von Netzwerken im Forschungsbereich läßt nach DEILMANN (1995) den Personaltransfer als besonders wichtige Form des Wissens- und Technologietransfers erscheinen. Je besser die Unternehmen in der Hochschulregion zur Aufnahme der Hochschulabsolventen geeignet sind, desto größer ist die Wahrscheinlichkeit, daß regionale Forschungsnetzwerke zwischen den ansässigen Unternehmen und der Hochschule entstehen können. Nach FROMHOLD-EISEBITH (1992) wird der Aufbau von Netzwerken im Forschungsbereich in besonderer Weise durch Spin-off-Unternehmensgründungen gefördert, da bei dieser Form der Unternehmensgründung der direkte Kontakt zwischen dem neu gegründeten Unternehmen und dem Inkubator der Innovation besonders intensiv ist und lange anhält (vgl. FROMHOLD-EISEBITH 1992: 191).

3.2.2.2 Die Bedeutung von Transferstellen sowie von Technologie- und Gründerzentren

Die Aufgabe von Technologietransferstellen besteht hauptsächlich in der Initiierung und Förderung des Wissens- und Technologietransfers zwischen Hochschulen, außeruniversitärer Forschungsstätten und Unternehmen in der Region. Dabei soll besonders der Kontakt zu den kleinen und mittleren Unternehmen hergestellt werden (vgl. ALLESCH/PREIß-ALLESCH/SPENGLER 1988: 17ff.). ALLESCH/PREIß-ALLESCH/SPENGLER (1988) befragen eine Reihe von Hochschullehrern sowohl zu ihren Kontakten zu den Technologietransferstellen als auch zu ihrer Zusammenarbeit mit kleinen und mittleren Unternehmen im Forschungsbereich. Sie kommen zu dem Ergebnis, daß Hochschullehrer, die Kontakte zu den Transferstellen haben, häufiger mit kleinen und mittleren Unternehmen im Forschungsbereich zusammenarbeiten als Hochschullehrer, die keinen entsprechenden Kontakt haben. Ob jedoch aus diesem Ergebnis auf die Effektivität der Transferstellen rückgeschlossen werden kann, bleibt fraglich.

Da in den Unternehmensgründungen, die als Spin-offs von Hochschulen erfolgt sind, eine Form des Wissens- und Technologietransfers zu sehen ist, liegt der Gedanke nahe, daß die Einrichtung von Technologie- und Gründerzentren (TGZ) zu einer Förderung des Transfers in der Hochschulregion beitragen könnte. Mit der Bedeutung und den Auswirkungen von Technologie- und Gründerzentren befassen sich besonders STERNBERG (1988, 1995) und PLESCHAK (1995, 1997). STERNBERGS Analysen zielen jedoch weniger auf die Bedeutung der Technologiezentren in ihrer Funktion als Wissens- und Technologietransferstelle und Inkubator von Forschungsnetzwerken ab, sondern vielmehr auf ihre Bedeutung als Anreiz zur Gründung neuer technologieorientierter Unternehmen.[43] STERNBERG (1988) befragt 177 Unternehmen in 31 Technologie- und Gründerzentren in der Bundesrepublik (alt) zu ihrer Motivation bei der Gründung ihres Unternehmens. Im Rahmen der Befragung geben nur rund 5% der Unternehmen an, daß sie ohne die Existenz des Zentrums ihr Unternehmen nicht gegründet hätten (vgl. STERNBERG 1988: 193f.). Wenn die Gründung in der Region erfolgt, in der das Technologiezentrum seinen Standort hat, liegt dieses weniger an den spezifischen Angeboten des jeweiligen Technologiezentrums als vielmehr an privaten Gründen. Zwar spielt für fast die Hälfte der Gründer auch der Kontakt zur jeweiligen Hochschule eine Rolle bei der Standortwahl, jedoch wäre nach Ansicht von DEILMANN (1995) in den meisten Fällen die Gründung auch ohne die Existenz des Technologiezentrums erfolgt (vgl. STERNBERG 1988: 175ff.; DEILMANN 1995: 33).

Deutlich positiver bewertet PLESCHAK (1997) die Bedeutung der Technologie- und Gründerzentren in der Bundesrepublik beim Aufbau von Vernetzungsstrukturen zwischen privaten Unternehmen und Hochschulen. Im Rahmen einer Befragung von 210 Unternehmen in Technologie- und Gründerzentren stellt er bei rund 60% häufige oder gelegentliche Kontakte zu Universitäten fest. Gleichzeitig betont er jedoch, daß die günstige Miete der Hauptgrund für die Wahl des Technologie- und Gründerzentrums als Standort für eine Unternehmensneugründung ist (vgl. PLESCHAK 1997: 238f.). Daher kann auch diese Untersuchung die oben geäußerte Behauptung nicht entkräften kann, daß weniger die Nähe zu den Hochschulen als private Gründe für die Gründung der Unternehmen in den Zentren verantwortlich zu machen sind.[44]

Die aufgeführten Untersuchungen sollen Auskunft darüber geben, ob durch die Gründung von Technologie- und Gründerzentren der Technologietransfer zwischen privaten Unternehmen und Hochschulen in den Hochschulregionen intensiviert werden kann. Nicht untersucht werden daher an dieser Stelle Vernetzungen, die zwischen den neu gegründeten Unternehmen innerhalb eines Technologie- und Gründerzentrums entstehen können.

3.2.2.3 Die Bedeutung von Fachhochschulen

In der Bundesrepublik wurden vor rund 25 Jahren zusätzlich zu den Hochschulen auch Fachhochschulen eingerichtet. BRACKMANN (1993) versucht, die regionalen Effekte der Ausbildungs-, Forschungs- und Entwicklungsergebnisse von Fachhochschulen zu ermitteln und zu prüfen, ob sie die Qualität eines Wirtschaftsstandortes beeinflussen. Durch eine Befragung von Unternehmen in Nordrhein-Westfalen findet er heraus, daß die meisten Mitarbeiter mit Fachhochschulbildung in der jeweils räumlich zum Unternehmen nächstgelegenen Fachhochschule ihre Ausbildung genossen haben (vgl. BRACKMANN 1993: 181). Er betont, daß Fachhochschulen einen deutlich höheren intraregionalen Personaltransfer verursachen als Universitäten. Auch der Forschungstransfer der Fachhochschulen ist deutlich stärker auf die eigene Region ausgerichtet, als dies bei den Universitäten der Fall ist (vgl. FROMHOLD-EISEBITH 1992: 227ff.; DEILMANN 1995: 19).

---

[43] Zur Darstellung aller Ziele, die durch die Einrichtung eines Technologie- oder Gründerzentrums im Rahmen der kommunalen Wirtschaftsförderung verfolgt werden vgl. STERNBERG 1988: 91.
[44] Zu den Aufgaben zur Erhöhung der Wirksamkeit von TGZ vgl. PLESCHAK 1997: 240ff. Zu den positiven Auswirkungen der Technologiezentren bei der Schaffung von Arbeitsplätzen vgl. FAZ v. 3.4.97: 17

Die stärkere Bindung der Fachhochschulen an die Unternehmen in der Region begründen BRACKMANN (1993) und SCHULTE (1993) mit der stärker praxisorientierten Form des Wissens- und Technologietransfers der Fachhochschulen.[45] Der Kontakt zwischen den Studierenden und den Unternehmen wird durch Praxissemester und praxisorientierte Diplomarbeiten bereits während des Studiums hergestellt. Dieses hat zur Folge, daß zum Beispiel rund 25% der Studenten der FH Furtwangen ihren späteren Arbeitgeber schon während des Studiums kennen gelernt haben (vgl. HARDER 1993: 169 zit. bei DEILMANN 1995: 30).

Als Fazit kann festgehalten werden, daß die Existenz von Hochschulen oder außeruniversitären Forschungseinrichtungen durch die verschiedenen Formen des Wissens- und Technologietransfers eine positive Auswirkung auf die Innovationstätigkeit der Unternehmen in der Hochschulregion haben kann. Die Ausrichtung der Transfers auf die Unternehmen in der Region wird dabei im wesentlichen durch die Ausstattung der ansässigen Unternehmen mit Forschungseinrichtungen und durch die Personalaufnahmefähigkeit der regionalen Wirtschaft bestimmt. Die Branchenstruktur der regionalen Wirtschaft spielt dabei eine untergeordnete Rolle.

Der Wissens- und Technologietransfer wird wesentlich dadurch erleichtert, daß die Vertreter der Wirtschaft und der Universitäten sowie der außeruniversitären Forschungseinrichtungen persönlich miteinander bekannt sind. Daher fördert der Verbleib von Hochschulabsolventen in der Region den Auf- bzw. Ausbau regionaler Forschungsnetzwerke. Der Aufbau und die Intensivierung eines Wissens- und Technologietransfers durch Technolgietransfereinrichtungen scheint vergleichsweise wenig erfolgreich zu sein. Vielmehr verspricht nach DEILMANN (1995) der Ausbau des Personaltransfers, insbesondere in Form von Spin-off-Unternehmensgründungen, eine Aussicht auf Verbesserung des regionalen Wissens- und Technologietransfers, den Aufbau regionaler Innovationsnetzwerke und somit eine Erhöhung der Innovationsfähigkeit der Industrieunternehmen in der Region (vgl. auch EWERS 1994: 505).

3.3 Fazit

Aus der Literaturrecherche lassen sich eine Fülle möglicher Determinanten der Erfindungs- und Entwicklungstätigkeit von Industrieunternehmen ableiten. Eine Trennung zwischen unternehmensinternen, -externen und regionalspezifischen Determinanten ist dabei nicht immer eindeutig möglich, da die einzelnen Determinanten eng miteinander verflochten sind. Darüber hinaus lassen sich keine gesicherten Angaben zur absoluten Bedeutung der einzelnen Determinanten machen.

Als wichtige unternehmensbezogene Determinanten der Erfindungs- und Entwicklungstätigkeit lassen sich jedoch das Alter der hergestellten Produkte und Produktgruppen, die sektorale Zugehörigkeit der Unternehmen, ihre Größe sowie die Qualifizierung und Persönlichkeit der Entscheidungsträger in den Unternehmen festhalten. Zwischen den einzelnen Determinanten sind deutliche Überschneidungen festzustellen.

Als regionalspezifische Determinanten müssen insbesondere Vernetzungen zwischen verschiedenen Akteuren beachtet werden, da davon auszugehen ist, daß Netzwerke die Innovationsfähigkeit der Unternehmen deutlich erhöhen. Zu den Netzwerkakteuren zählen Industrieunternehmen (Produzenten, Abnehmer, Zulieferer, Konkurrenten), „hochwertige" Dienstleistungsunternehmen (Forschungsdienstleister, Softwareentwickler, Berater, Transferstellen) und Forschungseinrichtungen (Universitäten, Fachhochschulen). Eine Vernetzung dieser Akteure führt unter anderem zu einer

---

[45] Zu der Gesamtheit der ermittelten Kooperationsfelder zwischen den Fachhochschulen und den Unternehmen in der Region vgl. die systematische Auflistung bei BRACKMANN 1993: 182f.

stärkeren Zusammenarbeit zwischen den Akteuren im Bereich FuE. Die Zusammenarbeit kann dabei sowohl institutionalisiert (formell) sein, also vertraglich gesichert, als auch nicht-institutionalisiert (informell). In diesem Fall baut sie oftmals auf informellen, eher persönlichen Beziehungen zwischen den Netzwerkakteuren auf.

Regionale Netzwerke bilden sich aus mehreren Gründen aus. Hierzu gehören insbesondere die Vorteile der räumlichen Nähe zwischen den Akteuren, die sich hauptsächlich dadurch bemerkbar machen, daß Kosten gesenkt werden (z.B. Transport- und Kommunikationskosten) und daß die vernetzten Unternehmen schneller und flexibler auf neue Anforderungen des Marktes reagieren können (zum Beispiel im Rahmen der sogenannten *„Industrial Districts").* Die Einbettung innovativer Netzwerke in das regionale Umfeld führt letztendlich zur Ausbildung „kreativer bzw. innovativer Milieus". Dies hat zur Folge, daß durch Lerneffekte eine Steigerung der Innovationsaktivitäten in der Region ermöglicht wird.

Die Aufgabe des folgenden, empirischen Teils der Arbeit wird es daher sein, die aufgeführten Determinanten der Erfindungs- und Entwicklungstätigkeit durch eine Befragung von Industrieunternehmen in der Region Mittelhessen zu hinterfragen und zu überprüfen, welche Bedeutung sie bei der Generierung von Innovationen haben. Besonders wichtig erscheint die Suche nach Hinweisen auf unternehmensbezogene Vernetzungen in der Untersuchungsregion, da vermutet werden kann, daß in ihnen wesentliche regionalspezifischen Determinanten der Erfindungs- und Entwicklungstätigkeit gesehen werden können.

4 Einfluß von Konjunktur und Beschäftigung auf die Erfindungs- und Entwicklungstätigkeit von Industrieunternehmen

Bevor die in Abschnitt 3 diskutierten Determinanten der Erfindungs- und Entwicklungstätigkeit von Industrieunternehmen anhand der Ergebnisse einer Unternehmensbefragung überprüft werden, soll mit Hilfe des Indikators „Zahl der Patentanmeldungen" die Entwicklung der Erfindungstätigkeit in Mittelhessen über einen längeren Zeitraum dargestellt werden. Auf diese Weise ist es möglich, Auskunft über die Abhängigkeiten von Konjunkturabläufen zu bekommen. Eine solche Abhängigkeit ist in zwei Richtungen denkbar: Einerseits kann die Entwicklung der Konjunktur die Innovationsaktivitäten der Unternehmen beeinflussen, andererseits kann die Erfindungstätigkeit der Unternehmen aber auch Auswirkungen auf die wirtschaftliche Entwicklung haben. Einen solchen Zusammenhang nennt SCHUMPETER (1961) als Erklärung für die Entstehung der sogenannten „Langen Wellen" (vgl. Abschnitt 2.2.1). Er geht jedoch davon aus, daß nur sehr bedeutende Innovationen bzw. eine „Clusterung" von Innovationen in der Lage sind, die wirtschaftliche Entwicklung nachhaltig zu beeinflussen.

Sowohl die Anzahl der Patentanmeldungen beim Deutschen Patentamt als auch das jeweilige Datum der Anmeldung können - geordnet nach Stadt- und Landkreisen - öffentlichen Datenbanken entnommen werden. Daher ist es möglich, auf der Basis dieser Daten Zeitreihen aufzustellen, um die Entwicklung der Erfindungs- und Entwicklungstätigkeit über einen Zeitraum von mehreren Jahren nachvollziehen zu können.[46] Als Beginn der Zeitreihe wird das Jahr 1975 ausgewählt, da zu diesem Zeitpunkt eine deutliche Trendwende in den Anmeldezahlen inländischer Patentanmelder beim Deutschen Patentamt (DPA) zu beobachten war (vgl. Abb. 11).

Abb. 11: Entwicklung der Zahl der Patentanmeldungen inländischer Herkunft in der Bundesrepublik Deutschland 1963 bis 1993

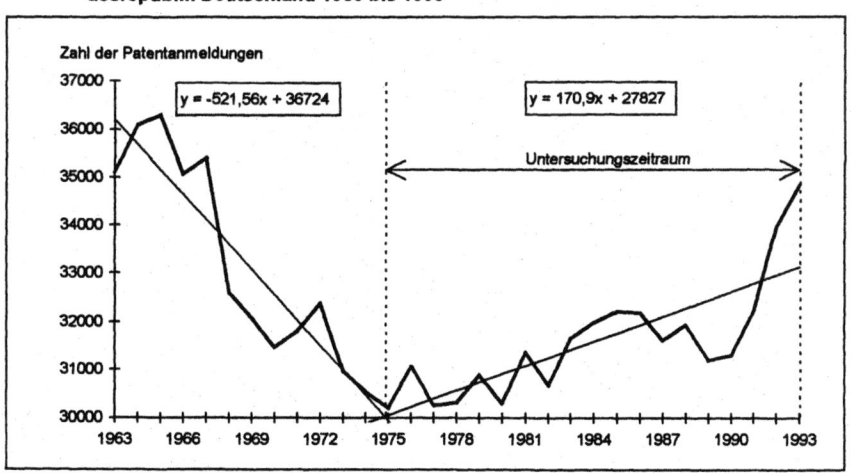

Zahl der Patentanmeldungen

$y = -521,56x + 36724$

$y = 170,9x + 27827$

Untersuchungszeitraum

Datengrundlage: Deutsches Patentamt, Referat Statistik

---

[46] Zur Indikatorfunktion von Patentanmeldungen für regionalanalytische Zwecke vgl. GIESE/STOUTZ (1997)

Die Zahl der Patentanmeldungen in Abb. 12 für den Lahn-Dill-Kreis und den Landkreis Gießen wurden vom Referat Statistik des Deutschen Patentamts in München zur Verfügung gestellt; die entsprechenden Angaben für die drei verbleibenden Zeitreihen entstammen der Patentdatenbank PATDPA, die vom Fachinformationszentrum (FIZ) in Karlsruhe angeboten wird.[47]

Abb. 12: Entwicklung der Zahl der Patentanmeldungen beim DPA in den Landkreisen Mittelhessens von 1975 bis 1993

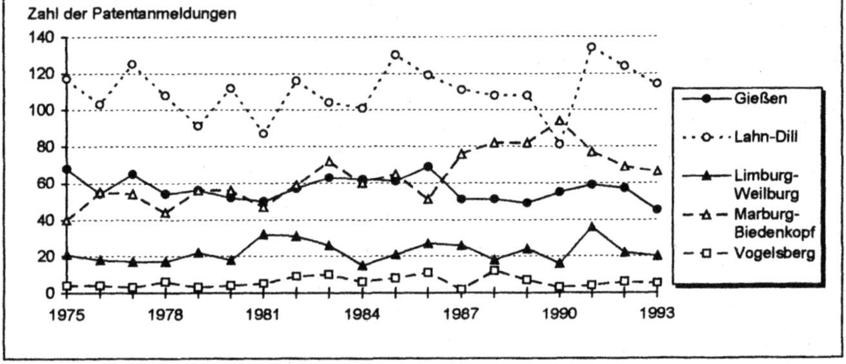

Datengrundlagen: Deutsches Patentamt, Referat Statistik, Patentdatenbank PATDPA

Es zeigt sich, daß die Zahl der Patentanmeldungen seit 1975 in den einzelnen Landkreisen relativ konstant geblieben ist. Es sind aber auch „Sprünge" im Kurvenverlauf erkennbar, die offensichtlich nicht konjunkturbedingt sind (vgl. GIESE/STOUTZ 1997: 22). Die „Sprünge" werden noch deutlicher, wenn die Zahl der Patentanmeldungen in den einzelnen Landkreisen für 1975 gleich 100% gesetzt und der weitere Verlauf der Kurven auf diesen Ausgangswert bezogen wird (vgl. Abb. 13). In den Kreisen Limburg-Weilburg und Vogelsberg sind die Kurvenverläufe aufgrund der niedrigen Absolutwerte zu sprunghaft, so daß aus ihnen kein Entwicklungstrend abgeleitet werden kann.

Um Aussagen über regionsspezifische Trends, unabhängig von eventuellen konjunkturell bedingten Entwicklungsverläufen treffen zu können, werden in Abb. 14 die drei verbleibenden Zeitreihen zur entsprechenden Zeitreihe für die BRD (alt) (vgl. Abb. 11) ins Verhältnis gesetzt. Danach steigt die Zahl der Patentanmeldungen im Zeitraum von 1975 bis 1993 im Kreis Marburg-Biedenkopf stärker an als im Bundesdurchschnitt, während sie im Lahn-Dill-Kreis und im Landkreis Gießen leicht abfällt.

In den Abb. 15 und 16 wird jeweils die Entwicklung der Zahl der Beschäftigten in den Landkreisen Mittelhessens dargestellt. Durch den Vergleich mit den Kurven in Abb. 13 und 14 soll nach einem mögliche Zusammenhang zwischen der Beschäftigtenentwicklung und den Forschungs- und Entwicklungsaktivitäten der Unternehmen in Mittelhessen gesucht werden. Auch in Abb. 15 werden die Zahlenwerte relativiert, um die Entwicklung der Beschäftigtenzahlen in Landkreisen mit unterschiedlich hohen absoluten Zahlenwerten darstellen zu können. Anschließend werden die jeweiligen Werte zu den Vergleichswerten für die Bundesrepublik Deutschland (alt) ins Verhältnis gebracht, um konjunkturell bedingte Entwicklungsverläufe auszugleichen (vgl. Abb. 16).

---

[47]   Zur Methodik der Datenerhebung vgl. Abschnitt 5.1

Abb. 13: Entwicklung der Zahl der Patentanmeldungen beim DPA in den Landkreisen Mittelhessens von 1975 bis 1993 (1975 = 100%)

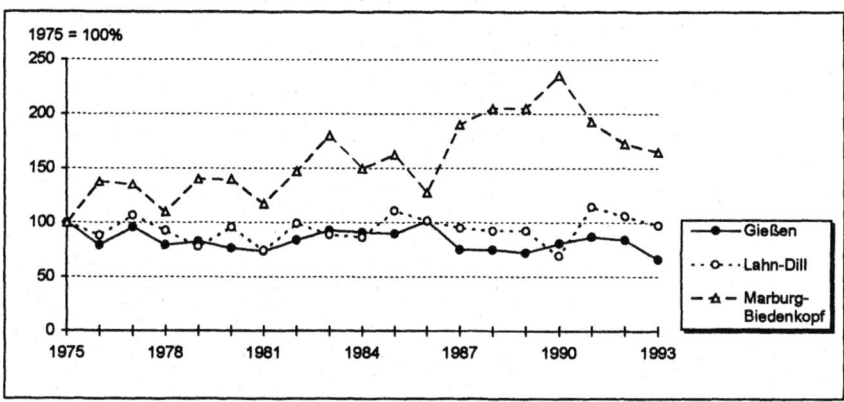

Datengrundlagen: Deutsches Patentamt, Referat Statistik, eigene Erhebung nach PATDPA

Abb. 14: Entwicklung der Zahl der Patentanmeldungen beim DPA in den Landkreisen Gießen, Lahn-Dill und Marburg-Biedenkopf von 1975 bis 1993 im Verhältnis zur Entwicklung der Zahl der Patentanmeldungen in der BRD (alt) (1975 = 100%)

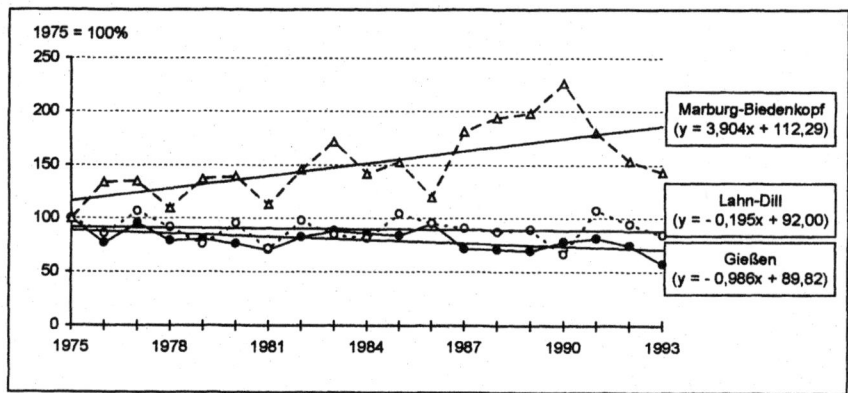

Datengrundlagen: Deutsches Patentamt, Referat Statistik, eigene Erhebung nach PATDPA

Wie in Abb. 15 gut zu sehen ist, spiegelt sich der Konjunkturverlauf der bundesdeutschen Gesamtwirtschaft in der Beschäftigtenstatistik Mittelhessens deutlich wider. Darüber hinaus zeigen sich aber auch hier regional unterschiedliche Entwicklungsverläufe. Während die relativierten Beschäftigtenzahlen in den Kreisen Marburg-Biedenkopf und Gießen ebenso wie die Zahl der Patentanmeldungen ansteigen, sind im Lahn-Dill-Kreis Unterschiede zwischen beiden Entwicklungsverläufen zu bemerken (vgl. Abb. 16). Daher können keine gesicherten Aussagen über einen Zusammenhang zwischen der Entwicklung der Erfindungs- und Entwicklungstätigkeit und der Entwicklung der Beschäftigten im Verarbeitenden Gewerbe in Mittelhessen getroffen werden.

Abb. 15: Entwicklung der Zahl der Beschäftigten im Verarbeitenden Gewerbe in den Landkreisen Mittelhessens von 1977 bis 1994 (1977 = 100%)

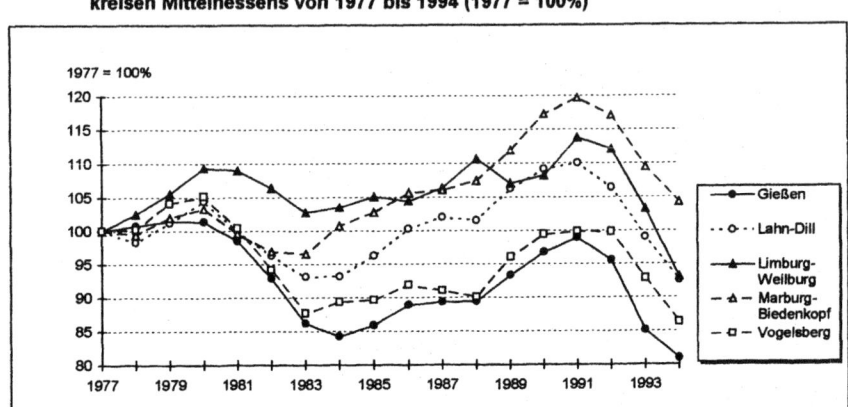

Datengrundlage: Hessisches Statistisches Landesamt; Eigene Berechnung

Abb. 16: Entwicklung der Zahl der Beschäftigten im Verarbeitenden Gewerbe in den Landkreisen Mittelhessens von 1977 bis 1994 (im Verhältnis zur Beschäftigtenentwicklung in der Bundesrepublik (alt)) (1977 = 100%)

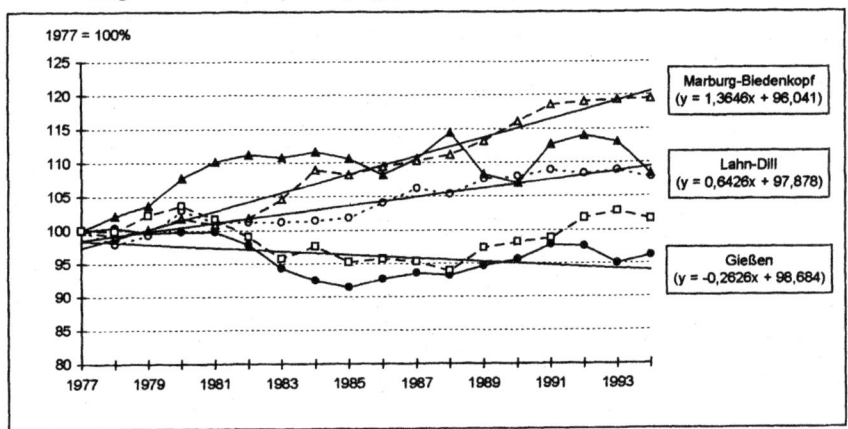

Datengrundlage: Hessisches Statistisches Landesamt; Eigene Berechnung

Insgesamt können aus den vorliegenden Ergebnissen folgende Erkenntnisse abgeleitet werden:

- Die Erfindungs- und Entwicklungsaktivitäten der mittelhessischen Industrieunternehmen entwickeln sich regional unterschiedlich und weitgehend konjunkturunabhängig.

- Es besteht kein meßbarer Zusammenhang zwischen der Entwicklung der Erfindungstätigkeit
  der mittelhessischen Industrieunternehmen und der Beschäftigtenentwicklung in der Untersuchungsregion.

Die Schlußfolgerungen bestätigen die Untersuchungsergebnisse von COOMBS/SAVIOTTI/WALSH (1987). Sie nutzen die Zahl des FuE-Personals als Indikator für Innovationsaktivitäten und stellen fest, daß diese sich unabhängig von kurzfristigen Konjunkturschwankungen entwickelt.

Da weder kurzfristige Veränderungen der Beschäftigungssituation in der Region, noch kurzfristige Konjunkturschwankungen nennenswerte Einflüsse auf die Erfindungs- und Entwicklungstätigkeiten der ansässigen Industrieunternehmen in Mittelhessen zu haben scheinen, werden in den folgenden Abschnitten diejenigen Faktoren ermittelt, die von den Unternehmen selbst als wichtig für die Ausgestaltung ihrer Innovationsaktivitäten bezeichnet werden.

5 Auswahl, Kennzeichnung und Befragung der Unternehmen

Die in Abschnitt 3 abgeleiteten unternehmensinternen, -externen und regionalspezifischen Determinanten der Erfindungs- und Entwicklungstätigkeit von Industrieunternehmen sollen in den folgenden sechs Abschnitten hinsichtlich ihrer Relevanz für die Unternehmen in Mittelhessen überprüft werden. Zu diesem Zweck wurden patentanmeldende und nicht-patentanmeldende Unternehmen in Mittelhessen zu den Faktoren befragt, die ihr Innovationsverhalten beeinflussen.

Um Auskunft über die erfindungsaktiven Sektoren in Mittelhessen zu erlangen, werden alle *erfaßten patentanmeldenden* Unternehmen nach Wirtschaftszweigen und Standorten geordnet. Durch die Kennzeichnung der *befragten patentanmeldenden* Unternehmen soll der Einfluß des Alters sowie der sektoralen Zugehörigkeit und Größe der Unternehmen auf die Erfindungsaktivitäten ermittelt werden. Darüber hinaus wurden die *patentanmeldenden* Unternehmen in weit differenzierterer Weise auch nach den *technologischen Bereichen* gefragt, auf die sich ihre Erfindungstätigkeit überwiegend konzentriert.

Die hier vorgenommene Analyse basiert auf einer Befragung mittelhessischer Unternehmen, die in den Jahren 1980 oder 1990 eine oder mehrere Erfindungen beim Deutschen Patentamt (DPA) zum Patent angemeldet haben. Darüber hinaus wurden nicht-patentanmeldende Unternehmen befragt, um feststellen zu können, ob diese sich im Bereich ihrer Innovationsaktivitäten von den patentanmeldenden Unternehmen unterscheiden.

5.1 Auswahl der Unternehmen

Die Ziele der Unternehmensbefragung bestanden in der Analyse der Erfindungs- und Entwicklungstätigkeit von Industrieunternehmen sowie in der Erfassung von Faktoren, die Innovationsprozesse in den Unternehmen auslösen, fördern oder beeinflussen. Um diese Ziele verfolgen zu können, war es wichtig, Unternehmen für die Befragung auszuwählen, die innovativ sind. Besonderer Wert wurde daher auf die Befragung von Unternehmen gelegt, die technische Neuerungen durch- oder einführen. Solche Unternehmen können durch die Verwendung von Innovations-Inputindikatoren, zum Beispiel des *FuE-Personals* oder der *FuE-Ausgaben* (vgl. KOSCHATZKY 1991; STORCK 1991; OECD 1992, 1993, GRENZMANN 1993; GRUPP 1994; GRENZMANN/GREIF 1996), FuE-Outputindikatoren, zum Beispiel der *Patentanmeldungen* oder *erteilten Patente* (vgl. SCHERER 1965, 1984, 1993; DAHMANN 1981; MERKLE 1984; MANSFIELD 1986; GREIF/POTKOWIK 1990; KOSCHATZKY 1991; OECD 1994; ARCHIBUGI/PIANTA 1996; GIESE/STOUTZ 1997) oder Innovations-Outputindikatoren, zum Beispiel der *Anzahl neuer Produkte* (vgl. TOWNSEND/HENWOOD/PAVITT/ WYATT 1981; ACS/AUDRETSCH 1991, 1993; COGAN 1993; FELDMAN 1993; FLEIßNER/HOFKIRCHNER/ POHL 1993; KLEINKNECHT 1993; STEWARD 1993; FELDMAN/FLORIDA 1994) bestimmt werden. Aufgrund der guten Operationalisierbarkeit des Indikators „Zahl der Patentanmeldungen" bietet es sich an, mit Hilfe dieses Indikators innovative Unternehmen in einer Region zu erfassen (vgl. STAUDT/BOCK/ MÜHLEMEYER 1992: 989ff.).

Durch die Wahl patentanmeldender Unternehmen kann weitgehend gewährleistet werden, daß die befragten Unternehmen im Untersuchungszeitraum Erfindungs- und Entwicklungstätigkeiten durchgeführt haben. Es ist jedoch nicht auszuschließen, daß Unternehmen, die keine Erfindungen zum Patent angemeldet haben, und daher bei der Auswahl nicht beachtet wurden, dennoch innovativ sind.

Die Namen der patentanmeldenden Unternehmen in Mittelhessen wurden der Deutschen Patent-datenbank PATDPA entnommen, die im Scientific & Technical Information Network (STN) vom Fachinformationszentrum (FIZ) in Karlsruhe angeboten wird. Die Datenbank PATDPA erlaubt Recherchen nach verschiedenen Kriterien. Der Standort der ermittelten Unternehmen wurde nach der Postleitzahl in der Adresse des Patentanmelders recherchiert und das Jahr der Anmeldung nach dem Kriterium „Datum der Patentanmeldung". PATDPA ist die einzige Patentdatenbank in der Bundesrepublik, die eine Recherche nach regionalen Kriterien zuläßt. (vgl. FIZ 1992: 41; 1995: 18ff.).[48] Die Recherche in PATDPA wurde jedoch durch mehrere Probleme erschwert:

- Die Datenbank wird nicht sehr genau gewartet. Schon bei kleinen Schreibfehlern oder Fehlern bei der Klassenzuordnung der Erfindungen in der Datenbank kann eine vollständige Erfassung aller Patentanmelder und -anmeldungen in der Region nicht mehr gewährleistet werden (vgl. KRESTEL 1991: 238).

- Die Datenbankrecherche wurde im Jahre 1992 durchgeführt. Die Datenbank basierte zu diesem Zeitpunkt auf dem vierstelligen Postleitzahlensystem. Um alle Gemeinden Mittelhessens erfassen zu können, mußte nach 78 Postleitzahlen recherchiert werden. Seit 1993 wird die Datenbank sukzessive auf das neue fünfstellige System umgestellt. Die Postleitzahlen werden umgeschrieben, wenn der Status einer Patentanmeldung eine Änderung erfährt. Neben dem Problem einer Erfassung in der „Übergangszeit", in der zwei Systeme bestehen, erschwert die erhöhte Anzahl an Postleitzahlen eine Recherche auf dieser Basis.

- Die Kosten für eine Datenbankrecherche sind relativ hoch.

Die hier angewandte Form der Datenbankrecherche garantiert zwar nicht die vollständige Erfassung aller Patentanmelder in der Region, die ermittelten Unternehmen und Privatpersonen sind jedoch mit großer Sicherheit zu den Patentanmeldern zu zählen. Die Auswahl aller Patentanmeldungen der Jahre 1980 und 1990 als Grundlage für die Untersuchung wurde aus folgenden Gründen vorgenommen:

- Es können nur *offengelegte* Patentanmeldungen erfaßt werden. Da die Erhebung 1992 durchgeführt wurde und eine Offenlegung der Anmeldungen nach 18 Monaten erfolgt (es sei denn, sie wird durch die Patenterteilung überrollt), konnten als jüngste Daten die Anmeldungen von 1990 ausgewählt werden. Durch die Wahl diese Datums war die Identifikation derjenigen Unternehmen möglich, die in jüngster Zeit erfindungsaktiv waren.

- Um längerfristige Auswirkungen einer Erfindung auf ein Unternehmen beobachten und gleichzeitig eventuelle strategische oder organisatorische Veränderungen im Unternehmen und deren Auswirkungen erfassen zu können, wurde als zweiter Zeitschnitt das Jahr 1980 gewählt.

Neben den patentanmeldenden Unternehmen wurden nicht-patentanmeldende Unternehmen ermittelt, u.a. um Informationen über Faktoren zu erhalten, die Innovationen verhindern. Um sie mit den patentanmeldenden Unternehmen vergleichen zu können, wurde nach solchen Unternehmen gesucht, die den patentanmeldenden in bezug auf die Größe und die sektorale Zugehörigkeit möglichst ähnlich sind. Hierzu wurden das „Handbuch der Mittelständischen Unternehmen" des

---

[48] Neben der hier vorgestellten Datenbank PATDPA werden eine Reihe weiterer nationaler und internationaler Patentdatenbanken in der Bundesrepublik Deutschland angeboten. Eine Übersicht bieten: FAUST/SCHEDL 1984: 151ff.; GIROUD 1991; MATTES 1991: 269ff.; KOSCHATZKY 1991: 263ff.; SCHMOCH/KOSCHATZKY 1991: 259f.; WEIGAND 1991: 230ff.. Vom Ifo-Institut für Wirtschaftsforschung in München wurde die Datenbank „Ifo-Patentstatistik" entwickelt (vgl. FAUST 1989; 1990; 1992; 1993 und FAUST/BUCKEL 1993)

Hoppenstedt-Verlags, verschiedene Verbandslisten sowie die Industrielisten der mittelhessischen Industrie- und Handelskammern herangezogen. Die Liste mit den ausgewählten Unternehmen wurde dem Deutschen Patentamt (DPA) mit der Bitte vorgelegt, diejenigen Unternehmen zu kennzeichnen, die keine Patentanmeldungen oder erteilten Patente beim Deutschen Patentamt vorliegen haben. Für einige patentanmeldende Unternehmen war es jedoch nicht möglich, ein Pendant in Mittelhessen zu finden, so daß die Gruppe der nicht-patentanmeldenden Unternehmen nur unter Einschränkungen mit der Gruppe der patentanmeldenden Unternehmen vergleichbar ist. Insgesamt wurden 20 nicht-patentanmeldende Unternehmen ausgewählt.

5.2 Kennzeichnung der ausgewählten mittelhessischen Unternehmen

Um die Zuverlässigkeit der Daten aus der Patentdatenbank PATDPA zu überprüfen, werden sie mit den entsprechenden Zahlenwerten der Statistischen Abteilung des Deutschen Patentamts verglichen.[49] Abb. 17 zeigt den Unterschied zwischen beiden Angaben jeweils für die Jahre 1980 und 1990. Die Werte stimmen für die Landkreise Limburg-Weilburg, Marburg-Biedenkopf und den Vogelsbergkreis nahezu überein, während sie in den Kreisen Gießen und Lahn-Dill etwas differieren. Unter Umständen sind diese Differenzen auf ungenaue Zuordnungen zu den Kreisen bzw. auf Schreibfehler in der Patentdatenbank PATDPA zurückzuführen (s.o.).

Abb. 17: Zahl der Patentanmeldungen der Jahre 1980 und 1990 beim Deutschen Patentamt von Anmeldern aus Mittelhessen nach Landkreisen

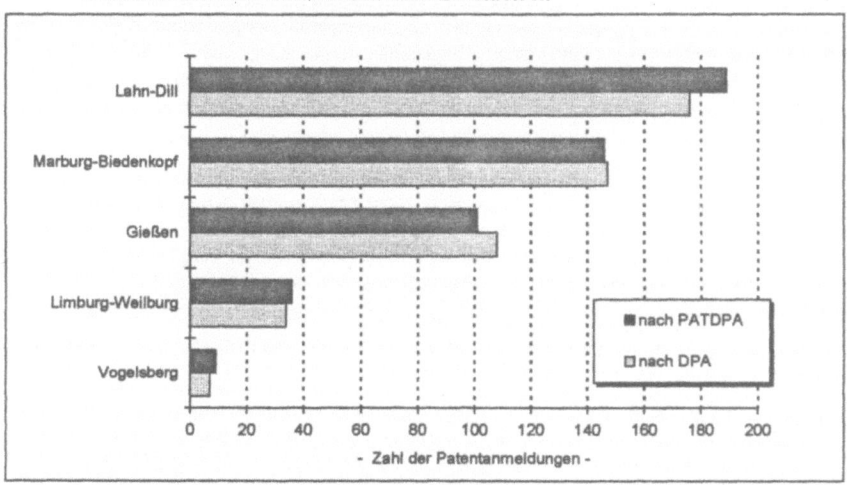

Datengrundlage: Deutsches Patentamt; Patentdatenbank PATDPA

Insgesamt wurden vom Deutschen Patentamt für die Jahre 1980 und 1990 in Mittelhessen 472 Patentanmeldungen ermittelt, während die entsprechende Zahl aus der Datenbank PATDPA 481 beträgt. Da jedoch aus den Zahlenwerten des Deutschen Patentamts weder die Namen der Pa-

---

[49] Die Vergleichswerte wurden von Mitarbeitern des Deutschen Patentamt direkt aus den Datenbanken des Deutschen Patentamt entnommen.

tentanmelder noch ihre Anzahl hervorgehen, wurden als Grundlage für die vorliegende Untersuchung die Angaben aus der Patentdatenbank PATDPA genutzt.

Den 481 in Mittelhessen gezählten Patentanmeldungen der Jahre 1980 und 1990 konnten insgesamt 214 Patentanmelder zugeordnet werden. Von den 214 Patentanmeldern wurden 129 als juristische Personen bestimmt und zwar ausnahmslos als Unternehmen. Einige der ermittelten Unternehmen haben jedoch seit 1980 bzw. 1990 Umstrukturierungsmaßnahmen erlebt. Dies hatte zur Folge, daß für die weitere Untersuchung eine Neuzuordnung der Patentanmelder nach heutigen Verhältnissen vorgenommen werden mußte. Als Beispiel für die Bewertung von Umstrukturierungsmaßnahmen soll das Unternehmen Buderus AG in Wetzlar dienen:

Aus der Patentdatenbank wurden 1980 die „Buderus AG" und 1990 die „Buderus Bau- und Abwassertechnik GmbH", die „Buderus Guss GmbH", die „Buderus Heiztechnik GmbH", die „Buderus Kundenguss GmbH", die „Buderus Sell GmbH" und die „Buderus Schleiftechnik GmbH" als Patentanmelder ermittelt. Insgesamt konnten somit sieben Namen von Patentanmeldern der „Buderus AG" aus der Datenbank entnommen werden. 1980 wurden noch alle Patentanmeldungen unter dem Namen „Buderus AG" durchgeführt. 1987 wandelte sich die „Buderus AG" jedoch in eine Holding mit den Tochterunternehmen „Buderus Bau- und Abwassertechnik GmbH", „Buderus Guss GmbH", „Buderus Heiztechnik GmbH", „Buderus Kundenguss GmbH", „Buderus Sell GmbH" und „Buderus Schleiftechnik GmbH". Nachdem die Umstrukturierungsmaßnahmen beendet worden waren, meldeten alle Tochtergesellschaften ihre Erfindungen einzeln zum Patent an. Zum Zeitpunkt der Befragung waren die „Buderus Bau- und Abwassertechnik GmbH" und die „Buderus Kundenguss GmbH" zur „Buderus Guss GmbH" zusammengefaßt worden, während die „Buderus Schleiftechnik GmbH" an die Pittler-Gruppe abgegeben wurde, jedoch weiter unter dem Namen Buderus firmierte. Die Holding „Buderus AG" meldet selbst keine Patente mehr an, so daß letztendlich fünf Gesellschaften als Anmelder verbleiben. Von sieben ursprünglich ermittelten Anmeldern der „Buderus AG" konnten somit nur noch fünf befragt werden.[50]

Die Neuzuordnung der ermittelten Patentanmelder nach den heutigen Strukturen ließ die Zahl der zu untersuchenden Unternehmen auf 117 sinken. Nicht erfaßt wurden neben den Unternehmen, die in diesen beiden Jahren keine Erfindungen angemeldet haben, diejenigen, die entweder nicht in Mittelhessen anmelden, zum Beispiel weil sie ihre Erfindungen unter dem Namen eines Konzerns mit Standort außerhalb der Region anmelden, oder die aufgrund von Schwierigkeiten hinsichtlich der Erhebung von Daten aus der Datenbank PATDPA nicht erfaßt werden konnten.

Die Patentanmelder, die als *natürliche Personen* Patente angemeldet haben, wurden in zweifacher Hinsicht untersucht:

• Zuerst wurde überprüft, ob es sich bei einigen natürlichen Personen um sogenannte *Unternehmererfinder* handelt. Unternehmererfinder melden ihre Erfindungen oftmals nicht unter dem Namen ihres Unternehmens, sondern unter ihrem eigenen Namen zum Patent an. Insgesamt konnten drei natürliche Personen als Unternehmererfinder identifiziert werden. Diese wurden den anmeldenden Unternehmen zugeordnet.

• In einem zweiten Schritt wurden aus der Gruppe der erfaßten natürlichen Personen alle Patentanmelder herausgefiltert, die mittelhessischen Hochschulen zugeordnet werden konnten. Hierzu wurden die Namen aller Privatanmelder mit den Personalverzeichnissen der Hoch- und

---

50 Umstrukturierungsmaßnahmen der hier aufgeführten Art werden in einigen der befragten Unternehmen laufend durchgeführt und erschweren eine Zuordnung der Patentanmeldungen zu den Anmeldern erheblich.

Fachhochschulen in Mittelhessen verglichen. Das Ziel war die Suche nach Erfindungen, die gemeinsam von Hochschulangehörigen und Vertretern der Privatwirtschaft zum Patent angemeldet wurden. Solche gemeinsamen Erfindungen könnten auf Vernetzungen zwischen Hochschulen und Unternehmen hindeuten. Insgesamt ließen sich auf diese Weise zwar sieben Hoch- und Fachhochschulleher und -assistenten als Patentanmelder ermitteln, Hinweise auf Verbindungen zu Industrieunternehmen waren den Angaben jedoch nicht zu entnehmen.

Alle verbleibenden Privatanmelder wurden nicht weiter untersucht, da die Zielgruppe der Befragung die Industrieunternehmen in Mittelhessen sind. Es ist jedoch nicht auszuschließen, daß sich in der Gruppe der Privatanmelder auch Arbeitnehmer mit freigestellten Diensterfindungen sowie weitere Hochschulangehörige oder Unternehmererfinder befinden, die mit Hilfe der vorgestellten Methodik nicht identifiziert werden konnten.[51]

5.2.1 Kennzeichnung der erfaßten patentanmeldenden Unternehmen

Abb. 18 zeigt die Verteilung der ermittelten mittelhessischen Patentanmelder und Patentanmeldungen nach Größenklassen. Zum Vergleich wird die entsprechende Verteilung für die Bundesrepublik Deutschland im Jahr 1988 in die Graphik integriert (vgl. DPA 1989: 17).

Abb. 18: Verteilung der mittelhessischen Patentanmelder und -anmeldungen der Jahre 1980 und 1990 nach Größenklassen der Unternehmen im Vergleich zur Bundesrepublik Deutschland (alt) 1988

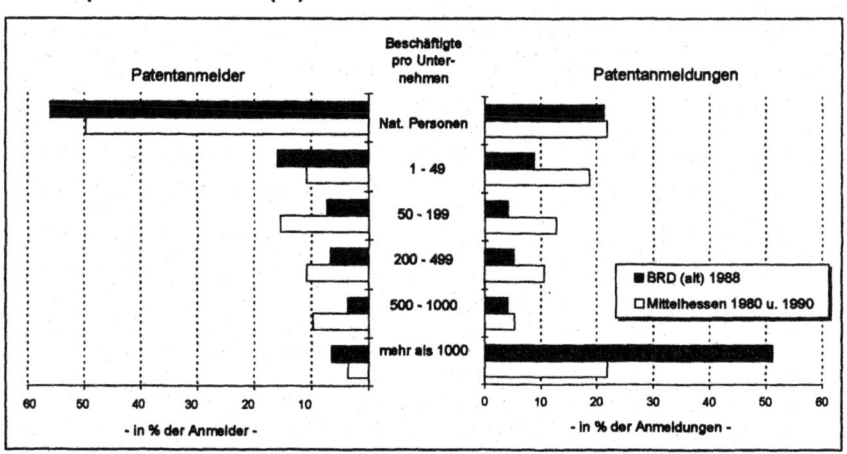

Datengrundlage: Deutsches Patentamt, Jahresbericht 1989; Patentdatenbank PATDPA

49,7% aller Patentanmelder sind natürliche Personen oder sogenannte Unternehmererfinder. Diese Gruppe meldete 21,9% aller Patente in Mittelhessen an. Bei der Betrachtung der patentanmeldenden Unternehmen fallen die höheren Anteile der Patentanmeldungen bei den Unternehmen mit mehr als 1000 Beschäftigten auf. Diese höheren Anteilswerte erklären sich aus der mittelständischen Unternehmensstruktur Mittelhessens. Die Anmeldergruppe mit den anteilsmäßig meisten Patentanmeldungen in der Bundesrepublik - die Unternehmen mit mehr als 10.000 Beschäftigten - ist im Untersuchungsgebiet nicht vertreten. Unternehmen dieser Gruppe stellten in der Bundesre-

---

51 Zur Struktur der Patentanmelder, die natürliche Personen im juristischen Sinne sind, vgl. GREIF 1989: 15

publik Deutschland 1988 zwar nur 0,8% aller Anmelder, jedoch 33,4% aller Anmeldungen.[52] Abgesehen von den Großunternehmen mit mehr als 10.000 Beschäftigten zeigen sich in Mittelhessen und in der Bundesrepublik Deutschland fast identische Verteilungsbilder der Patentanmelder und -anmeldungen. Der größte Anteil der Patentanmelder ist in Mittelhessen den mittelständischen Unternehmen zuzuordnen. Die meisten Patente werden jedoch von einigen wenigen Unternehmen mit mehr als 500 Beschäftigten angemeldet. Abgesehen von den Großunternehmen weist Mittelhessen eine für die Bundesrepublik Deutschland (alt) repräsentative Schichtung der Größenklassen patentanmeldender Unternehmen auf. Die Befragungsergebnisse geben demzufolge Auskunft über die Erfindungs- und Entwicklungsaktivitäten der *klein- und mittelständischen* Industrie.

Von den 117 erfaßten, patentanmeldenden Unternehmen mußten neun aus den weiteren Untersuchungen gestrichen werden, da sie entweder Konkurs angemeldet oder zumindest ihre Produktion eingestellt hatten. Von den verbleibenden 108 Unternehmen konnten 80 (74%) befragt werden, da 28 Unternehmen sich für die Befragungsaktion nicht zur Verfügung stellen wollten. Abb. 19 zeigt die Standorte der befragten patentanmeldenden Unternehmen, die Standorte der patentanmeldenden Unternehmen, die sich einer Befragung verweigert haben und die Standorte derjenigen Patentanmelder, deren Produktionsbetriebe heute nicht mehr existieren.

Abb. 19: Standorte der 1992 erfaßten patentanmeldenden Unternehmen in Mittelhessen

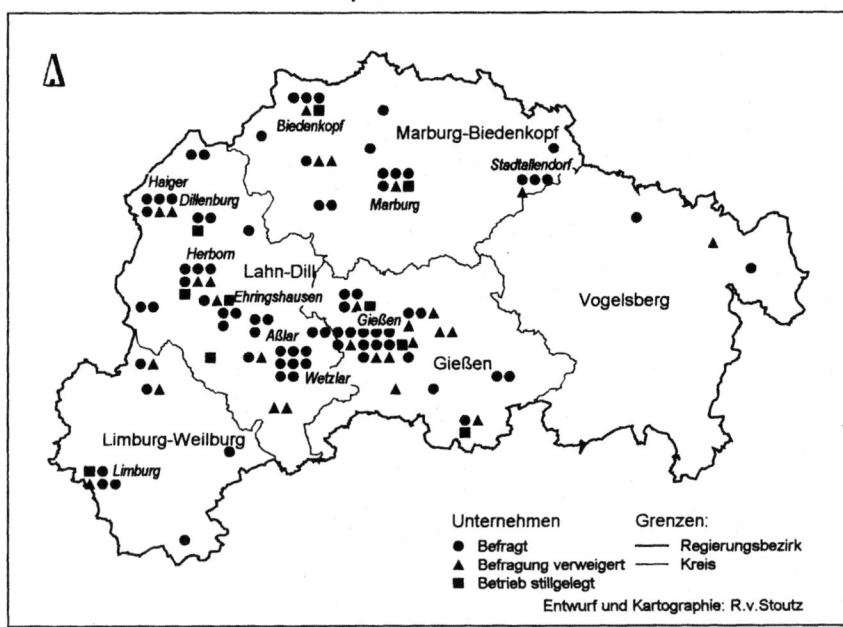

Datengrundlage: Patentdatenbank PATDPA

---

[52] Allein das Unternehmen Siemens meldete im Jahr 1994 insgesamt 1131 Erfindungen beim Deutschen Patentamt zum Patent an.

Deutlich zeigt sich die Konzentration der patentanmeldenden Unternehmen entlang einer Achse von Gießen über Wetzlar, Aßlar, Ehringshausen, Herborn und Dillenburg bis nach Haiger sowie in der Umgebung von Marburg, Biedenkopf, Limburg und Stadtallendorf. Die anteilsmäßig meisten Befragung wurden von den Unternehmen in Gießen verweigert, die wenigsten von den Patentanmeldern im Raum Wetzlar.

Die Standorte wurden nach Landkreisen sowie nach IHK-Bezirken zugeordnet. Die meisten der befragten Unternehmen haben ihren Standort im Lahn-Dill-Kreis. Es folgen die Kreise Gießen, Marburg-Biedenkopf, Limburg-Weilburg sowie an letzter Stelle der Vogelsbergkreis. Durch die Zuordnung der Unternehmen nach den Bezirken der Industrie- und Handelskammern (IHK-Bezirke) wurde erreicht, daß in drei Raumeinheiten nahezu gleich viele patentanmeldende Unternehmen befragt werden konnten. (vgl. Abb. 20).

Abb. 20: Standorte der 1992 erfaßten patentanmeldenden Unternehmen in Mittelhessen nach den Bezirken der Industrie- und Handelskammern

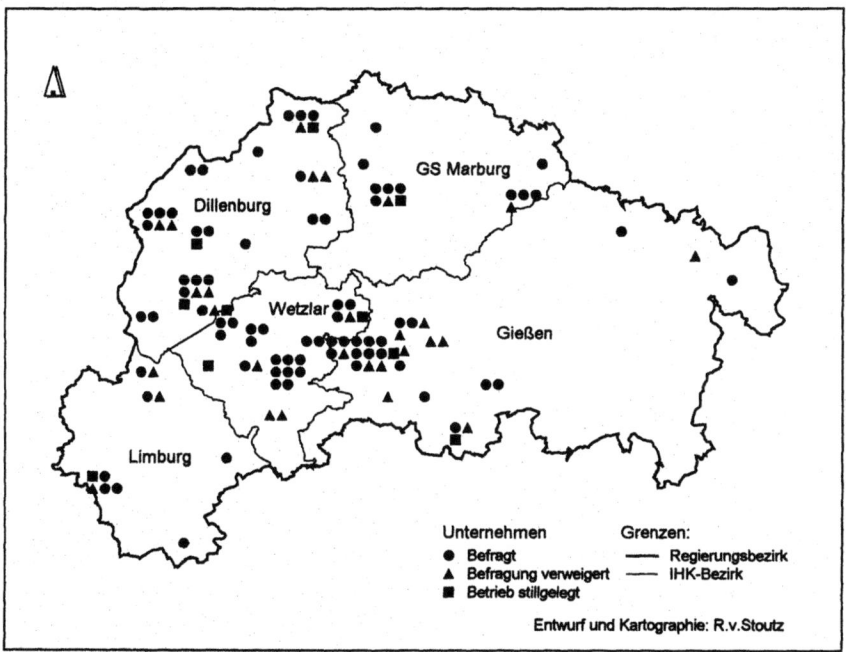

Quelle: Patentdatenbank PATDPA

Von den 20 ausgewählten nicht-patentanmeldenden Unternehmen konnten insgesamt 17 befragt werden, da drei Unternehmen nicht zu einer Mitarbeit bereit waren. Von den befragten Unternehmen befinden sich 7 im Lahn-Dill-Kreis, 8 im Landkreis Marburg-Biedenkopf und zwei im Landkreis Gießen. Insgesamt wurden somit 97 Unternehmen in Mittelhessen zu ihrem Innovationsverhalten befragt.

5.2.2 Kennzeichnung der befragten patentanmeldenden Unternehmen

5.2.2.1 Der Einfluß von Konzernen

Alle befragten patentanmeldenden Unternehmen sind Hauptwerke, 42,5% gaben jedoch an, über mehrere Betriebe zu verfügen und 47,5% betonten, daß ihr Unternehmen einem Konzern[53] angehört. Der Anteil der befragten patentanmeldenden Unternehmen, die einem Konzern zugehörig sind, ist im Landkreis Gießen mit 57% aller befragten Unternehmen am größten und im Lahn-Dill-Kreis mit 42% am geringsten. In den anderen Landkreisen betragen die Anteile jeweils rund 50%.[54]

Während nach den Angaben der Befragten die meisten operativen Entscheidungen in den einzelnen Konzernunternehmen getroffen werden, erfolgen strategische Entscheidungen, die das Unternehmen in weit größerem Ausmaß und langfristiger betreffen, zumeist in der Konzernzentrale. Der große Anteil der untersuchten Konzernunternehmen im Landkreis Gießen deutet somit auf eine Abhängigkeit dieser Unternehmen von Entscheidungen hin, die außerhalb der Region und in einigen Fällen sogar außerhalb der Bundesrepublik Deutschland getroffen werden. Gleichzeitig kann angenommen werden, daß der Konzern auch mögliche Vernetzungsstrukturen der Unternehmen beeinflußt. So ist zum Beispiel denkbar, daß die Konzernunternehmen stärker in die Vernetzungsstrukturen anderer Konzernunternehmen oder in diejenigen des herrschenden Unternehmens eingebunden sind als in regionale.

Während die Konzernzugehörigkeit der Unternehmen über alle Wirtschaftszweige nahezu gleich verteilt ist, kann eine Ungleichverteilung bei der Betrachtung nach Betriebsgrößen festgestellt werden. Am häufigsten gaben die Unternehmen mit 200 bis 1000 Beschäftigten an, Konzernen anzugehören.

5.2.2.2 Das Alter

Die patentanmeldenden Unternehmen in Mittelhessen wurden gefragt, in welchem Jahr ihr Unternehmen gegründet worden ist. Das Ziel dieser Frage war es festzustellen, ob es sich bei den erfindungsaktiven Unternehmen eher um „alte" oder um „junge" Unternehmen handelt. Dabei sollte der Versuch unternommen werden, einen Zusammenhang zwischen dem Alter der Unternehmen bzw. ihrem Produktprogramm und deren Innovationsaktivitäten herzustellen (vgl. Abschnitt 3.1.1). Eine aussagekräftige Zuordnung der befragten Unternehmen nach dem Jahr ihrer Gründung war jedoch aus mehreren Gründen problematisch:

- Bei einigen Unternehmen ist vom ursprünglich gegründeten Unternehmen nur der Firmenname, nicht jedoch das Produktprogramm übriggeblieben. Es stellt sich daher die Frage, ob nicht eher das Jahr der Einführung des aktuellen Produktprogramms als Jahr der Gründung zu erfassen wäre.

- Andere Unternehmen sind verkauft worden und firmieren unter neuem Namen, obgleich das Produktprogramm und die Belegschaft übernommen wurden. In solchen Fällen gaben die Be-

---

53 Nach § 18 Abs. 1 des Aktiengesetzes (AktG) wird ein „Konzern" wie folgt definiert (vgl. WÖHE 1986: 356): „Sind ein herrschendes und ein oder mehrere abhängige Unternehmen unter der einheitlichen Leitung des herrschenden Unternehmens zusammengefaßt, so bilden sie einen Konzern; die einzelnen Unternehmen sind Konzernunternehmen."
54 Ausnahme ist der Vogelsbergkreis. Beide dort befragten Unternehmen gehören keinem Konzern an.

fragten zumeist das Jahr der Umfirmierung als Gründungsjahr an und erst im Rahmen des Tiefeninterviews konnte das eigentliche Gründungsjahr des Unternehmens ermittelt werden.

- Einige Unternehmen wurden vollkommen umstrukturiert, etwa bei einem Generationswechsel oder einem Verkauf mit anschließendem Führungswechsel. Die Neustrukturierung kommt praktisch der Neugründung eines Unternehmen gleich. Ein „altes" Unternehmen kann hierbei durchaus die organisatorischen Strukturen und die Produktionsweise eines „jungen" Unternehmens erhalten.

- Einige der befragten Unternehmen wurden auf dem Gebiet der späteren DDR gegründet und nach Kriegsende in die mittelhessische Region verlagert. Ein Unternehmen wurde im 2. Weltkrieg in den Vogelsberg verlegt, um Bombardierungen in Lüdenscheid zu entgehen. In beiden Fällen wurden von den Befragten das Jahr der Ansiedlung am heutigen Standort als Gründungsjahr angegeben, obwohl es sich um alte, traditionsreiche Unternehmen handelt.

Die Verteilung der befragten Unternehmen nach dem Alter ist regional unterschiedlich: Im Lahn-Dill-Kreis wurden über 55% aller befragten patentanmeldenden Unternehmen vor 1945 gegründet. Der entsprechende Anteil liegt in Gießen bei 18% und in Marburg-Biedenkopf bei rund 45%. Im Kreis Limburg-Weilburg wurde nur eines der befragten Unternehmen vor 1945 gegründet. Die ältesten befragten Unternehmen haben ihren Standort in Wetzlar und im Dilltal. Die Altersstruktur der Gießener Unternehmen unterscheidet sich von den beiden letztgenannten durch relativ wenig alte und relativ wenig junge Unternehmen. Die meisten der befragten Gießener Unternehmen (knapp 50%) wurden ebenso wie die meisten Unternehmen in den Räumen Marburg, Stadtallendorf und Limburg kurz vor und nach dem Ende des 2. Weltkriegs gegründet.

Insgesamt sind es im Dilltal eher die älteren Unternehmen, die als Patentanmelder in Erscheinung treten, während in Limburg, Marburg, Stadtallendorf und Gießen Patentanmeldungen überwiegend von Unternehmen aus der Nachkriegszeit durchgeführt werden. Besonders hoch ist der Anteil der jungen patentanmeldenden Unternehmen im IHK-Bezirk Wetzlar. Neben mehreren alten Unternehmen erweisen sich hier überdurchschnittlich viele junge Unternehmen als erfindungsaktiv. Unternehmen, die zwischen 1945 und 1965 gegründet wurden, sind bei den Patentanmeldern wenig vertreten. Bei den Unternehmen mit einem relativ hohem Alter handelt es sich überwiegend um Unternehmen der Optischen Industrie, die zumeist in den 20er Jahren als „Spin-Off-Unternehmen" der Leitz-Werke gegründet wurden, während die jüngeren Unternehmen überwiegend der Elektrotechnischen Industrie und dem Wirtschaftszweig Maschinenbau angehören.

Die Verteilung der erfindungsaktiven Unternehmen nach ihrem Alter könnte in Verbindung mit ihrer sektoralen Zugehörigkeit darauf hindeuten, daß sich in Wetzlar neben der traditionellen Feinmechanisch/Optischen Industrie eine „neue", eher auf elektrotechnische Produkte spezialisierte Industrie mit eigenen innovationsfördernden Vernetzungsstrukturen herausgebildet hat (vgl. Abschnitt 10).

5.2.2.3 Die Größe

Abb. 21 zeigt die Verteilung der befragten patentanmeldenden Unternehmen nach Größenklassen. Zum Vergleich sind die Anteile der Betriebe im Bergbau und im Verarbeitenden Gewerbe in Mittelhessen an den Betriebsgrößenklassen aufgeführt.

Ein Vergleich zwischen Unternehmens- und Betriebsgrößen ist grundsätzlich problematisch.[55] Rund 40% der befragten Unternehmen sind Mehrbetriebsunternehmen, so daß die Anzahl der betroffenen Betriebe größer ist als die Anzahl der befragten Unternehmen. Die befragten patentanmeldenden Unternehmen umfassen rund 110 bis 130 von insgesamt 1734 Betrieben des Verarbeitenden Gewerbes im Jahr 1994 in Mittelhessen (vgl. HESSISCHES STATISTISCHES LANDESAMT 1995). Da die Anzahl der Beschäftigten in Betrieben nicht direkt mit der Anzahl der Beschäftigten in Unternehmen zu vergleichen ist, kann Abb. 21 nur Tendenzen aufzeigen.

Abb. 21 macht deutlich, daß es in Mittelhessen eher die mittleren Unternehmen mit 50 - 1000 Beschäftigten als die kleinen Unternehmen sind, die durch die Anmeldung von Patenten Erfindungs- und Entwicklungsaktivitäten demonstrieren können. Kleine Betriebe mit bis zu 50 Beschäftigten stellen in Mittelhessen rund 70% aller Betriebe des Verarbeitenden Gewerbes. Patentanmeldende Unternehmen kommen jedoch nur zu 16% aus dieser Größenklasse. Große nicht-patentanmeldende Unternehmen mit mehr als 1000 Beschäftigten konnten in Mittelhessen nicht ausfindig gemacht werden.

Abb. 21: Zahl der befragten Unternehmen und Zahl der Betriebe des verarbeitenden Gewerbes in Mittelhessen nach Größenklassen 1994

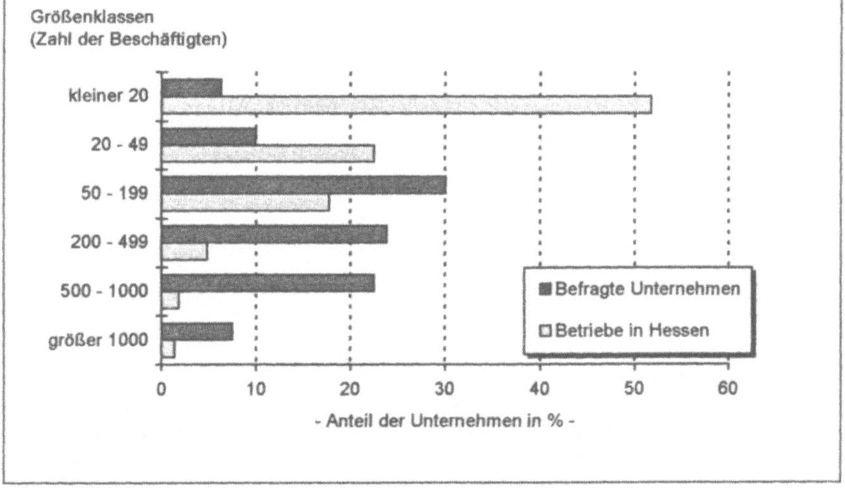

Datengrundlage: Hessisches Statistisches Landesamt; eigene Erhebung

5.2.2.4 Die Verteilung nach Wirtschaftshauptgruppen

Um Aussagen darüber treffen zu können, in welcher Weise die patentanmeldenden Unternehmen in Mittelhessen repräsentativ für die Unternehmen in der Bundesrepublik Deutschland und in Mittelhessen sind, werden in Abb. 22 die Beschäftigten der patentanmeldenden Unternehmen nach Wirtschaftshauptgruppen geordnet und den Beschäftigten in Mittelhessen und in der Bundesrepu-

---

55 Zum Unterschied zwischen *Unternehmen* und *Betrieb* vgl. WÖHE 1987: 2ff.

blik Deutschland (alt) gegenübergestellt. Für Mittelhessen und die Bundesrepublik Deutschland wurden die Sozialversicherungspflichtig Beschäftigten im Verarbeitenden Gewerbe des Jahres 1992 ausgewählt.

Das Verarbeitende Gewerbe ist Teil des Produzierenden Gewerbes und beschäftigt rund ein Drittel aller Sozialversicherungspflichtig Beschäftigten in der Bundesrepublik Deutschland (alt). Gegliedert wird das Verarbeitende Gewerbe in der amtlichen Statistik in die Wirtschaftshauptgruppen Grundstoff- und Produktionsgütergewerbe, Investitionsgütergewerbe, Verbrauchsgütergewerbe sowie Nahrungs- und Genußmittelgewerbe. Die weitere Untergliederung der Wirtschaftshauptgruppen erfolgt in Wirtschaftszweige, die sich wiederum aus Branchen zusammensetzen. So gehört die Branche der Werkzeugmaschinenhersteller zum Wirtschaftszweig Maschinenbau, der wiederum zur Hauptgruppe des Investitionsgütergewerbes und zum Wirtschaftsbereich des Produzierenden Gewerbes.

Abb. 22: Anteile der Beschäftigten der patentanmeldenden Unternehmen aus den Jahren 1980 und 1990 in Mittelhessen und der Beschäftigten im Verarbeitenden Gewerbe in Mittelhessen sowie in der Bundesrepublik Deutschland (alt) 1992 an den Wirtschaftshauptgruppen des Verarbeitenden Gewerbes

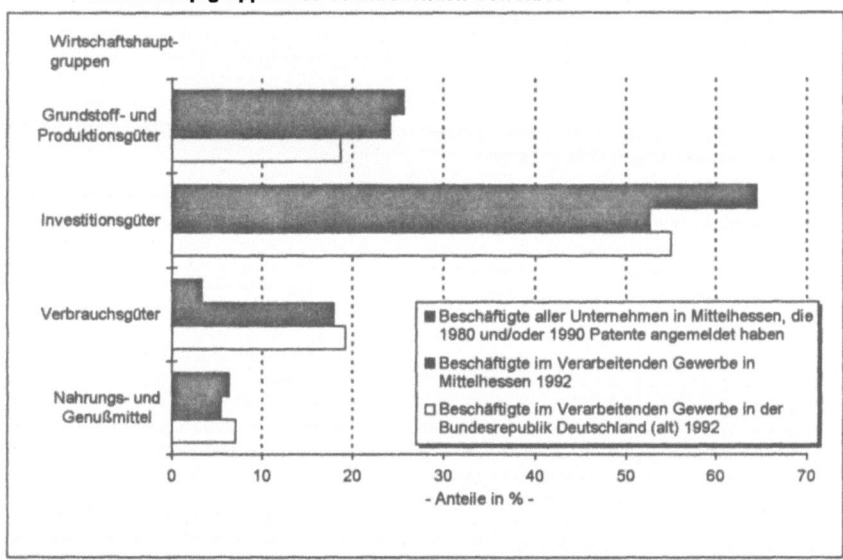

Datengrundlage: Statistisches Bundesamt; Hessisches Statistisches Landesamt; eigene Erhebung

Die in Mittelhessen erfaßten patentanmeldenden Unternehmen gehören zu rund 95% dem Verarbeitenden Gewerbe an. Für 1988 errechnete das Deutschen Patentamt bei allen bundesdeutschen Anmeldungen einen entsprechenden Anteil von knapp 97% (vgl. GREIF/POTKOWIK 1990: 24). Besonders stark sind die patentanmeldenden Unternehmen in Mittelhessen in den Wirtschaftshauptgruppen Investitionsgütergewerbe und Grundstoff- und Produktionsgütergewerbe vertreten (vgl. Abb. 22). Der Anteil, der auf die Nahrungsmittelindustrie entfällt, ist demgegenüber außerordentlich gering und resultiert bei den Patentanmeldern der Jahre 1980 und 1990 in Mittelhessen nur

aus den Beschäftigten eines Unternehmens. Der hohe Anteil der Grundstoff- und Produktionsgüterindustrie basiert auf den Unternehmensgrößen dreier Patentanmelder.

Die starke Präsenz der Patentanmelder in der Investitionsgüterindustrie wird ebenfalls deutlich,
wenn der Anteil der Beschäftigten in den *befragten* Unternehmen den Beschäftigten im Verarbeitenden Gewerbe in Mittelhessen insgesamt gegenübergestellt wird. Über 35% aller Beschäftigten
im Investitionsgüterbereich in Mittelhessen werden durch die Befragung von nur 58 Unternehmen
erfaßt. Der Anteil liegt in der Grundstoff- und Produktionsgüterindustrie rund 2% niedriger, so daß
beide Wirtschaftsbereiche durch die befragten Unternehmen gut repräsentiert werden. Bei der
Verbrauchsgüterindustrie liegt der Anteil der Beschäftigten in den befragten Unternehmen mit
knapp 9% schon sehr viel niedriger, während die Nahrungs- und Genußmittelindustrie nicht mehr
vertreten ist.

5.2.2.5 Die Verteilung nach Wirtschaftszweigen

Die Einteilung der befragten Unternehmen nach Wirtschaftszweigen erfolgt nach der Systematik
der Wirtschaftszweige des Statistischen Bundesamts. Die meisten der patentanmeldenden Unternehmen (knapp 60%) gehören in Mittelhessen drei Wirtschaftszweigen an (vgl. Abb. 23):

*   Dem *Maschinenbau* mit 30 erfaßten und 20 befragten Unternehmen,

*   Der *Elektrotechnik* mit 19 erfaßten und 15 befragten Unternehmen und

*   Dem Wirtschaftszweig *Herstellung von Eisen- Blech- und Metallwaren (EBM-Waren)* mit 16
    erfaßten und 11 befragten Unternehmen.

Die Standorte der patentanmeldenden Unternehmen dieser drei Wirtschaftszweige sind jedoch
nicht gleichmäßig über die Untersuchungsregion verteilt. Der Anteil der Patentanmelder aus dem
Wirtschaftszweig *Maschinenbau* ist mit rund 50% aller anmeldenden Unternehmen im Landkreis
Gießen besonders groß. Gefolgt wird Gießen von Marburg-Biedenkopf, wobei die entsprechenden
Unternehmen besonders im Raum Biedenkopf konzentriert sind. Bedeutsam ist weiterhin der An-
teil der Maschinenbauunternehmen im Lahn-Dill-Kreis.

Unternehmen des Wirtschaftszweigs *Elektrotechnik* sind zwar anteilsmäßig in allen Landkreisen
gleichmäßig vertreten, die meisten befragten patentanmeldenden Unternehmen aus diesem Sek-
tor haben ihren Standort jedoch im Raum Wetzlar. Fast alle befragten patentanmeldenden Unternehmen des Wirtschaftszweigs „Herstellung von EBM-Waren" konzentrieren sich im Raum Dillenburg und im Raum Marburg. Im Raum Wetzlar spielen zudem Unternehmen des Wirtschaftszweigs *Feinmechanik/Optik* eine wesentliche Rolle als Patentanmelder. Die meisten Patentanmeldungen in der Untersuchungsregion entstammen anteilsmäßig jedoch der Chemischen Industrie,
repräsentiert durch die Behringwerke AG in Marburg.

Parallel zu der in Mittelhessen vorherrschenden sektoralen Wirtschaftsstruktur können Konzentrationen einzelner Wirtschaftszweige bei den befragten patentanmeldenden Unternehmen festgestellt werden. Räumliche Konzentrationen erfindungsaktiver Sektoren geben indirekte Hinweise
auf innovationsrelevante unternehmensbezogene Vernetzungen (vgl. Abschnitt 10):

*   Im Raum Wetzlar spiegelt sich erwartungsgemäß die Konzentration der Optischen und Fein-
    mechanischen Industrie auch in der Konzentration der Patentanmelder wider.

*   Zwischen Wetzlar und Ehringshausen kann eine geringfügige Konzentration im Bereich der
    Pumpen- und Vakuumtechnik sowie der Kfz-Zulieferindustrie beobachtet werden.

Abb. 23: Zahl der erfaßten und befragten patentanmeldenden Unternehmen in Mittelhessen nach Wirtschaftszweigen 1994

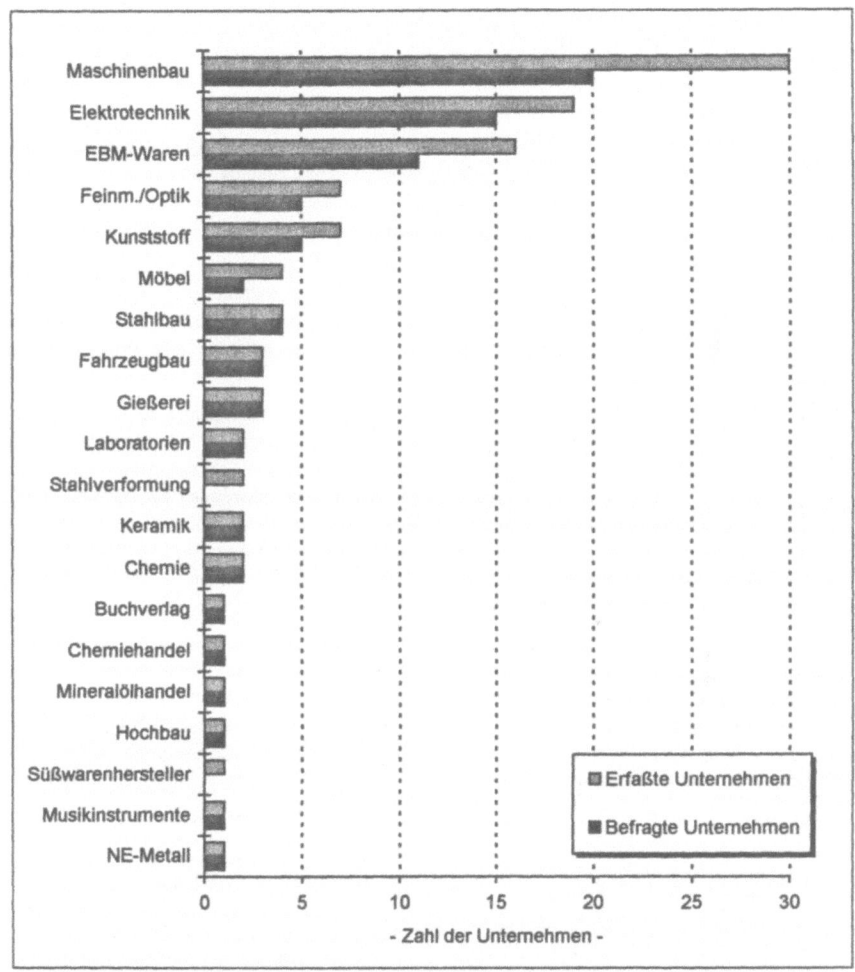

Datengrundlage: Patentdatenbank PATDPA; eigene Erhebung

• Entlang des Dilltals konzentrieren sich die Patentanmelder der Metallverarbeitenden Industrie. Ein bedeutender Anteil der dort befragten Unternehmen war in früheren Zeiten der Ofenindustrie zugehörig und hat sich im Bereich der Küchentechnik, Kesseltechnik oder verwandter Bereiche weiterentwickelt. In dieser Region ist der Anteil der erfaßten Unternehmen, die in den letzten Jahren entweder Konkurs anmelden mußten oder ihre Produktion verlagert haben, besonders groß (vgl. Abschnitt 3.1.1).

- Die Patentanmelder im Raum Biedenkopf sind ebenfalls geprägt durch ältere Unternehmen der Metallverarbeitenden Industrie, besonders aus dem Bereich Maschinenbau. Einige Unternehmen des Wirtschaftszweigs Maschinenbau waren ursprünglich im Formenbau tätig.

- Auch in Marburg und Stadtallendorf sind es eher ältere Unternehmen, die als Patentanmelder in Erscheinung treten. Beide Standorte zeichnen sich durch eine Anzahl von Unternehmen aus den ehemals ostdeutschen Gebieten aus. In Stadtallendorf dominieren bei den Patentanmeldern Unternehmen der Metallverarbeitenden Industrie.

- Im Raum Gießen sind bei den Patentanmeldern Konzentrationen im Maschinenbau und in der Elektrotechnik festzustellen. Auch in Gießen konnten einige Unternehmen nicht befragt werden, weil sie in den letzten Jahren Konkurs angemeldet haben.

Eine Zuordnung der Unternehmen nach Wirtschaftszweigen ist zum Teil unzureichend. Zum einen ist fast kein Unternehmen nur in einem Wirtschaftszweig tätig, zum anderen sind die Produktpaletten der Unternehmen des gleichen Wirtschaftszweigs oftmals extrem unterschiedlich strukturiert. Ein Hersteller neuer, komplexer opto-elektronischer Verfahren erscheint unter Umständen in der gleichen Rubrik wie ein Zulieferer der Optischen Industrie, der in traditioneller Weise optische Linsen schleift.

Zudem wird jedes Unternehmen nur nach seinem wichtigsten Produktionszweig der Statistik zugeordnet. Auf diese Weise kann zum Beispiel ein Werkzeugbauer durchaus 30% seines Umsatzes aus dem Fahrzeugbau beziehen, ohne daß er in der Statistik zu den Fahrzeugbauern gerechnet wird. Die dadurch entstehende Problematik wird ersichtlich, wenn etwa nach der Bedeutung der Kfz-Industrie in der Region Mittelhessen gefragt wird. Insgesamt drei der 80 befragten patentanmeldenden Unternehmen, also rund 3,8% ordneten sich dem Wirtschaftszweig 244 (Fahrzeugbau) zu. Als Zulieferer der Automobilindustrie oder als Hersteller von Maschinen für die Kfz-Industrie bezeichneten sich jedoch insgesamt 17, also über 21% der befragten Unternehmen.

Durch die regionale Zuordnung der patentanmeldenden Unternehmen können Konzentrationen erfindungsaktiver Wirtschaftszweige in Teilräumen von Mittelhessen festgestellt werden. Da diese Zuordnung jedoch nicht ausreicht, um Konzentrationen möglichst „gleicher" Unternehmen zu ermitteln, wird an späterer Stelle, wenn nach Hinweisen auf Vernetzungen in der Region gesucht wird, eine zusätzliche Zuordnung nach den technologischen Bereichen vorgenommen, auf die sich die Erfindungs- und Entwicklungstätigkeiten der Unternehmen beziehen (vgl. Abschnitt 10.1.4).

5.2.3 Kennzeichnung der befragten nicht-patentanmeldenden Unternehmen

Die Struktur und die regionale Verteilung der nicht-patentanmeldenden Unternehmen ist willkürlich, da die Unternehmen aufgrund ihrer Ähnlichkeit zu den patentanmeldenden Unternehmen *ausgewählt* wurden. Sie sollen daher nur kurz zu Vergleichszwecken vorgestellt werden:

Alle Unternehmen sind ebenfalls Hauptwerke und fast alle rechtlich selbständig (88,2%). Es wurden nur nicht-patentanmeldende Unternehmen mit weniger als 500 Beschäftigten befragt, da keine Unternehmen in Mittelhessen bestimmt werden konnten, die zwar mehr als 500 Personen beschäftigen, jedoch noch nie eine Erfindung beim Deutschen Patentamt zum Patent angemeldet haben.

Die sektorale Verteilung der befragten nicht-patentanmeldenden Unternehmen entspricht im wesentlichen der entsprechenden Verteilung der befragten patentanmeldenden Unternehmen. Nur der Wirtschaftszweig Feinmechanik/Optik liegt über dem Vergleichswert[56] und einige Wirtschaftszweige, die nur sehr wenige Patente anmelden, bleiben bei den nicht-patentanmeldenden Unternehmen unbeachtet. Das Fehlen großer Unternehmen führt dazu, daß beide Gruppen nur einschränkt miteinander zu vergleichen sind. Vergleichende Aussagen zwischen beiden Gruppen sollen daher in den folgenden Abschnitten nur grobe Tendenzen aufzeigen.

5.3 Durchführung der Befragung

Es wurden zwei unterschiedlichen Fragebögen konzipiert (vgl. Anhang). Während der erste Fragebogen der Beantwortung von solchen Fragen dient, die das Unternehmen mit seiner Struktur, seiner Entwicklung und seinen Verflechtungen betreffen (*prozeßbezogener Ansatz*), werden mit Hilfe des zweiten Fragebogens Informationen zu einzelnen Patentanmeldungen bzw. Erfindungen eingeholt (*ergebnisbezogener Ansatz*).

Der erste Fragebogen lehnt sich im wesentlichen an die Vorgaben für *Innovationsuntersuchungen* des sogenannten „*Oslo-Manuals*" der OECD an. *Innovationsuntersuchungen* dienen der Gewinnung von Informationen über die gesamten Aktivitäten eines Unternehmens und seines Umfelds, die zu technischen Innovationen führen. Sie sollen daher neben FuE-Aktivitäten auch Aktivitäten erfassen, die keine FuE-Aktivitäten sind, jedoch den Innovationsprozeß beeinflussen. Im Mittelpunkt der *Innovationsuntersuchungen* stehen die Industrieunternehmen. Durch Fragen nach dem Ablauf von Innovationsprozessen innerhalb der Unternehmen ist es möglich, Auslöser, Einflüsse und Auswirkungen von Innovationsaktivitäten zu ermitteln. Durch diese Methode können zum Beispiel auch Aktivitäten hinterfragt werden, die nicht zum wirtschaftlichen Erfolg geführt haben.

Untersuchungen dieser Art hatten bisher den Nachteil, daß sie weder interregional noch im Zeitablauf vergleichbar waren. (vgl. OECD 1992: 39; ARCHIBUGI/PIANTA 1996: 26). Um sie vergleichbar zu machen, wurde 1992 von der OECD das sogenannte „*Oslo-Manual*" erstellt. Es dient der Standardisierung von Informationen über Innovationsprozesse auf der Unternehmensebene (vgl. OECD 1992: 3ff.).[57]

Die im „*Oslo-Manual*" vorgegebenen Fragen wurden mit Unterstützung eines Patentanwalts, des Geschäftsführers eines mittelständischen Industrieunternehmens und eines Mitarbeiters des Ifo-Instituts für Wirtschaftsforschung diskutiert, korrigiert und ergänzt.

Der zweite Fragebogen bezieht sich auf die Ergebnisse der Innovationsaktivitäten. Er wurde konzipiert, um die Nachteile der *Innovationsuntersuchungen* der OECD auszugleichen. Diese bestehen in erster Linie darin, daß Angaben zu den technischen Ergebnissen der Erfindungs- und Entwick-

---

[56] Diese Verteilung resultiert in erster Linie daraus, das sich alle identifizierten Unternehmen der Feinmechanik/Optik zu einer Befragung bereit erklärt haben, während in den anderen Wirtschaftszweigen Verweigerungen zu verzeichnen waren.

[57] Auf der Basis der standardisierten Methodik zur Befragung von Unternehmen mit dem Ziel, Auskunft über den Ablauf, die Einflüsse und die Ergebnisse von Innovationsprozessen zu erhalten, wurde von der OECD in Zusammenarbeit mit EUROSTAT und teilweise finanziert von der Europäischen Union die „*Community Innovation Survey* (CIS)" durchgeführt. Für einige Mitgliedsländer der OECD sind im Rahmen dieser Untersuchungen auch nationale Ergebnisse publiziert worden. Als Beispiele seien die Untersuchungen in Italien durch EVANGELISTA (1996), Frankreich durch LHULLERY (1996) und Deutschland durch LICHT (1994) genannt.

lungstätigkeiten fehlen. Um Angaben dieser Art erlangen zu können, müssen nicht nur Fragen zum Innovationsprozeß und seinen Einflußfaktoren, sondern darüber hinaus Fragen zu einzelnen Neuerungen in die Untersuchung einbezogen werden. Als immaterielle Ergebnisse der Erfindungs- und Entwicklungstätigkeiten werden Erfindungen angesehen. Demzufolge bezieht sich der Frage- bogen auf Erfindungen, die von den befragten Unternehmen zum Patent angemeldet wurden.

Durch konkrete Fragen zu einzelnen Erfindungen, die den Befragten in Form von Patentdoku- menten vorliegen, können nicht nur *quantitative* sondern auch *qualitativen* Aussagen zu der Erfin- dungstätigkeit der Unternehmen in die Untersuchung einbezogen werden. Dieses ist möglich, da sich die Informationsvielfalt, die in den Patentdokumenten enthalten ist, als außerordentlich groß erweist. (vgl. OECD 1994: 40f.) JAFFE (1989) bezeichnet Patente auch als „*...proxy for new econo- mical useful knowledge*" (vgl. JAFFE 1989: 958). Patentdokumente geben Auskunft darüber:

- *Wer* etwas erfindet, d.h. wer der Erfinder einer Neuerung ist und welches Unternehmen oder welcher Unternehmenszusammenschluß Innovationsaktivitäten durchführt.

- *Was* erfunden wird, d.h. auf welche technologischen Felder sich die Erfindungen beziehen und welche Technologien Grundlage für die Erfindungen sind.

- *Wo* etwas erfunden wird, d.h. in welchem Land, welcher Region oder an welchem Unterneh- mensstandort Innovationsaktivitäten erfolgen.

- *Wann* etwas erfunden wird, d.h. wie sich die Innovationsaktivitäten über die Zeit verändern.

Aus der Kombination dieser Informationen lassen sich ausreichend viele Erkenntnisse ableiten, um einen großen Teil der Innovationsaktivitäten von Patentanmeldern nachvollziehen zu können (vgl. ARCHIBUGI/PIANTA 1996: 17ff.). Durch die inhaltliche Auswertung der Patentdaten läßt sich oftmals die Bedeutung einer Erfindung abschätzen. Es kann sich zum Beispiel um eine Basisinno- vation handeln, die bedeutsam genug ist, um Einfluß auf die Konjunkturzyklen im SCHUMPE- TER'schen Sinn zu nehmen, oder es handelt sich nur um eine Folgeerfindung oder Verfahrensver- besserung einfacher Art (vgl. MENSCH 1975: 36). Auf diese Weise können auch „Technologie- führer" und „Technologiefolger" identifiziert werden. Dadurch wird es möglich, Erkenntnisse über das Verhalten und die Maßnahmen dieser Gruppen abzuleiten, etwa im Hinblick auf ihre FuE- Anstrengungen (vgl. GREIF/POTKOWIK 1990: 5).

Die Konzeption der Befragung in der beschriebenen Weise hat zur Folge, daß den nicht- patentanmeldenden Unternehmen nur der erste Fragebogen vorgelegt werden konnte.

Nach der Erstellung der vorläufigen Fragebögen wurden insgesamt drei Pre-tests in patentanmel- denden Unternehmen durchgeführt. Die eigentliche Befragung erfolgte je nach der Aufgeschlos- senheit und der Bereitschaft zur Mitarbeit bei den Unternehmen in vier bis fünf Schritten:

1. In der *Vorbereitungsphase* wurden alle Geschäftsstellen der Industrie- und Handelskammern (IHK'n) in der Region Mittelhessen persönlich aufgesucht. Das Ziel war neben dem Wunsch nach einem unterstützenden Begleitbrief der IHK an die betroffenen Unternehmen, die Be- kanntmachung der Aktion in der Region. Die Geschäftsführer der IHK-Bezirke Gießen, Wetzlar, Limburg, Dillenburg und der Geschäftsstelle Marburg (IHK Kassel) waren zur Unterstützung der Befragungsaktion bereit.

2. In der *Phase der ersten Kontaktaufnahme* wurden die betroffenen Unternehmen einzeln ange- schrieben und - unterstützt durch ein Anschreiben der Industrie- und Handelskammern - von der Befragungsaktion in Kenntnis gesetzt.

3. Die eigentliche *Kontaktaufnahme* erfolgte telefonisch, um mit den Unternehmen den Termin für ein Interview zu vereinbaren. Nach einer erfolgreichen Absprache wurden die Fragebögen den Unternehmen zugesendet und alle Fragen markiert, die eine Recherche in den Patentdatenbanken der Unternehmen notwendig machen (z.B. die Zahl der Patentanmeldungen, Zuordnung der Patentanmeldungen zu den Innovationen, etc.). Die Testbefragungen haben ergeben, daß diese Recherchen viel Zeit in Anspruch nehmen konnten oder in einigen Fällen nicht von den Unternehmen direkt, sondern von den vertretenden Patentanwälten durchgeführt werden mußten.

4. Der Kontaktaufnahmephase folgte die *Durchführungsphase* in Form von Tiefeninterviews mit einer durchschnittlichen Dauer von 90 Minuten. Nach jedem Interview wurde ein Gesprächsprotokoll angefertigt.

5. Obwohl jeder Befragte den Fragebogen schon während der Kontaktaufnahmephase zugeschickt bekam, war er einigen Interviewpartnern zum Zeitpunkt der Befragung nicht bekannt. Daher war die oftmals aufwendige innerbetriebliche Datenerhebung noch nicht durchgeführt worden und die Fragebögen mußten von den Befragten *nachbearbeitet* und dem Interviewer zugesendet werden.

Die meisten Befragungsaktionen, die in der Literatur beschrieben werden, sind in schriftlicher Form auf postalischem Wege durchgeführt worden. Die Vorteile dieser Art der Befragung liegen in den niedrigen Kosten und dem geringen Zeitaufwand. Daher kann eine erheblich größere Anzahl von Probanden erreicht werden, als bei einer persönlichen, mündlichen Befragung (vgl. SCHÄTZL 1994: 39). Die schriftliche Befragung von Unternehmen birgt jedoch Probleme, die dazu führen, daß die Ergebnisse der Befragung fragwürdig erscheinen. Im Rahmen von Expertengesprächen mit Führungskräften in Unternehmen unterschiedlicher Branchen und Betriebsgrößen, mit den Geschäftsführern verschiedener Industrie- und Handelskammern, mit einem Patentanwalt sowie mit Spezialisten des Ifo-Instituts für Wirtschaftsforschung in München, wurden folgende Probleme genannt:[58]

- Bei einer schriftliche Befragung von Unternehmen in der hier geplanten Dimension ist davon auszugehen, daß die Rücklaufquote der Antworten 10 - 20% nicht übersteigt. Bei einer gewählten Stichprobe von 117 Unternehmen wären somit höchstens 24 Antworten zu erwarten. Um die ökonomisch unterschiedlich strukturierten Teilregionen und das unterschiedliche Regionalbewußtsein der Befragten in Mittelhessen ermitteln zu können, ist der erwartete Rücklauf zu gering.

- Einige Fragen lassen eine relativ breite Interpretation der Fragestellung zu, die im Extremfall eine Vergleichbarkeit mit anderen Ergebnissen unmöglich macht. Eine genauere Definition der Frage bzw. darin verwendeter Begriffe würde jedoch die Dimensionen des Fragebogens erheblich vergrößern, so daß mit einer sinkenden Bereitschaft zur Beantwortung gerechnet werden muß. Erklärungen, Hilfestellungen und Definitionen werden in der Regel nur akzeptiert, wenn sie in mündlicher Weise vorgetragen werden. Werden die Fragen jedoch einfacher gestellt, so ist der zu erwartende Informationsgewinn unter Umständen deutlich niedriger (vgl. KLEIN-KNECHT/POOT/REIJNEN 1991: 87ff.).

---

[58] Hierzu vgl. auch die Erfahrungsberichte von KLEINKNECHT/POOT/REIJNEN (1991) und KLEINKNECHT/BAINS (1993)

● Je nach der beruflichen Stellung, der Ausbildung oder dem Kompetenzbereich antworten die Befragten oftmals unterschiedlich (vgl. KLEINKNECHT/BAINS 1993: 4f.).[59] Die Probleme bei der Einführung einer Produktinnovation sind aus der Sicht des Technikers anders als aus der Sicht des Verkaufsleiters. Entsprechend werden innovationshemmende und -fördernde Einflüsse unterschiedlich bewertet.[60] Vergleichbare Ergebnisse werden oft erst nach Rückfragen oder durch die Interpretation der Antworten unter Berücksichtigung der unternehmensinternen Position des Befragten ermöglicht. Die genaue innerbetriebliche Position des Befragten ist in ihrer Bedeutung und Tragweite selbst bei einer direkten Nachfrage im Fragebogen oftmals nicht zu erfassen.

● Die Ergebnisse der Befragung werden durch die Persönlichkeit und die Erfahrungen des Beantwortenden beeinflußt. Persönlichkeit und Erfahrung können durch schriftliche Befragungen nur schwer ermittelt werden. Im Verlauf der persönlichen Befragung kann zudem eher festgestellt werden, ob Fragen, die sensible Bereiche im Unternehmen betreffen, korrekt beantwortet werden oder ob der Befragte dazu neigt, sein Unternehmen besonders positiv oder negativ darzustellen. Wenn die Befragten sich erst kurze Zeit in der Region aufhalten, können Fragen zu regionalen Strukturen oft nur unzureichend beantwortet werden.

● Viele Faktoren mit Auswirkungen auf die innerbetrieblichen Innovationsprozesse sind zu Beginn der Befragung nicht bekannt und somit im standardisierten Fragebogen auch nicht enthalten. Auch ein weitgehend offener Fragebogen erfaßt diese Faktoren nicht ausreichend, da den Befragen oft die Zeit und die Bereitschaft fehlt, die Antworten für jede Frage selbständig zu sammeln. Ein standardisierter, weitgehend geschlossener Fragebogen ist bei einer schriftlichen Befragung nur dann aussagekräftig, wenn zu Beginn der Befragung alle Beantwortungsalternativen bereits bekannt sind. Davon kann jedoch nicht ausgegangen werden.

● Viele Probleme sind den Befragten im Moment der Befragung noch nicht bewußt, erst die Diskussion und das Vorwissen des Fragenden machen oftmals auf Probleme aufmerksam, die bis zu diesem Zeitpunkt nicht beachtet wurden.

● Besonders die Fragen zu den informellen Informationsquellen erfordern ein Eindringen in private Bereiche. Die Bereitschaft, auf „private" Fragen zu antworten, ist, wie die Ergebnisse der Befragungsaktion zeigen, größer, wenn es zu einem persönlichen Gespräch zwischen dem Fragenden und dem Befragten kommt. Auch die Bereitschaft, Kritik an anderen Personen oder Institutionen zu äußern, steigt im Rahmen eines persönlichen Gesprächs, so daß zum Beispiel innovationshemmende Faktoren ermittelt werden können, die bei einer schriftlichen Beantwortung mit großer Wahrscheinlichkeit nicht erwähnt würden.

Die hier angesprochenen Probleme einer schriftlichen Befragungsaktion haben zu der Entscheidung geführt, die Befragung in Form eines Leitfadengesprächs oder Tiefeninterviews unter Zugrundelegung weitgehend standardisierter Fragebögen durchzuführen.

---

[59] KLEINKNECHT/BAINS (1993: 5) läßt jeweils zwei Personen aus 20 verschiedenen Unternehmen die gleichen Fragen zu dem Innovationsverhalten ihrer Unternehmen vorlegen und muß feststellen, daß die Antworten sich jeweils deutlich unterscheiden

[60] Bei der Beurteilung der Innovationsfähigkeit deutscher Unternehmen aus der Sicht der Erfinder wurde zum Beispiel die fehlende Risikobereitschaft der Unternehmer besonders betont (vgl. HÄUßER in FAZ v. 7.5. 1997), während die Unternehmer an anderer Stelle die fehlende Kundenorientierung der Erfinder, fehlendes Eigenkapital etc. besonders betonten (vgl. z.B. FAZ v. 22.11.1996 : 18)

6 Gründe für Neuerungen in den befragten Unternehmen

Das Ziel der Arbeit besteht in der Suche nach den Determinanten der Erfindungs- und Entwicklungstätigkeit von Industrieunternehmen. Einige der Determinanten können ermittelt werden, indem nach den Gründen gefragt wird, die Unternehmen dazu veranlassen, ihre Produktionsroutine zu verlassen und Neuerungen einzuführen. Um möglichst umfangreiche Informationen über diese Gründe zu erhalten, wurden zwei Befragungsansätze gewählt:

1. Sowohl die patentanmeldenden als auch die nicht-patentanmeldenden Unternehmen wurden direkt danach gefragt, warum sie in den fünf Jahren von 1989 bis 1993 Neuerungen eingeführt oder begonnen haben (vgl. Abschnitt 6.2).

2. Die patentanmeldenden Unternehmen wurden danach gefragt, welche Wirkungen sie durch bestimmte technologische Neuerungen erzielen konnten. Die Frage bezog sich auf diejenigen technologische Neuerungen, die durch den zweiten Fragebogen, den „Patentfragebogen" erfaßt wurden. Aus den genannten Auswirkungen können ebenfalls Informationen über die Gründe abgeleitet werden, die zu den Neuerungen geführt haben. Der Vorteil dieses Befragungsansatzes liegt darin, daß die Auswirkungen anhand konkreter technologischer Neuerungen geschildert werden konnten und daher „pauschale" Antworten vermieden wurden. Der Nachteil liegt darin, daß nur die patentanmeldenden Unternehmen auf diese Frage antworten konnten (vgl. Abschnitte 6.3 und 6.4).

Bevor die Gründe ermittelt werden, die Unternehmen dazu veranlassen, Neuerungen einzuführen, muß jedoch geklärt werden, um welche Formen von Neuerungen es sich dabei handeln kann, und welche Bedeutung diese Neuerungen für die Unternehmen haben. Im Rahmen der Befragungsaktion wurde unterschieden zwischen *technologischen* und *organisatorischen* Neuerungen sowie Neuerungen bzw. Veränderungen, die das *soziale Umfeld* des Unternehmens betreffen. Der Fragestellung der Arbeit entsprechend werden jedoch nur die Gründe für *technologische Neuerungen* eingehender untersucht:

- Zu den *technologischen Neuerungen* zählen sowohl die Produkt- als auch die Prozeßinnovationen (vgl. Abschnitt 2.1.1). In der Praxis werden Prozeßinnovationen jedoch oftmals auch als Kombinationen zwischen technologischen und organisatorischen Neuerungen angesehen.

- *Organisatorische Neuerungen* betreffen zum Beispiel die Neuorganisation oder Einführung von Führungs- und Überwachungskonzepten sowie von Qualitätssicherungssystemen oder die Umstrukturierung der Zuliefer- und Absatzbeziehungen. Mischformen zwischen *technologischen* und *organisatorischen Neuerungen* können beispielsweise bei der Einführung neuer Produktionsverfahren entstehen, wenn sowohl neue Maschinen beschafft oder konstruiert als auch Produktionsabläufe neu organisiert werden müssen.

- *Neuerungen im sozialen Umfeld* beziehen sich auf Maßnahmen, die eine Identifikation des Mitarbeiters mit seinem Unternehmen fördern sollen. Denkbare Maßnahmen sind neue Mitbestimmungsformen, die Schaffung von neuen sozialen Einrichtungen (wie Aufenthaltsräumen, Kindergärten, Sporträumen, etc.) oder organisierte gemeinsame Veranstaltungen (Ausflüge, Vorträge, Stammtische, Kegelklubs, etc.). Zudem sind Maßnahmen, die das Vertrauen des Mitarbeiters in die Sicherheit seines Arbeitsplatzes erhöhen - etwa durch die Aufstellung von Sozialplänen - zur Verbesserung des sozialen Umfelds der Beschäftigten geeignet.

Für die befragten Unternehmen hatten die *technologischen Neuerungen* die größte Bedeutung für die wirtschaftliche Entwicklung ihres Unternehmens in den letzten fünf Jahren (vgl. Tab. 1). Fast ebenso wichtig wie die technologischen waren die *organisatorischen Neuerungen*, während den *Neuerungen im sozialen Umfeld* der Beschäftigten deutlich weniger Bedeutung beigemessen wurde. Teilweise verschlechterte sich das soziale Umfeld der Beschäftigten sogar durch die eingeführten Neuerungen. Dieses war nach den Angaben einiger Befragter insbesondere dann der Fall, wenn bestehende soziale Einrichtungen im Rahmen von Überführungen unabhängiger Unternehmen in Konzerne kostensparend umstrukturiert wurden (zum Beispiel durch die Schließung der Kantinen oder Kindergärten, etc.).

Tab. 1: Bedeutung verschiedener Formen von Neuerungen für die wirtschaftliche Entwicklung der befragten Unternehmen

Form der Neuerungen	Bedeutung der Neuerung (in %) für					
	patentanmeldende Unternehmen (n=80)			nicht-patentanmeldende Unternehmen (n=17)		
	sehr wichtig	weniger wichtig	unwichtig	sehr wichtig	weniger wichtig	unwichtig
Technologische Neuerungen	87,5%	11,2%	1,3%	76,5%	23,5%	0,0%
Organisatorische Neuerungen	68,7%	28,8%	2,5%	70,6%	29,4%	0,0%
Soziale Neuerungen	38,7%	45,0%	16,3%	5,9%	41,2%	52,9%

Datengrundlage: Eigene Erhebung

Für die nicht-patentanmeldenden Unternehmen waren die technologischen Neuerungen etwas weniger bedeutend und die organisatorischen etwas bedeutender als für die patentanmeldenden. Bemerkenswerterweise bezeichnete jedoch nur ein Unternehmen (5,9%) die sozialen Neuerungen als wichtig für seine wirtschaftliche Entwicklung.

6.1 Die Bedeutung der technologischen Neuerungen

Um die durchgeführten oder begonnenen technologischen Neuerungen in den befragten Unternehmen *quantitativ* erfassen zu können, wurde ihre Anzahl, differenziert nach *neuen* und *verbesserten* Produkten sowie *neuen* und *verbesserten* Prozessen erfragt. Als Betrachtungszeitraum wurden aus folgenden Gründen die fünf Jahre von 1989 bis 1993 ausgewählt:[61]

- Der Zeitraum durfte nicht so kurz gewählt werden, daß Neuerungen, die in „Schüben" erfolgen, zu hoch bewertet werden. Es kann zum Beispiel vorkommen, daß ein Unternehmen alle fünf Jahre ein neues Produkt auf den Markt bringt, für dessen Entwicklung über den gesamten Zeitraum von fünf Jahren kontinuierliche Erfindungs- und Entwicklungstätigkeiten notwendig waren. Wird der Untersuchungszeitraum zu kurz gewählt, so kann es passieren, daß die Zahl der Neuerungen nicht im richtigen Verhältnis zum Entwicklungsaufwand steht. Nicht nur Markteinführungen neuer Produkte und Prozesse sondern auch Patentanmeldungen in „Schüben" kommen nach den Angaben der Befragten häufig vor (vgl. GIESE/STOUTZ 1997).

---

[61] Die OECD empfiehlt im Rahmen von Fragen zu Produktinnovationen einen Untersuchungszeitraum von drei Jahren und begründet dieses mit den zunehmend kürzeren Produktlebenszyklen (vgl. OECD 1992: 42f.).

- Wird ein zu langer Zeitraum gewählt, so besteht die Gefahr, daß die Befragten sich nicht mehr an die zurückliegenden Entwicklungen erinnern können. Im Verlauf der Befragung wurde deutlich, daß erfinderische Tätigkeiten nicht weiter als ca. fünf bis zehn Jahre zurück liegen durften, da eine genaue Kenntnis der Vorgänge bei den Befragten sonst nicht mehr gewährleistet werden konnte.

- Der Zeitraum mußte so weit zurückliegen, daß den begonnenen Neuerungen Erfolge oder Mißerfolge zugeordnet werden konnten.

Den Befragten fiel oftmals die Differenzierung zwischen einer absoluten Neuerung und einer Verbesserung sowie zwischen Produkt- und Prozeßinnovationen schwer: In einigen konkreten Fällen wurden entweder Produktinnovationen durch den Einsatz im eigenen Unternehmen zu Prozeßinnovationen, oder die Einführung neuer Produkte machte Prozeßverbesserungen oder -neueinführungen notwendig, so daß beide Innovationsformen nicht voneinander zu trennen waren.

Als „wirklich neu" sollten nur Produkte oder Prozesse bezeichnet werden, die bisher noch nicht hergestellt oder im Unternehmen eingesetzt wurden, d.h. sie mußten aus der Sicht des befragten Unternehmens neu sein. Als „Verbesserungen" wurden dementsprechend alle bestehenden Produkte oder Prozesse bezeichnet, an denen im fraglichen Zeitraum Änderungen durchgeführt worden sind. Die Unterscheidung in Produkte oder Prozesse wurde ebenfalls aus der Sicht des befragten Unternehmens vorgenommen.

Ein weiteres Problem stellte für viele der Befragten die Quantifizierung der durchgeführten Neuerungen dar. Da die genaue Anzahl oft nur schwer zu ermitteln war, mußte in einigen Fällen auf Schätzungen zurückgegriffen werden. Die Zahl der neuen Produkte, die von 1989 bis 1993 hergestellt oder begonnen worden sind, konnte für 71 Unternehmen ermittelt werden, die Zahl der verbesserten Produkte nur noch für 51 Unternehmen. Angaben zur Zahl der neuen Prozesse konnten 64 der Befragten machen, zur Zahl der verbesserten Prozesse nur noch 50.

Von 71 Unternehmen, denen es möglich war, Angaben zur Zahl der eingeführten oder begonnenen neuen Produkten zu machen, wurden im Betrachtungszeitraum 1654 neue Produkte hergestellt und 668 Patente angemeldet. Den Patentanmeldungen stand somit eine rund doppelt so große Anzahl neuer Produkte gegenüber. Während jedoch im Rahmen der meisten Produktinnovationen keine Erfindungen zum Patent angemeldet wurden, waren in einzelnen Fällen mehrere schutzwürdige Erfindungen in einem einzigen Produkt integriert. Abzüglich dieser Einzelfälle kann festgehalten werden, daß durchschnittlich für jedes zweite bis dritte neue Produkt von den befragten Unternehmen eine Erfindung zum Patent angemeldet wurde.

Von den erfaßten 51 Unternehmen sind 1256 Produktverbesserungen durchgeführt und im Rahmen dieser Verbesserungen insgesamt 163 Erfindungen zum Patent angemeldet worden. Im Durchschnitt erfolgte somit nur im Rahmen jeder achten Produktverbesserung eine Patentanmeldung.

Von den 64 Unternehmen, die Angaben zur Zahl ihrer durchgeführten oder begonnenen neuen Prozesse machen konnten, wurden 32 Patente im Rahmen von 186 Neuerungen angemeldet. Jeder sechste neue Prozeß spiegelt sich somit in der Patentstatistik wieder. Im Zusammenhang mit der Einführung verbesserter Prozesse wurden nur noch 13 Patentanmeldungen von insgesamt 50 Befragten durchgeführt. Den 13 Anmeldungen standen 232 verbesserte Prozesse gegenüber, so daß demzufolge nur im Rahmen jeder achtzehnten Prozeßverbesserung Patente für Erfindungen beantragt wurden. Aufgrund der Schwierigkeiten bei der Zählung von Innovationen können aus den angegebenen Zahlenwerten jedoch nur Tendenzen abgelesen werden.

Die Auswertung der Antworten auf die Frage nach der Zahl und der Bedeutung der eingeführten und begonnenen Neuerungen führt in der Zusammenfassung zu folgenden Ergebnissen:

• Es kann davon ausgegangen werden, daß der Großteil der Erfindungs- und Entwicklungstätigkeit in den mittelhessischen Industrieunternehmen durchgeführt wird, um neue *Produkte* auf den Markt bringen zu können.

• Zudem wird deutlich daß auf Produktneuerungen mehr Patentanmeldungen entfallen als auf Prozeßneuerungen. Entweder bedeutet dies, daß der Entwicklungsaufwand für Produktneuerungen größer ist, oder daß Erfindungen, die in Produkten Verwendung finden, eher durch Patente geschützt werden, als wenn sie Grundlage für Prozesse oder Verfahren sind. Umgekehrt könnte dann behauptet werden, daß Unternehmen, deren Innovationsaktivitäten sich verstärkt auf Prozeßinnovationen konzentrieren, durch die Auswertung von Patentstatistiken als weniger innovativ gelten würden als Unternehmen, die in gleicher Anzahl Produktinnovationen durchführen.[62]

• Da Prozeßinnovationen sich seltener aus Patentdokumenten ablesen lassen als Produktinnovationen, muß gefolgert werden, daß bei einer Auswertung von Neuerungen, die anhand von stichprobenartig ausgewählten Patentanmeldungen ausgesucht werden, wie dies der Fall in der vorliegenden Arbeit ist, die Prozeßinnovationen unterrepräsentiert sind.

6.2 Gründe für die Durchführung von Innovationen

Um sowohl von den patentanmeldenden als auch den nicht-patentanmeldenden Unternehmen zu erfahren, was sie dazu veranlaßt hat, die Produktionsroutine zu verlassen und Produkt- oder Prozeßinnovationen durchzuführen, wurden sie gebeten, hierzu direkt Stellung zu nehmen. Dabei hatten die Befragten die Möglichkeit, im Fragebogen vorgegebene Gründe als „wichtig", „weniger wichtig" oder „unwichtig" zu bezeichnen. In den Abb. 24 und 25 sind jeweils diejenigen Anteile der befragten Unternehmen aufgeführt, die mit „wichtig" geantwortet haben.

6.2.1 Gründe für Produktinnovationen

Abb. 24 zeigt Gründe, die zur Einführung neuer oder zur Verbesserung bestehender *Produkte* in den befragten Unternehmen in Mittelhessen geführt haben. Ergänzend zu den vorgegebenen Antworten konnten „sonstige Gründe" angegeben werden. Sowohl in Abb. 24 als auch in Abb. 25 werden neben den Gründen, die für die 80 *patentanmeldenden* Unternehmen ausschlaggebend für die Durchführung von Innovationsvorhaben waren, auch die entsprechenden Gründe für die 17 *nicht-patentanmeldenden* Unternehmen aufgeführt. Auf diese Weise sollen mögliche Unterschiede zwischen Unternehmen, die aufgrund ihrer dokumentierten Erfindungen als „innovationsaktiv" gelten, und vergleichbaren Unternehmen, die keine Erfindungen veröffentlicht haben, sichtbar gemacht werden.

---

62 Diese Erkenntnis hat insbesondere Einfluß auf verschiedene Untersuchungen, die sich mit der Überprüfung der sogenannten „*Schumpeter-Hypothese*" befassen (vgl. Abschnitt 3.1.2)

Abb. 24: Wichtige Gründe für Produktinnovationen bei den befragten Unternehmen 1994

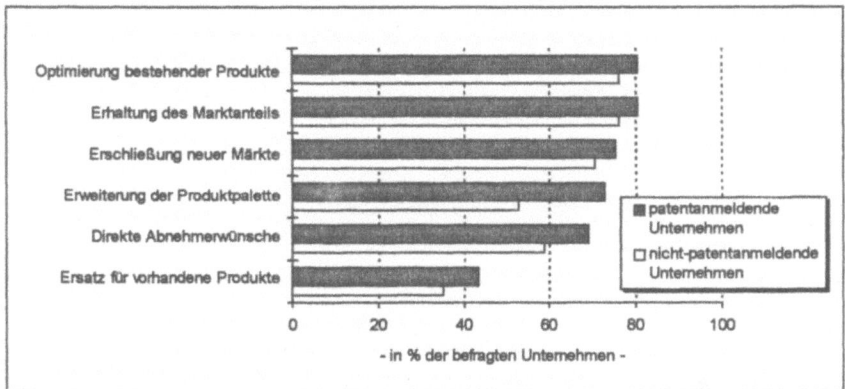

Datengrundlage: Eigene Erhebung

Als besonders wichtige Gründe für Produktinnovationen bezeichneten rund 80% der Befragten die Wünsche nach der *Optimierung bestehender Produkte* und nach der *Erhaltung des bestehenden Marktanteils.* Die „Erhaltung des bestehenden Marktanteils" sollte ursprünglich nicht in den Fragenkatalog aufgenommen werden, da dieser Wunsch als selbstverständlich angesehen wurde. Die Pre-tests zeigten jedoch, daß die Befragten diesen Grund auf der Fragenliste vermißt haben, so daß er später hinzugefügt wurde. Dadurch entstand das Problem, daß einige der vorgegebenen Gründe für Innovationen auch bereits Lösungsansätze enthalten. So kann zum Beispiel die Erhaltung des Marktanteils durch die Optimierung bestehender Produkte erreicht werden. Gleichzeitig können jedoch auch beide Gründe unabhängig voneinander als Antrieb für Innovationen angesehen werden.

Die *Erschließung neuer Märkte* ist als Grund für Produktinnovationen etwas weniger bedeutend als die *Sicherung der bestehenden Märkte.* Hierbei muß jedoch zwischen dem Wunsch nach der Ausdehnung des *regionalen* und des *sektoralen* (produktspezifischen) Marktgebiets unterschieden werden. Während bei der Frage nach der Erschließung neuer Märkte die regionale Komponente vom Interviewer besonders betont wurde, bezog sich die Frage nach der *Erweiterung der Produktpalette* als Grund für Produktinnovationen eher auf eine produktspezifische Erweiterung. Die Erweiterung der Produktpalette wurde von 73,1% der Befragten als wichtig bezeichnet und die Ausweitung des regionalen Marktes von 75,6%. Insgesamt 69,2% der Befragten sahen *direkte Kunden-* oder *Abnehmerwünsche* als häufigen Grund für Produktinnovationen an. Deutlich seltener wurden demgegenüber neue Produkte geplant oder eingeführt, um *bestehende Produkte zu ersetzen.* Dieser Grund spielt nur für 43,6% eine wichtige Rolle bei der Entscheidung für eine Produktinnovation.

Die Sicherung und die Optimierung *bestehender* Potentiale bilden somit für die befragten Unternehmen eher den Anstoß zu Produktinnovationen als die Schaffung *neuer* Potentiale in Form neuer regionaler Märkte oder einer Erweiterung der Produktpalette.

6.2.2 Gründe für Prozeßinnovationen

Ein wesentlicher Grund für die Einführung oder Verbesserung von Prozessen geht nicht aus Abb. 25 hervor. Neue oder veränderte Prozesse werden oftmals im Zuge der Einführung neuer oder veränderter Produkte notwendig. Fast jede Produktinnovation zieht nach Angaben der Befragten eine Änderung des Produktionsprozesses nach sich. Die Frage nach den Gründen für Prozeßinnovationen orientiert sich jedoch an der Definition des „Oslo-Manuals", nach der ein neuer Prozeß, der im Rahmen einer Produktinnovation notwendig wurde, in der Regel nicht als Prozeßinnovation gewertet werden kann (vgl. Abschnitt 2.1.1).

Abb. 25: Wichtige Gründe für Prozeßinnovationen bei den befragten Unternehmen 1994

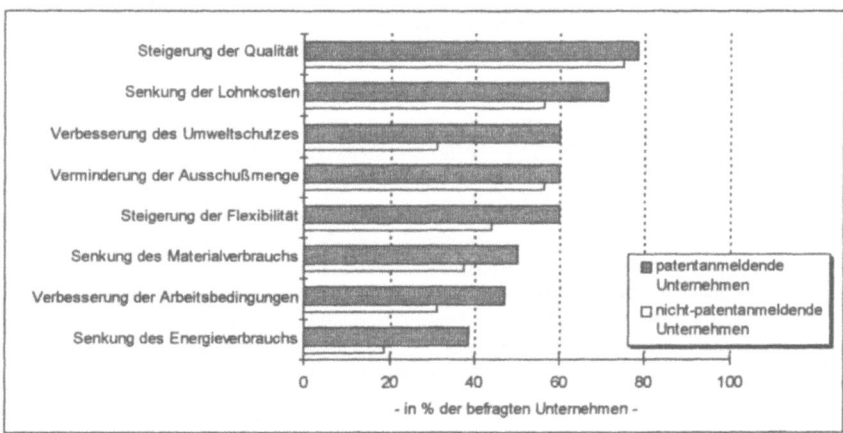

Datengrundlage: Eigene Erhebung

Als Hauptgrund für die Durchführungen von Prozeßinnovationen wurde die Aussicht auf eine *Steigerung der Produktqualität* angegeben. Die Bedeutung der Produktqualität ist nach den Angaben der Befragten im internationalen Wettbewerb zunehmend wichtiger geworden. Ein Großteil der Innovationen in diesem Bereich betraf die Einführung der DIN ISO 9000, einer Norm zur Qualitätssicherung in nahezu allen Bereichen des Unternehmens, die Anfang der 90er Jahre eingeführt wurde. Sie kann als Kombination zwischen einer technologischen und einer organisatorischen Neuerung begriffen werden. In einigen Unternehmen hat die zunehmende Konzentration auf wenige, qualitativ hochwertige Produkte, die anstelle billigerer Massenprodukte hergestellt werden, zu überdurchschnittlichen Umsatzsteigerungen geführt. Für insgesamt 79% der Befragten war die Aussicht auf eine Steigerung der Produktqualität ein wichtiger Grund für die Veränderung bestehender oder die Einführung neuer Produktionsprozesse.

Als weiterer wesentlicher Grund für die Einführung neuer oder für die Verbesserung bestehender Prozesse wird die *Senkung des Lohnkostenanteils* angesehen (72%). Nach den Angaben vieler Befragter aus Unternehmen, die als direkte oder indirekte Zulieferer produzieren, werden aufgrund organisatorischer Änderungen im Verhältnis zwischen den Zulieferern und den Abnehmern Rationalisierungsmaßnahmen unumgänglich. Einsparungsmaßnahmen bei den Endabnehmern führen nach den Angaben der Befragten zu erheblichen Kostenabwälzungen auf die Zulieferer. Von einigen Unternehmen wurden konkrete Beispiele genannt, die verdeutlichen sollen, welche zusätzlichen Kosten Zulieferer in jüngerer Zeit übernehmen müssen, um die Vertragsbeziehungen zu den Abnehmern nicht zu gefährden:

- Konstruktionszeichnungen der erwünschten Zulieferteile werden vom Abnehmer nur noch skizzenhaft vorgelegt, die endgültige Ausarbeitung (Berechnungen, Zeichnungen, etc.) liegt beim Zulieferer.

- Es werden nur noch selten Einzelteile bestellt, sondern in zunehmenden Maße Komponenten. Dies hat zur Folge, daß die Koordination zwischen den einzelnen Zulieferern sowie die Beschaffung, die Logistik und die Montage vom Zulieferer durchgeführt werden muß. Die Kosten steigen entsprechend an und werden - wenn dieses möglich ist - in der vertikalen Produktionskette nach oben verlagert.

- Vom Zulieferer wird oftmals erwartet, daß die Preise für die hergestellten Vorprodukte, angepaßt an die Entwicklung der Weltmarktpreise, von Bestellung zu Bestellung sinken.

Die genannten Gründe führen bei den Zulieferern zu einem Zwang zur Rationalisierung, der zuerst bei der Reduktion der Lohnkosten und erst sehr viel später bei Einsparungen im Materialverbrauch oder bei den Energiekosten ansetzt. Nur bei 28% der befragten Unternehmen waren Lohnkostensenkungen bisher kein oder ein seltener Grund für Prozeßinnovationen.

An dritter Stelle wurde die *Verbesserung des Umweltschutzes* als wesentlicher Grund für durchgeführte Prozeßinnovationen genannt. Ein Teil dieser Neuerungen kann auf die zunehmend strengeren gesetzlichen Anforderungen an den betrieblichen Umweltschutz zurückgeführt werden. Zudem bezeichneten einige Befragte die Durchführung von Umweltschutzmaßnahmen als besonders werbewirksam. Nahezu ebenso häufig wie der Umweltschutz wurden die *Verminderung der Ausschußmenge* und die *Steigerung der Flexibilität* als Antriebsgründe aufgeführt. Die drei letztgenannten waren für jeweils rund 60% der befragten Patentanmelder wichtige Gründe, um ihre Produktionsprozesse zu verändern. Im Gegensatz zu den Umweltschutzmaßnahmen dienen die Verminderungen der Ausschußmenge und die Steigerung der Flexibilität jedoch in erster Linie der Kostensenkung.

Die Hälfte der Befragten sahen die Senkung des Materialverbrauchs als wichtigen Grund für Prozeßinnovationen an. Dabei wurde jedoch oftmals betont, daß der Materialverbrauch schon seit längerer Zeit so niedrig gewesen sei, daß eine weitere Senkung nicht möglich oder nicht sinnvoll wäre. Ebenso wurden die Arbeitsbedingungen als so gut bezeichnet, daß sie nur selten als Grund für eine Prozeßveränderung in Frage kommen. Relativ selten werden Prozeßinnovationen durchgeführt, um Energie einsparen zu können (38%). Mehrere der Befragten betonten, daß die Energiekosten im Vergleich zu den restlichen laufenden Kosten nahezu unbedeutend seien. Fast alle Vertreter der Branchen Elektrotechnik und Feinmechanik/Optik hielten daher diesen Grund nicht für ausreichend wichtig, um ihre Produktionsprozesse zu ändern.

Die Antworten der nicht-patentanmeldenden Unternehmen entsprechen bis auf wenige Ausnahmen denjenigen der patentanmeldenden Unternehmen. Als Grund für die Durchführung von Produktinnovationen spielt jedoch der Wunsch nach einer Erweiterung der Produktpalette eine weniger ausgeprägte Rolle und im Bereich der Prozeßinnovationen ist der Anteil der Unternehmen, die ihre Prozesse verändern, um zur Verbesserung des Umweltschutzes oder zur Senkung des Energieverbrauchs beizutragen, deutlich geringer.

6.3 Die Bedeutung der Neuerungen aus der Sicht der Befragten

Die Gründe, die von den Unternehmen als wichtig für die Durchführung von Innovationstätigkeiten
in den letzten fünf Jahren genannt wurden, sollen ergänzt werden durch Angaben zu den Auswirkungen, die spezielle technologische Neuerungen auf die Unternehmen hatten. Stellvertretend für
technologische Neuerungen wurden zu diesem Zweck diejenigen Erfindungen herangezogen, die
sich den Patentanmeldedokumenten der befragten Unternehmen entnehmen ließen. Dabei wurde
in Kauf genommen, daß sich auf diesem Wege nur Neuerungen ermitteln lassen, die auf patentfähigen Erfindungen basieren.

Jedes patentanmeldende Unternehmen wurde gebeten, drei identische Fragebögen zu drei verschiedenen Patentanmeldungen zu beantworten. Diesem Verfahren lag folgender Gedanke zugrunde: Generell sind alle Unternehmen erfaßt worden, die 1980 oder 1990 Patente angemeldet
haben. Jedes dieser Unternehmen sollte - wenn möglich - jeweils einen Fragebogen zu Erfindungen (Patentanmeldungen) aus den Jahren 1980, 1985 und 1990 beantworten. Durch die Wahl der
verschiedenen Zeitschnitte sollte festgestellt werden, ob es über diesen Zeitraum Veränderungen
in den Erfindungs- und Entwicklungsaktivitäten der betroffenen Akteure gegeben hat oder ob Veränderungen in den Auswirkungen der dokumentierten Erfindungen auf die Unternehmen oder auf
die Region bemerkbar waren.

Im Verlauf der Befragung wurde jedoch deutlich, daß es selten möglich war, Patentanmeldungen
zu erfassen, die älter als drei bis fünf Jahre alt waren. Besonders wenn auf die Patentanmeldung
kein Patent erteilt werden konnte, waren die entsprechenden Formulare oftmals nicht mehr auf-
findbar. Daher wurde jeder Patentanmelder, der zwischen 1980 und 1994 mehr als drei Patente
angemeldet hatte, gebeten, drei für sein Unternehmen repräsentative Anmeldedokumente als
Grundlage für die Befragung auszuwählen, unabhängig davon, ob ein Patent erteilt wurde oder
nicht. Unternehmen, die im Betrachtungszeitraum weniger als drei Patente angemeldet haben,
sollten alle Patentanmeldungen in die Befragung einbeziehen.

Insgesamt konnten 184 Patentanmeldedokumente zur Auswertung herangezogen werden. Der
Vorteil der beschriebenen Befragungsmethode liegt darin, daß „pauschale" Antworten auf Fragen
zur Bedeutung von Erfindungen weitgehend vermieden werden konnten. Jeder Befragte hatte die
Möglichkeit, anhand eines vorliegenden Patentanmeldedokuments den „Lebenslauf" einer bestimmten Erfindung von der ersten Idee bis zur Verwendung in einem Produkt oder Verfahren zu
verfolgen. Es ist jedoch nicht auszuschließen, daß einige der Befragten versucht haben, gezielt
Erfindungen auszuwählen, die besonders erfolgreich für ihr Unternehmen waren.

Die Bedeutung der 184 erfaßten Erfindungen bzw. der damit verbundenen Neuerungen für die
Unternehmen, wurde in doppelter Hinsicht ermittelt. Während die Befragten in einem ersten
Schritt die Bedeutung der jeweils vorliegenden Neuerung für die Entwicklung ihres Unternehmens
abschätzen mußten (vgl. Abb. 26), sollten in einem zweiten Schritt die Auswirkungen der Neuerungen auf die Entwicklung des Unternehmens geschildert werden. Die beiden Fragen wurden
jeweils am Anfang und am Ende des Fragebogens gestellt, um zu verhindern, daß die Antworten
sich gegenseitig beeinflussen.

Die Bedeutung der Erfindungen bzw. der damit verbundenen Neuerungen für das Unternehmen
sollte - differenziert nach Produkten und Prozessen - in folgender Abstufung angegeben werden:
„Schlüssel- bzw. Systemerfindung (sehr bedeutend)", „wichtiges neues Produkt/wichtiger neuer
Prozeß", „weniger bedeutendes Produkt/weniger bedeutender Prozeß (unbedeutend, jedoch neu)",
„bedeutende Verbesserungserfindung" und „einfache Verbesserungserfindung".

Abb. 26: Bedeutung der erfaßten Neuerungen aus der Sicht der Patentanmelder 1994

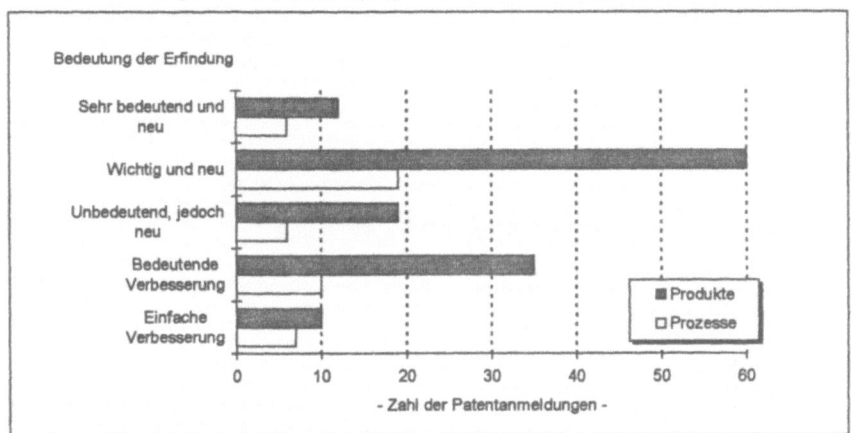

Datengrundlage: Eigene Erhebung

Die erfaßten Neuerungen bezogen sich zu 76% auf Produkte und zu 24% auf Prozesse. Bemerkenswert ist, daß die Bedeutung der Neuerungen insgesamt relativ hoch eingeschätzt wurde, obgleich die meßbaren Auswirkungen - wie im folgenden gezeigt werden wird - zu einem anderen Ergebnis führen. Bei der Fragestellung muß beachtet werden, daß nicht nach den Auswirkungen des *Patents*, zum Beispiel als Sperrpatent[63], sondern nach den Auswirkungen der darin dokumentierten *Neuerungen* auf die Unternehmen gefragt wurde.

6.4 Die Auswirkung der Neuerungen auf die Unternehmen

Erfindungen, wie sie in den Patentanmeldungen dokumentiert werden, bzw. die daraus resultierenden technischen Neuerungen, können je nach Interessenlage des Befragten sowohl positive als auch negative Auswirkungen haben. So müssen zum Beispiel die Wirkungen von Prozeßinnovationen, die durchgeführt werden um Arbeitsplätze einzusparen, aus der Sicht des Unternehmens positiv bewertet werden, da Lohnkosten eingespart werden können. Aus der Sicht der Beschäftigten des Unternehmens und für die Arbeitsmarktsituation in der Region sind sie jedoch negativ.

Die 184 Erfindungen wurden bezüglich ihrer Wirkung auf die *Wettbewerbsposition*, auf die *Umsatzentwicklung*, auf die *Kosten-* sowie auf die *Beschäftigungssituation* der Unternehmen untersucht. Als mögliche Entwicklungen der Beschäftigungssituation wurden *Einstellungen* und *Entlassungen* von Arbeitskräften angenommen (vgl. Abb. 27).

---

[63] *Sperrpatente* werden in der Regel als eine Art „Kranz" um eine Erfindung angemeldet, um diese weitläufiger schützen zu können. Sie werden zur Ausschaltung von Konkurrenten mit dem Ziel der Marktbeherrschung in bestimmten Sektoren oder Regionen genutzt. Dies führt in einigen Fällen zum „Zumauern" ganzer Branchen (vgl. FAZ v. 31.3.1992 :15; MERKLE 1984: 2104). Eine solche Entwicklung konnte zu Beginn der 80er Jahre im Bereich der Gentechnologie beobachtet werden (vgl. MERKLE 1984: 2104). Das Patent dient somit nicht mehr nur dem Schutz der Erfindung, sondern wird zum *strategischen Instrument*

Abb. 27: Auswirkungen der erfaßten Erfindungen auf die Unternehmen (Mehrfachnennungen sind möglich)

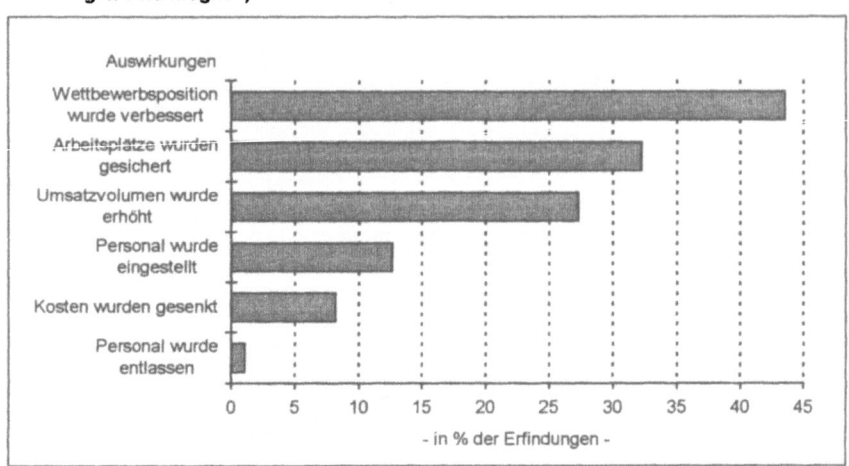

Datengrundlage: Eigene Erhebung

28,3% aller Erfindungen bzw. der damit verbundenen Neuerungen hatten keine meßbaren Auswirkung auf das Unternehmen oder sein Umfeld. Abb. 27 ist zu entnehmen, daß knapp 44% der Erfindungen nach Ansicht der Befragten zu einer Verbesserung der Wettbewerbsposition geführt haben. Demzufolge hatten 56% der Erfindungen keine Auswirkung auf die Wettbewerbsposition. Das Umsatzvolumen konnte in etwa 27% aller Fälle gesteigert werden. Auf die Beschäftigungssituation im Unternehmen hatte knapp die Hälfte (45,9%) der Erfindungen Auswirkungen. Der weitaus größte Teil der Auswirkungen betraf jedoch die Sicherung von Arbeitsplätzen und nur 14% der Erfindungen führten zu einer Veränderung des Arbeitsplatzangebots. 13% der Erfindungen hatten Personaleinstellungen und rund 1% Entlassungen zur Folge. Im Rahmen der 184 Erfindungen konnten insgesamt 1599 neue Arbeitsplätze geschaffen werden, während acht Arbeitsplätze durch Verfahrensinnovationen verloren gegangen sind. Drei dieser Erfindungen waren die Grundlage für eine Gründung von neuen Produktionsabteilungen mit jeweils 200, 250 und 1000 Beschäftigten. Darüber hinaus verblieben 20 Erfindungen, die 149 Personaleinstellungen zur Folge hatten. Deutliche Kostensenkungen konnten durch 8% der Erfindungen erreicht werden. Über 90% der Erfindungen hatten keine direkten Auswirkungen auf die Kostensituation im Unternehmen.

Wie jedoch in Abschnitt 6.2.2 festgestellt wurde, ist die Kostensenkung ein besonders häufig genannter Grund für Prozeßinnovationen. Die Differenzen zwischen beiden Ergebnissen erklären sich daraus, daß Erfindungen, die zu Prozeßinnovationen weiterentwickelt werden, erheblich seltener zum Patent angemeldet werden als Erfindungen, die Produktinnovationen betreffen. Darüber hinaus bestehen kostensenkende Prozeßveränderungen in den Unternehmen oftmals aus Kombinationen zwischen organisatorischen und verfahrenstechnischen Maßnahmen, die nicht als Erfindungen bezeichnet werden können.

Es wird deutlich, daß die erfaßten Erfindungen überwiegend schwer meßbare Auswirkungen auf die Unternehmen und die Region haben. Veränderungen auf dem Arbeitsmarkt werden durch die auf diese Weise dokumentierten technologischen Neuerungen nur in Ausnahmefällen direkt herbeigeführt. Auch eine wesentliche Umsatzsteigerung oder Kostensenkung ist offensichtlich nur in seltenen Fällen aufgrund von Neuerungen zu erwarten. Sowohl die Beschäftigungssituation als auch der Umsatz sind jedoch indirekt durch die wichtigste Auswirkung neuer Technologien - die Sicherung und Steigerung der Wettbewerbsfähigkeit der Unternehmen - betroffen.

Interessant ist der Vergleich zwischen den Auswirkungen der Produkt- und der Prozeßinnovationen auf die Unternehmen. Es zeigt sich zwar, daß Prozeßinnovationen anteilig häufiger zu Kostensenkungen und Personalentlassungen beitragen als Produktinnovationen, gleichzeitig haben sie jedoch anteilsmäßig auch häufiger Personaleinstellungen und Erhöhungen des Umsatzes zur Folge.

Die vorliegenden Ergebnisse führen weiterhin zu der Vermutung, daß sich Veränderungen in der Zahl der Patentanmeldungen innerhalb einer Region über einen bestimmten Zeitraum nicht oder nur unwesentlich in anderen Zahlenreihen, wie zum Beispiel in der Höhe der Bruttowertschöpfung, der Zahl der Beschäftigten oder der Arbeitslosen wiederfinden lassen.

Aus den zusammengestellten Informationen zur Bedeutung und zu den Auswirkungen der Neuerungen, die in den letzten Jahren in den befragten Unternehmen eingeführt oder begonnen wurden sowie zu den Gründen, die ausschlaggebend für deren Einführung waren, lassen sich zusammenfassend folgende Aussagen ableiten:

- Die meisten Erfindungs- und Entwicklungstätigkeiten werden durchgeführt, um neue Produkte herstellen zu können.

- Die wesentlichen Gründe, die Erfindungs- und Entwicklungstätigkeiten notwendig werden lassen, resultieren aus einem ständig ansteigenden Wettbewerbsdruck, der die Unternehmen zur Optimierung der bestehender Produkte (Produktinnovationen) und zur Kostenreduktion (Prozeßinnovationen) zwingt.

- Die *Sicherung* von Märkten, Arbeitsplätzen, Umsatzanteilen, etc. spielte zum Zeitpunkt der Befragung bei der langfristigen Planung der Unternehmen offenbar eine größere Rolle als die *Ausweitung* der Märkte, die *Schaffung* von Arbeitsplätzen und die *Steigerung* des Umsatzes.

7 Gründe gegen Neuerungen in den befragten Unternehmen

Unter Gründen gegen Neuerungen sollen im Rahmen der Unternehmensbefragung alle Faktoren verstanden werden, die Entwicklungen technologischer oder organisatorischer Art sowie die Einführung von Neuerungen im Unternehmen erschweren oder verhindern. Solche Hemmnisse können unternehmensinterner oder unternehmensexterner Art sein.

- Unternehmensinterne Hemmnisse betreffen überwiegend Probleme aus den Bereichen Finanzen, Unternehmensführung, FuE, Personal, Absatz, aus der Ausstattung des Unternehmens mit Forschungseinrichtungen sowie aus Schwierigkeiten mit Arbeitnehmervertretern im Unternehmen.

- Unternehmensexterne Hemmnisse sind überwiegend Probleme mit Behörden, Gesetzen, der Qualifikation des Arbeitskräftepotentials, mit konkurrierenden Unternehmen sowie Kunden und Zulieferern. Hinzu kommen Schwierigkeiten, die aus der Entwicklung der nationalen und internationalen Märkte sowie der Belastung durch Steuern und Abgaben resultieren, diese Probleme werden jedoch nicht erfragt.

Oftmals ist die erwünschte Trennung in unternehmensinterne und -externe Hemmnisse nicht klar durchzuführen. So basiert der am häufigsten genannte Grund „Zu geringe erwartete Rendite durch eine unsichere Marktentwicklung" auf unternehmensexternen Ursachen, die fehlende Risikobereitschaft, die eine Innovation aufgrund der negativen Erwartungen letztendlich verhindert, liegt jedoch bei den Entscheidungsträgern im Unternehmen.[64] Das Hemmnis ist somit oftmals kein externes sondern ein internes.

Nur rund 19% der Befragten konnten weder in ihrem Unternehmen noch in der Region Mittelhessen Innovationshemmnisse identifizieren. Abb. 28 zeigt die genannten Innovationshemmnisse der befragten Unternehmen nach der Häufigkeit ihrer Nennung.

7.1 Unternehmensinterne Hemmnisse

Der Anteil der Unternehmen, in denen innerbetriebliche Faktoren die Innovationstätigkeit hemmen, ist mit 72,5% deutlich größer, als der Anteil der Unternehmen, die über entsprechende Hemmnisse innerhalb der Region Mittelhessen klagen (27,5%). Der häufigste Hinderungsgrund bei der Einführung neuer Produkte und Prozesse betrifft die fehlende Möglichkeit, Marktentwicklungen vorhersagen zu können. Die Aussicht, daß im Falle einer ungünstigen Marktentwicklung die Rendite einer Innovation zu gering werden würde, führt bei rund 39% der Befragten häufiger dazu, daß auf die Markteinführung tatsächlicher oder potentieller Erfindungen verzichtet wird.

An zweiter Stelle steht die Befürchtung, daß die Rendite einer Innovation aufgrund des zu hohen Innovationsaufwands zu niedrig werden könnte. Der Aufwand, der für die Einführung neuer Produkte oder Verfahren aufgebracht werden muß, sollte vom Ertrag übertroffen werden. Wenn der errechnete Aufwand und der erwartete Ertrag einer Innovation nicht im erwarteten Verhältnis zueinander stehen, werden Erfindungs- und Entwicklungstätigkeiten in der Regel unterlassen. Als Aufwände, die zu erheblichen Kosten führen, wurden zum Beispiel Umrüstarbeiten an alten Maschinen oder der Erwerb von neuen Maschinen, der Aufbau neuer Zuliefer- und Absatznetze, Mitarbeiterschulungen, die Werbung für neue Produkte und Verfahren, Umweltauflagen, etc. genannt.

---

[64] Vgl. HÄUßER (1997) zur fehlenden Risikobereitschaft deutscher Unternehmer (Fußnote 60, S. 82)

Hinzu kommen die Kosten für die Weiterentwicklung einer Idee zum marktreifen Produkt oder Verfahren. Der Aufwand für die Markteinführung von Neuerungen wurde von den meisten Befragten als erheblich größer bezeichnet, als der Aufwand für die eigentliche Entwicklung der Neuerung.

Abb. 28: Innovationshemmnisse in den befragten Unternehmen 1994 (Mehrfachnennungen möglich)

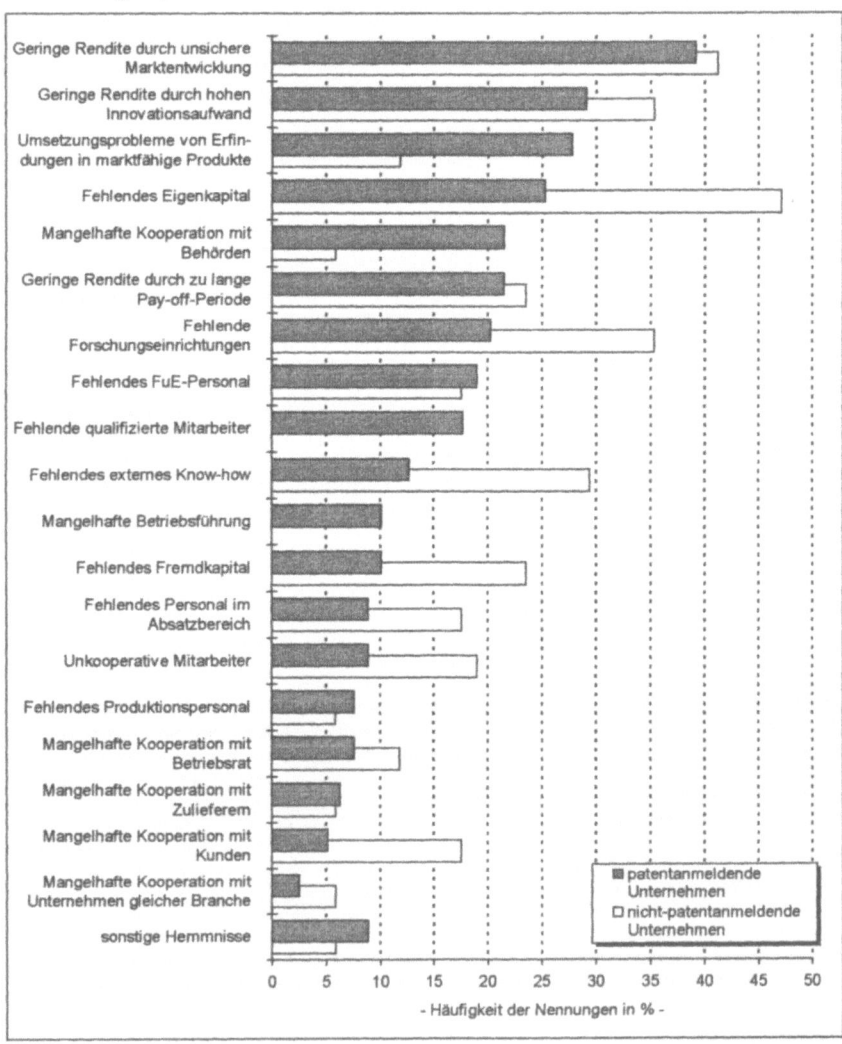

Datengrundlage: Eigene Erhebung

Viele Erfindungen, die bereits existieren und teilweise sogar durch Patentanmeldungen geschützt werden, können nicht in marktfähige Produkte umgesetzt werden. Rund 28% der befragten patentanmeldenden Unternehmen sehen hier ein Problem. Die Umsetzung von Erfindungen wird aus mehreren Gründe erschwert bzw. unmöglich gemacht. Genannt wurden folgende Gründe:

- Gesetzliche Beschränkungen verhindern die Verwendung neuer Materialien bzw. die Anwendung neuer Verfahren.

- Weil in der Bundesrepublik Deutschland Gesetze „fehlen", können einiger Erfindungen nur im Ausland in Produkten Verwendung finden. So ist nach den Angaben eines Befragten zum Beispiel die Verwendung leichterer Materialien bei der Herstellung von Kfz-Teilen aufgrund eines fehlenden Tempolimits aus Sicherheitsgründen nicht möglich, obwohl sie energiesparend wirkt.

- Bei einigen Erfindungen muß aufgrund fehlender „Zusatzerfindungen" auf eine Verwendung in marktfähigen Produkten oder Prozessen verzichtet werden. So kann zum Beispiel die Erfindung einer Solarzelle einen hohen erfinderischen Wert darstellen, sie wird jedoch nicht in marktfähige Produkte umgesetzt, wenn die Verfahren zur Herstellung dieser Zellen nicht ausgereift sind und daher das Produkt zu teuer und somit nicht wettbewerbsfähig ist.

- Fehlende technische Voraussetzungen im Unternehmen verhindern die Umsetzung einer Erfindung in ein marktfähiges Produkt.

Probleme dieser Art wurden überdurchschnittlich häufig von den Unternehmen aus den IHK-Bezirken Gießen (31,5%) und Wetzlar (38%) genannt. Im Bezirk Dillenburg ist dieses Problem nahezu unbekannt (8,7%).

Rund ein Viertel aller befragten Unternehmen sehen im fehlenden Eigenkapital ein Innovationshemmnis. Dieses Problem tritt gleich verteilt über die ganze Untersuchungsregion sowie über alle Branchen und Betriebsgrößen auf. Als weiteres bedeutendes Innovationshemmnis wurde von rund 22% der Befragten die Erwartung einer geringen Rendite durch eine zu lange Pay-off-Periode angesehen. Als Pay-off-Periode wird der Zeitraum bezeichnet, in dem es möglich ist Auszahlungen wiederzugewinnen, die zu Beginn einer Investition erfolgten. Der Begriff entstammt der Amortisationsrechnung. Dabei orientiert sich das Berechnungsverfahren nicht am Vermögens- oder Gewinnstreben, sondern am Sicherheitsstreben, d.h. es betrifft die überschlägige Risikoeinschätzung des Investors. Wenn die aufgrund der Risikoeinschätzung festgelegte Amortisationsdauer die tatsächliche Amortisationsdauer (Pay-off-Periode) übertrifft, ist die Investition vorteilhaft (vgl. WÖHE 1986: 688f.).

Fehlende Forschungseinrichtungen hindern rund 20% der befragten Patentanmelder an weiteren Innovationen. Das Problem resultiert nicht nur daraus, daß einige Forschungseinrichtungen den heutigen Erfordernissen nicht mehr angepaßt sind, sondern auch aus den Einsparungen einiger Unternehmen im Bereich FuE, die sowohl zu Lasten der personellen als auch der materiellen Ausstattung gehen. Davon betroffen sind überwiegend Unternehmen mit 200 - 500 Beschäftigten. Viele Unternehmen dieser Größe mußten ihre Forschungskapazitäten nach der Übernahme in einen Konzern verringern. Der Anteil der Unternehmen, die fehlende Forschungseinrichtungen als Innovationshemmnisse bezeichnet haben und zu einem Konzern gehören, ist mehr als doppelt so hoch wie der entsprechende Anteil der Unternehmen, die keinem Konzern angehören.

Als weiteres Innovationshemmnis wurden von 17,5% der Befragten fehlende qualifizierte Mitarbeiter in den Unternehmen genannt. Dabei wurde betont, daß qualifiziertes Personal auf dem Arbeitsmarkt zwar vorhanden sei, jedoch entweder die Mittel für eine Rekrutierung dieses Personals fehle, oder daß aufgrund von - aus der Sicht der Befragten - Fehlentscheidungen der Unternehmensführung auf Neuanwerbungen von Personal verzichtet werde. Ebenso wie im Falle der fehlenden Forschungseinrichtungen sind hier weder die großen Unternehmen mit über 1000 Beschäftigten, noch die kleinen mit weniger als 20 Beschäftigten betroffen.

Fehlendes externes Know-how wird von rund 13% der Befragten als Innovationshindernis angesehen. Rund 10% der Befragten betrachten Mängel in der Betriebsführung als Erklärung für fehlende Innovationsaktivitäten in ihrem Unternehmen. Als Beispiele einer mangelhaften Betriebsführung wurden folgende Angaben von Befragten aufgeführt:

• Die Führung des Unternehmens ist in besonderer Weise auf kurzfristige, absatzorientierte Ziele ausgerichtet. Langfristige, marketingorientierte Entscheidungen werden zu selten gefällt.

• Der gesamte Forschungsbereich sowie das Patentwesen werden teilweise direkt in das Controlling-Konzept integriert. Unter Controlling wird eine Entscheidungs- und Führungshilfe verstanden. Das Controlling-Konzept basiert auf *"ergebnisorientierter Planung, Steuerung und Überwachung in allen Bereichen und Ebenen des Unternehmens"* (vgl. WÖHE 1986: 174f.). Sowohl im Forschungsbereich als auch im Patentwesen ist dem Aufwand, der erbracht werden muß, oftmals kein direkter Ertrag zuzuordnen. Nach den Angaben einiger Befragter wurden in den vergangenen Jahren aufgrund dieses Systems die Budgets der beiden genannten Bereiche gekürzt.

• Generationswechsel, wie sie in der gegenwärtigen Zeit häufig notwendig werden, ziehen oftmals erhebliche Probleme nach sich. Andere Probleme treten jedoch auf, wenn ein Generationswechsel aufgrund des Alters eines Geschäftsführers sinnvoll erscheint, jedoch unterbleibt. Die große Zahl der Unternehmensgründungen in den 60er Jahren führt entsprechend zyklisch zu einer Anhäufung von Unternehmensübernahmen durch die folgende Generation ca. 20 bis 30 Jahre später. Einige Generationswechsel in den mittelhessischen Unternehmen sind nach den Angaben der Befragten mit erheblichen Umstrukturierungen verbunden. Gleichzeitig werden einige Unternehmen durch Kapitalentnahmen oder interne Machtkämpfe belastet. Im Zuge der Befragung konnten vier Unternehmen ermittelt werden, bei denen entweder ein Generationswechsel nach dem Tod des Unternehmers mit den entsprechenden Problemen erfolgt ist, oder aber ein - nach Ansicht der Befragten - aufgrund des hohen Alters des Geschäftsführers fälliger Wechsel unterblieben ist. In allen Fällen haben sich die Probleme für das Unternehmen als existenzgefährdend erwiesen. Innovationsaktivitäten unterblieben in dieser, für das Unternehmen kritischen Zeit fast völlig.

• Eine Übernahme des Unternehmens, zum Beispiel in einen Konzern, führt oftmals zu einer räumlichen Entfernung der Entscheidungsträger vom Produktionsstandort. Der Kontakt zwischen der Forschungsabteilung und der Unternehmensführung wird dadurch in einigen Fällen schlechter. Einige der Befragten aus dem FuE-Bereich gaben an, über die geplante langfristige Entwicklungsrichtung des Unternehmens nichts oder wenig zu wissen. Ohne einen vorgegebenen, längerfristigen Rahmen lassen sich Erfindungs- und Entwicklungstätigkeiten nur schwer durchführen. Innovationen werden darüber hinaus durch fehlende Informationen aus der Geschäftsführung erschwert.

Obgleich nur 10% der Befragten in der mangelhaften Betriebsführung ein Innovationshemmnis gesehen haben, wurde diesem Punkt ein hoher Stellenwert in der Bedeutung beigemessen. Ebenso häufig wie die mangelhafte Betriebsführung wurde fehlendes Fremdkapital als Innovationshemmnis genannt. Regionale oder sektorale Besonderheiten in der Verteilung der Antworten sind jedoch nicht feststellbar.

Rund 9% der Befragten bezeichneten eine unzureichende Kooperation zwischen der Unternehmensführung und den Mitarbeitern und 7,5% eine mangelhafte Kooperation mit dem Betriebsrat als Innovationshemmnisse. Die unzureichende Kooperation der Mitarbeiter äußert sich im Rahmen der Einführung von Neuerungen zum Beispiel durch eine Verweigerung von Weiterbildungsveranstaltungen oder einen bewußt unsachgemäßen Umgang mit neuen Materialien. Nach den Angaben der betroffenen Unternehmen ist oftmals die fehlende Bereitschaft zur Aufgabe alter und bekannter Materialien und Verfahren bei den Mitarbeiten ein Grund für die Ablehnung von Innovationen. Die Schwierigkeiten mit dem Betriebsrat beziehen sich demgegenüber überwiegend auf Verfahrensinnovationen, die eingeführt werden sollen, um Arbeitsplätze einzusparen oder die Arbeitszeit zu ändern.

7.2 Unternehmensexterne Hemmnisse

Als bedeutendes unternehmensexternes Innovationshemmnis wurde von 22% der patentanmeldenden Unternehmen die unzureichende Kooperationsbereitschaft der regionalen Behörden genannt. Diese äußert sich hauptsächlich in Umweltschutzauflagen und Schwierigkeiten im Rahmen von Genehmigungsverfahren bei Prozeßinnovationen. Ein Teil der Betroffenen bezeichnete die Genehmigungsverfahren als Grund für Produktionsauslagerungen an Standorte, die diesen Verfahren nicht unterworfen sind. Teilweise wurde jedoch weniger die Existenz als vielmehr die Zeitdauer der Verfahren bemängelt. Eine unzureichende Kooperation mit den Behörden wurde seltener in den Landkreisen Gießen und Lahn-Dill beklagt als in den Kreisen Limburg-Weilburg und Marburg-Biedenkopf. Die Betroffenen in den letztgenannten Landkreisen machten deutlich, daß die große Entfernung zu den behördlichen Entscheidungsträgern in Gießen eine Zusammenarbeit erschweren würde. Wie die Gespräche mit den Vertretern der Unternehmen bestätigen konnten, beruht diese Ansicht zu einem großen Teil darauf, daß man sich Gießen nicht zugehörig fühlt. Besonders die Befragten in den peripheren Lagen des Regierungsbezirks Gießen und insbesondere aus dem Landkreis Limburg-Weilburg fühlen sich dem Regierungsbezirk kaum oder nicht verbunden. Eingriffe des Regierungspräsidiums werden dementsprechend oftmals als Eingriffe von außen angesehen und daher verurteilt.

Fehlendes FuE-Personal auf dem regionalen Arbeitsmarkt bildet für rund 19% der Befragten ein Innovationshemmnis. Dieses Problem tritt besonders selten in den IHK-Bezirken Gießen und Wetzlar und besonders häufig im Bezirk Limburg auf. Hochqualifiziertes Personal aus anderen Regionen kann oftmals nur mit hohem finanziellen Aufwand rekrutiert werden. Kooperationsansätze zur gemeinsamen Nutzung von hochqualifiziertem Personal, wie sie zum Beispiel in Wetzlar existieren (vgl. Abschnitt 10), können im Bezirk Limburg nicht festgestellt werden. Unter fehlendem FuE-Personal leiden insbesondere die Unternehmen mit 20 bis 500 Beschäftigten. Während in kleineren Unternehmen das FuE-Personal oftmals aus den Geschäftsführern besteht, die ihr eigenes Wissen vermarkten und sich kein weiteres FuE-Personal leisten können, sind in den größeren Unternehmen die finanziellen Mittel zur Rekrutierung Hochqualifizierter in der Regel vorhanden.

Fehlendes Personal im Absatzbereich stellt fast ausschließlich im IHK-Bezirk Dillenburg ein Innovationshemmnis dar. Der durchschnittliche Anteil von 8% aller Befragten steigt im Bezirk Dillenburg auf 26% an. Auch hier wurde betont, daß qualifiziertes Personal rekrutierbar wäre, jedoch nicht aus der Region heraus und nur unter hohem finanziellen Aufwand. Den Angaben der Befragten zufolge spielen sowohl bei der Rekrutierung des FuE-Personals als auch des Absatzpersonals fehlende sogenannte „weiche Standortfaktoren" im Raum Haiger, Dillenburg und Herborn eine Rolle. Personalbeschaffungsprobleme für den Produktionsbereich hemmen den Innovationsprozeß hauptsächlich durch Verzögerungen im gesamten Produktionsprozeß. Alle vorhandene Kapazitäten werden auf die Produktion konzentriert, so daß notwendiges Personal für FuE blockiert ist. Selbst in Regionen mit relativ hoher Arbeitslosigkeit ist es nach den Angaben der Befragten vielfach schwer, qualifiziertes Personal einzustellen. Die Anforderungen der Bewerber an das Unternehmen wurden von den Befragten als zu hoch und die Einsatzbereitschaft als zu niedrig bezeichnet.

Eine unzureichende Kooperation mit den Zulieferern oder Unternehmen der gleichen Branche wird relativ selten als Innovationshemmnis betrachtet. Probleme mit den genannten Gruppen entstehen nur dann, wenn einer der Befragten den Wunsch nach einer intensiveren Zusammenarbeit geäußert hat, dieser jedoch nicht erfüllt wird. Eine weitaus größere Bedeutung hat für einige Unternehmen die unzureichende Zusammenarbeit mit den Kunden. Dieser Punkt wurde fast ausschließlich von den Zulieferern der Automobilindustrie genannt. Die Zusammenarbeit mit den Kunden wird in diesem Bereich nach den Angaben der Betroffenen zunehmend schlechter.

7.3 Hemmnisse im Innovationsprozeß

Unterschiede in der regionalen Verteilung der genannten Innovationshemmnisse werden insbesondere dann deutlich, wenn eine Zuordnung nach ihrem zeitlichem Auftreten im Verlauf eines Innovationsprozesses erfolgt. Zu diesem Zweck muß festgestellt werden, ob die Probleme des Unternehmens eher die Durchführung von Erfindungs- und Entwicklungstätigkeiten verhindern, oder aber die Umsetzung einer erfolgten oder möglichen Erfindung in ein marktfähiges Produkt. Durch eine Zuordnung der genannten Hemmnisse nach ihrem zeitlichen Auftreten im unternehmensinternen Innovationsprozeß - von der ersten Idee, bzw. den Voraussetzungen für mögliche Neuerungen bis zum vermarkteten Produkt - läßt sich folgendes Verteilungsbild erstellen:

Auf die Frage nach den bekannten Innovationshemmnissen erfolgten 318 Antworten, von denen sich 114 (36%) auf Probleme beziehen, die sich dem Beginn des Innovationsprozesses bzw. dem eigentlichen Erfindungs- und Entwicklungsprozeß zuordnen lassen. Sie betreffen also Probleme, die die Entstehung einer Erfindung verhindern oder erschweren. Die verbleibenden 204 (64%) Nennungen beziehen sich demgegenüber auf Probleme, die bei der Umsetzung einer bereits erfolgten Erfindung in ein marktfähiges Produkt oder einen marktfähigen Prozeß auftreten können (vgl. Abb. 29).

Die befragten Unternehmen im IHK-Bezirk Gießen sehen ihre Innovationshemmnisse seltener in der Durchführung von Erfindungs- und Entwicklungstätigkeiten als vielmehr in der Umsetzung von Erfindungen in marktfähige Produkte. 27% der Nennungen im Bezirk Gießen betreffen die erst genannte Gruppe, 73% die zweite. Die Gewichtung der Anteile verschiebt sich in den anderen Bezirken, so daß sich im Bezirk Wetzlar schon 33,8% der Nennungen auf Probleme bei der Erfindungs- und Entwicklungstätigkeit beziehen und nur noch 66,2% auf Probleme bei der Umsetzung der Neuerungen in marktfähige Produkte/Prozesse. Es folgen die Bezirke Marburg mit 36,2%, Limburg mit 43,5% und an letzter Stelle Dillenburg mit 45,3%. Im Bezirk Dillenburg werden demzufolge deutlich mehr Erfindungen verhindert als in den anderen Bezirken.

Insgesamt kann festgestellt werden, daß die meisten innovationshemmenden Probleme der Unternehmen in Mittelhessen somit nicht im Rahmen der Erfindungs- und Entwicklungsaktivitäten auftreten, sondern vielmehr die Umsetzung bereits erfolgter oder möglicher Erfindungen in marktfähige Produkte verhindern. Sie beziehen sich also im wesentlichen auf die Unsicherheit bezüglich einer möglichen Markteinführung der Neuerung. Negativ ausgedrückt werden viele Innovationen durch eine mangelnde Risikofreudigkeit der Entscheidungsträger verhindert (vgl. HÄUßER in FAZ v. 22.11.1996). Während im Bezirk Gießen die genannten Hemmnisse häufiger in der Umsetzung von Erfindungen in marktfähige Produkte gesehen werden, be- oder verhindern sie in den Bezirken Limburg und Dillenburg eher die Erfindungs- und Entwicklungtätigkeiten. Der Grund hierfür liegt unter Umständen in ausgeprägten vertikal strukturierten unternehmensbezogenen Vernetzungen im IHK-Bezirk Dillenburg (vgl. Abschnitt 10). Vertikale Verflechtungsstrukturen führen - unabhängig von ihrer regionalen Ausrichtung - dazu, daß das Risiko einer Markteinführung für den Zulieferer entweder nicht besteht oder nur gering ist. Umgekehrt würde Abb. 32 Hinweise darauf liefern, daß unternehmensbezogene Vernetzungen in Gießen selten sind.

Abb. 29: Anteile der Hemmnisse patentanmeldender Unternehmen, die eine Durchführung von Erfindungs- und Entwicklungtätigkeiten verhindern sowie Anteile der Hemmnisse, die eine Markteinführung tatsächlicher oder potentieller Erfindungen verhindern, nach IHK-Bezirken 1994 (Nicht-patentanmeldende Unternehmen zum Vergleich)

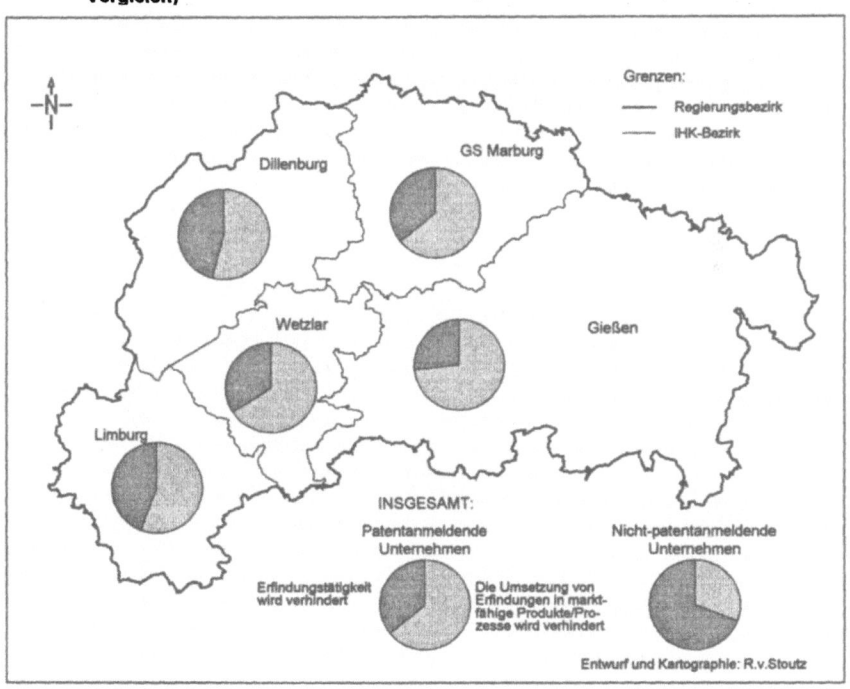

Datengrundlage: Eigene Erhebung

7.4 Innovationshemmnisse bei den nicht-patentanmeldenden Unternehmen

Die innovationshemmenden Probleme der 17 befragten nicht-patentanmeldenden Unternehmen unterscheiden sich in mehreren Punkten deutlich von denjenigen der 80 befragten patentanmeldenden Unternehmen (vgl. Abb. 29). Neben den fehlenden finanziellen Mitteln betreffen die Nennungen insbesondere die fehlenden Forschungseinrichtungen und das fehlende externe Knowhow. Mögliche Hemmnisse, die eine Umsetzung bereits erfolgter Erfindungen in marktfähige Produkte verhindern, spielen demgegenüber eine untergeordnete Rolle. Dieses resultiert jedoch oftmals aus der fehlenden Erfindungstätigkeit der Unternehmen. Die Erfindungstätigkeit ist besonders bei den Zulieferunternehmen stark eingeschränkt oder teilweise von den Abnehmern nicht erwünscht. Entsprechend häufiger wurde auch der Hinderungsgrund „Mangelhafte Zusammenarbeit mit den Kunden" genannt. Insgesamt 69% der genannten Hindernisse stehen einer Erfindungs- und Entwicklungstätigkeit im Wege und nur 31% erschweren oder verhindern die Markteinführung einer erfolgten oder möglichen Erfindung. Der auffällige Unterschied zu den vergleichbaren Anteilen von 64% und 36% bei den patentanmeldenden Unternehmen läßt sich fast ausschließlich auf fehlendes Kapital, fehlendes Know-how und auf fehlende Forschungseinrichtungen zurückführen. Darüber hinaus machte sich bei einigen Befragten ein fehlendes Interesse an der Durchführung oder Einführung technologischer Neuerungen bemerkbar.

8 Innovationsimpulse

Neben der Bestimmung von Gründen, die technische Neuerungen notwendig werden lassen (vgl. Abschnitt 6) oder verhindern (vgl. Abschnitt 7), ist auch die Suche nach den *Quellen für Innovationsimpulse* wichtig, um Hinweise auf mögliche Faktoren zu erhalten, die einen Einfluß auf die innerbetrieblichen Innovationsprozesse der Unternehmen haben. Im Rahmen dieser Analyse wird ebenfalls zwischen den Antworten der patentanmeldenden und der nicht-patentanmeldenden Unternehmen unterschieden.

Unter *„Innovationsimpulsen"* werden Anregungen verstanden, die zu Neuerungen in den Unternehmen führen. Durch die Identifikation der Quellen für Impulse dieser Art kann festgestellt werden, woher oder von wem der Anstoß zu einer Neuerung im Unternehmen kommt. Die Suche nach den Innovationsimpulsen erfolgt auf zweierlei Wegen:

1. Es werden die Quellen ermittelt, aus denen die mittelhessischen Unternehmen Anregungen zu positiven *Veränderungen* im Unternehmen erhalten. Die Anregungen können sich auf alle denkbaren Veränderungen im Unternehmen beziehen, also zum Beispiel auf technische Neuerungen, organisatorische Neuerungen oder Neuerungen im sozialen Bereich.

2. Es werden die Quellen gesucht, aus denen die ersten Ideen bzw. die Anregungen zu den *Erfindungen* kommen. Die Anregungen beziehen sich in diesem Fall nur auf Erfindungen, die im Rahmen von Produkt- oder Prozeßinnovationen gemacht werden und die den Patentdaten zu entnehmen sind.

Bei beiden Fragestellungen wird zwischen *unternehmensinternen* Impulsen und Impulsen, die aus dem *Umfeld des Unternehmens* kommen, unterschieden (vgl. Abb. 30 und Abb. 31). Über die im Fragebogen vorgegebenen Antwortmöglichkeiten hinaus wurden keine weiteren Quellen für Anregungen genannt.

8.1 Innovationsimpulse aus internen Bereichen des Unternehmens

Unter *internen* Innovationsimpulsen werden alle Anregungen verstanden, die aus dem unternehmensinternen Bereich kommen und zu Neuerungen im Unternehmen führen. Die meisten internen Innovationsimpulse kommen aus der *Konstruktionsabteilung*, zu der im Rahmen dieser Fragestellung auch die FuE-Abteilung des Unternehmens gezählt wird. Insgesamt 74% aller Befragten gaben die Konstruktionsabteilung als Quelle häufiger Impulse an. Als Begründung für seltene oder fehlende Impulse aus dieser Abteilung wurden neben einer unzureichenden Leistungsfähigkeit der eigenen Abteilung hauptsächlich die innerbetriebliche Organisation genannt. Gerade in kleinen Unternehmen beschränkt sich der Aufgabenbereich der Konstruktionsabteilung, die oft nur aus sehr wenigen Beschäftigten besteht, auf die Ausführung von Kundenwünschen. Die Einbringung eigener Ideen ist nach den Angaben der Befragten oftmals entweder aus Zeitgründen nicht möglich oder sie wird bei einigen Zulieferunternehmen von Seiten der Kunden nicht erwünscht.

64% der Befragten gaben die *Firmenleitung* als Quelle für Innovationsimpulse an. Während der Anteil bei den kleinen Unternehmen besonders hoch ist, sinkt er bei größeren Unternehmen deutlich ab, insbesondere wenn sie einem Konzern angehören. Unabhängig von der Stellung des Befragten im Unternehmen wurden als Gründe für fehlende Impulse aus dem Führungsbereich eine zu starke Konzentration der Firmenleitung auf kaufmännische Bereiche sowie eine allgemeine

Arbeitsüberlastung der Geschäftsführung angegeben. Insgesamt 36% der befragten patentanmeldenden Unternehmen erhalten selten oder nie Innovationsimpulse aus der Firmenleitung. Von nahezu allen Befragten wurden jedoch den Impulsen aus dem Bereich der Firmenleitung die größten Auswirkungen auf das Unternehmen zugeschrieben. Es bestätigt sich die Behauptung ALBACHS (1983), daß die Qualifikation und die Leistungsfähigkeit des Führungspersonals besonders wichtig für die erfolgreiche Durchführung von Innovationsaktivitäten sind (vgl. Abschnitt 3.1.4.2).

Aus dem *Absatzbereich* kommen nach Ansicht von 63% der Befragten häufig Innovationsimpulse. Hierbei muß jedoch zwischen dem Marketingpersonal und dem Absatzpersonal, welches als Informationsvermittler zwischen den Kunden und den Unternehmen betrachtet werden kann, unterschieden werden. Im Vorfeld der Befragung wurde daher betont, daß nicht die Weiterleitung von Kundenwünschen, sondern eigenständige Anregungen erfragt werden sollen, die sich zum Beispiel aus den Entwicklungen und Chancen des Marktes ergeben können. Die Bedeutung des Absatzpersonals als Vermittler externer Impulse wurde insgesamt höher eingeschätzt als seine Bedeutung als eigenständige Impulsquelle. Nach den Angaben der Unternehmen resultieren auch hier fehlende Innovationsimpulse aus der starken Überlastung der Absatzabteilung. Die Überlastung wurde insbesondere von den kleineren Unternehmen, bei denen der Absatzbereich oftmals kaum von der Firmenleitung zu trennen ist, als erheblich bezeichnet.

Abb. 30: Innovationsimpulse in mittelhessischen Unternehmen 1994 (Mehrfachnennungen möglich)

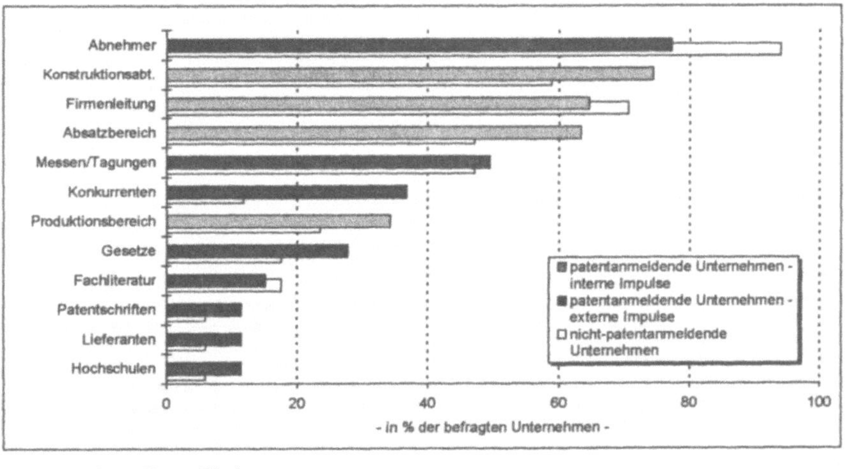

Datengrundlage: Eigene Erhebung

Nur 34% der Befragen gaben an, regelmäßig Innovationsimpulse aus dem *Produktionsbereich* zu erhalten. Neben der geringen Anzahl der Impulse wurde oftmals auch deren Qualität bemängelt. Die Anregungen aus dem Produktionsbereich beziehen sich vielfach auf kleine, relativ unbedeutende Verbesserungserfindungen. Wichtige Produktinnovation, die aufgrund von Anregungen aus dem Produktionsbereich entstanden sind, wurden dagegen als selten bezeichnet. Ebenso basieren *patentwürdige Erfindungen* nach den Angaben der Befragten fast nie auf Anregungen aus dem Produktionsbereich.

8.2 Innovationsimpulse aus externen Bereichen des Unternehmens

Sowohl die Impulse aus den internen als auch den externen Bereichen der Unternehmen über-schneiden sich oftmals erheblich. In einigen Unternehmen werden zum Beispiel die Bereiche Fir-menleitung und Absatz durch die gleiche Person repräsentiert. In anderen Fällen können bei den Nennungen externer Impulse durch Messen/Tagungen die gleichen Quellen gemeint sein, wie bei der Nennung von Konkurrenten. Bei der Befragung wurde daher Wert auf die Zuordnung zur je-weils wichtigsten Funktion der Quelle gelegt.

Die wichtigsten Quellen für Anregungen zu Neuerungen sind die jeweiligen *Kunden* oder *Abneh-mer* der Befragten. Aus der Befragungsergebnissen können zwei Formen von Beziehungen zwi-schen Hersteller und Abnehmer abgeleitet werden:

- Die erste Form ist dadurch gekennzeichnet, daß das befragte Unternehmen als Hersteller be-stimmter Einzelteile auftritt, die beim Abnehmer in ein Vor- oder Endprodukt einfließen. Hier ist zu erwarten, daß eine Vernetzung zwischen Abnehmer und Zulieferer die Innovationsleistun-gen erhöht (vgl. Abschnitt 3.2.1.1). Diese Form einer Zulieferbeziehung wird durch folgende Besonderheiten charakterisiert:
  - Hersteller und Abnehmer kennen sich und kommunizieren direkt miteinander.
  - Der Hersteller produziert überwiegend nach genauen Vorstellungen des Abnehmers. Oft-mals sind selbst geringfügige, nicht abgesprochene Änderungswünsche des Herstellers nicht möglich, ohne die Vertragsbeziehungen zu gefährden.
  - Der Hersteller versucht, ein vom Abnehmer genau definiertes Produkt zu einem möglichst günstigen Preis bei höchstmöglicher Qualität herzustellen.
  - Der Hersteller hat oftmals nur wenige Abnehmer, die Abhängigkeit von den einzelnen Kun-den ist daher in der Regel hoch.
  - Der Hersteller kennt zumeist die genauen Vorstellungen des Abnehmers bezüglich Qualität, Quantität, Farbe und Aussehen eines Produktes sowie die genauen Liefertermine, etc.

- Die zweite Form kennzeichnet sich durch einen Hersteller, der Produkte für einen ihm unbe-kannten Kunden herstellt. Der Kunde ist in diesem Fall in der Regel der Endverbraucher:
  - Dem Hersteller ist eine Zusammenarbeit mit dem Abnehmer kaum möglich, da er ihn oft-mals nicht kennt. Die Wünsche des Abnehmers können zum Beispiel durch Marktforschung ermittelt werden.
  - Die Abhängigkeit vom einzelnen Kunden ist oftmals nicht sehr groß oder fast nicht spürbar.
  - Produktinnovationen werden in stärkerer Weise vom Hersteller durchgeführt, der Kunde formuliert keine direkten Wünsche.
  - Der Wettbewerbvorteil liegt häufig in der Durchführung von Neuerungen im Produktbe-reich, wohingegen der Zwang zur Kostensenkung nicht so groß ist wie beim Zulieferer.
  - Die Rolle der Medienwerbung ist deutlich größer als beim Zulieferunternehmen, d.h. die re-gionale und überregionale Bekanntheit der Unternehmen erscheint oftmals größer als bei Zulieferunternehmen.

Auf die Frage nach der Bedeutung externer Impulse für Innovationen wurden die Impulse durch Abnehmer am häufigsten genannt. 77% aller Befragten bekommen regelmäßig oder häufig und 23% selten Innovationsimpulse von ihren Kunden. Alle Unternehmen, die sich als Zulieferer be-zeichnen, bekommen ihre wesentlichen Innovationsimpulse von ihren Abnehmern. Dieses wird besonders durch die Antworten der nicht-patentanmeldenden Unternehmen verdeutlicht. Die meisten dieser Unternehmen bezeichnen sich als Zulieferuntemehmen. Dementsprechend ist der Anteil der Impulse durch Abnehmer bei den nicht-patentanmeldenden Unternehmen noch größer als bei den patentanmeldenden. Teilweise wurde von den Zulieferern betont, daß Änderungen am geforderten Produkt von Seiten der Abnehmer als störend und unerwünscht empfunden werden und daher eigene Innovationsbemühungen praktisch unmöglich gewesen seien.

In anderen Fällen konnten Produktinnovationen zwar in eigener Regie vom Zulieferer durchgeführt werden, mögliche Erfindungen sollten jedoch nicht zum Patent angemeldet werden, da die Abnehmer eine Abhängigkeit vom Zulieferer befürchteten, wenn dieser das alleinige Recht der wirtschaftlichen Verwertung für sich beanspruchen könnte. Investitionen, die auf den Erfindungen eines Zulieferers basieren, würden sonst beim Abnehmer zum Risiko werden. In einigen Fällen wurden diese Abhängigkeiten durch gemeinsame Anmeldungen oder durch Lizenzverträge zwischen den Vertragsparteien gemildert, in anderen Fällen verzichteten die Zulieferer sogar auf eine Patentanmeldung, um die Vertragsbeziehungen mit dem Kunden nicht zu gefährden. Bei den Herstellern, die den Endverbraucher durch fertige Produkte - hauptsächlich aus dem Konsumgüterbereich - bedienen, kommen weit weniger Impulse direkt vom Kunden.

Eine besondere Bedeutung als Innovationsimpulse haben *Messen* und *Tagungen*. Rund die Hälfte aller Befragten (49%) bekommen ihre Anregungen häufig bei einer dieser Veranstaltungen, wobei Messen erheblich wichtiger sind als Tagungen. Neben den Anregungen, die durch eine Betrachtung von fremden Produkten und Verfahren entstehen, sind es überwiegend die Kontakte zu Konkurrenten sowie zu tatsächlichen und potentiellen Kunden, die den Messen einen so großen Stellenwert zukommen lassen. Die Aussage wird durch die Tatsache unterstrichen, daß nur 9% der befragten Unternehmen noch nie eine Anregung zu einer Neuerungen auf einer Messe bekommen haben.

Durch die Konzeption der Befragung werden die Anregungen auf Messen und Tagungen von den Anregungen durch die Konkurrenten getrennt. Insgesamt 37% der befragten Unternehmen lassen sich häufig durch die Innovationstätigkeiten der *Konkurrenz* inspirieren. Die so erlangten Impulse wurden als besonders bedeutsam und wichtig bezeichnet. Da jedoch die meisten Konkurrenten der befragten Unternehmen ihren Standort nicht in der Region Mittelhessen und teilweise nicht in der Bundesrepublik Deutschland haben, ist ein Einfluß aus der Region hier nur selten festzustellen. Grundsätzlich bestätigt die Aussage jedoch, daß eine regionale Konzentration bestimmter Sektoren zu vermehrten Innovationsimpulsen in der Region führen kann.

An vierter Stelle können *Gesetze* als Innovationsimpulse für die befragten Unternehmen bestimmt werden. Insgesamt 28% aller Unternehmen erhalten häufig bzw. regelmäßig Impulse aus Gesetzen. Diese betreffen zumeist *Verfahrensinnovationen*, die sich als notwendig erweisen, um neue Vorschriften einhalten zu können, zum Beispiel im Sicherheitsbereich oder im Umweltschutz. *Produktinnovationen*, die durch Gesetze angeregt werden, konnten insbesondere bei einigen Unternehmen der Meß- und Regeltechnik ermittelt werden. Die genannten Gesetzte betreffen Umweltschutzauflagen bzw. neu festgelegte Grenzwerte verschiedener Emissionen. Nahezu die gleiche Bedeutung wie Gesetze haben Normen für die Durchführung von Innovationen. Als besonders bedeutsam, nicht nur für technologische Innovationen, sondern auch für Innovationen im organisatorischen Bereich, wurde die DIN ISO 9000 bezeichnet.

Rund 15% der Befragten erhalten ihre Innovationsimpulse häufig aus der *Fachliteratur*. Diese Impulsquelle überschneidet sich wiederum mit den Impulsen von Konkurrenten, Hochschulen, Gesetzten, Patenten, etc. Unter Fachliteratur werden Mitteilungen der Verbände sowie branchenspezifische Veröffentlichungen anwendungsbezogener Art verstanden. Ein zusätzlicher Einfluß kann in diesem Zusammenhang auch der Werbung in den Fachblättern zugeschrieben werden.

Nur 11% der Befragten erhalten ihre Innovationsimpulse häufig aus *Patentschriften*. Der Informationseffekt des Patentwesens war einigen der Befragten unbekannt. Wenn überhaupt Patentrecherchen durchgeführt werden, dann selten mit dem Ziel, Anregungen für neue Produkte oder Prozesse zu finden. Vielmehr soll überprüft werden, ob eigene Erfindungen tatsächlich neu sind und ob die Konkurrenten keine Patentverletzungen begehen. Die Patentrecherchen werden in den wenigsten Fällen von den Mitarbeitern des Unternehmens durchgeführt, sondern zumeist von einem Patentanwalt. Als Begründung dafür, daß die Patentschriften nur selten einem Informationszweck dienen, wurde fast ausnahmslos die fehlende Zeit für eine gründliche Recherche genannt. Einige Unternehmen nutzten die Angebote verschiedener Patentdatenbanken, beklagten jedoch die hohen Kosten der Recherche. Aus der einfachen Beschreibung einer Anmeldung lassen sich zumeist keine Anregungen ziehen. Der komplette Abruf einer Patent- oder Offenlegungsschrift mit den dazugehörigen Zeichnungen lohnt sich nach den Angaben der Befragten jedoch nur, wenn ein Nutzen bereits vorher vermutet werden kann. Auch die von einigen Dienstleistungsunternehmen angebotenen unternehmens- bzw. branchenspezifischen Zusammenstellungen der neuesten, für das betreffende Unternehmen interessanten Offenlegungen, wurden als zu unübersichtlich und in der weiteren Bearbeitung zu aufwendig bezeichnet.

In der Rangfolge der externen Quellen für Innovationsimpulse wurden *Lieferanten* und *Hochschulen* an letzter Stelle genannt. Beide haben nur für knapp 11% aller Befragten eine größere Bedeutung bei der Ideensuche. Während jedoch der Anteil der Befragten, die von ihren Lieferanten nie Impulse für Erneuerungen erhalten, bei 39% liegt, beträgt dieser Wert bei den Hochschulen 57%. Direkte Impulse von den Hochschulen, die zu Innovationen in den Unternehmen führen, können als Ausnahme betrachtet werden. Einige Impulse gelangen jedoch über Umwege in die Unternehmen, zum Beispiel durch die Fachliteratur.

Die Bedeutung der Lieferanten als Quellen für Impulse ist zu einem großen Teil abhängig von der Positionierung der Unternehmen innerhalb einer Produktionskette. Je komplexer das Produkt des Lieferanten ist, desto eher kann es zu Neuerungen inspirieren. Ein Rohstofflieferant hat zum Beispiel weniger Einfluß auf die Innovationstätigkeiten seines Abnehmers als ein Lieferant komplexer Bauelemente. Auch hier wurde jedoch betont, daß viele Abnehmer die zuverlässige Lieferung genau definierter Produkte erwarten und daher Verbesserungen nicht an den Produkten sondern allenfalls an den Produktionsprozessen vorgenommen werden können (s.o.).

Als Fazit kann festgehalten werden, daß die externen Impulse, hauptsächlich von Kunden in Form von Aufträgen und von Konkurrenten, nach den Angaben der Befragten den eigentlichen Anstoß zu einer Neuerung geben, während durch die internen Impulse eher die Akteure im Unternehmen bezeichnet werden, die diese Impulse aufnehmen und/oder umsetzen können. Wichtige Impulse werden darüber hinaus überdurchschnittlich oft einzelnen aktiven und kreativen Mitarbeitern - zumeist den Forschungsleitern oder Personen aus der Geschäftsführung - zugeschrieben.

8.3 Anregungen zu Erfindungen

Im vorangegangenen Teilabschnitt wurde nach internen und externen Innovationsimpulsen gefragt, um Informationen darüber zu erhalten, aus welchen unternehmensinternen und -externen Bereichen Anregungen zu Neuerungen im Unternehmen kommen. Im Gegensatz zu dieser Problemstellung, die das Unternehmen in allen Bereichen betrifft, wird im Patentfragebogen nach

ersten Ideen und Anregungen gefragt, die zu *technischen Erfindungen* führen. Die Grundlage bilden die 184 Erfindungen, die den Patentdokumenten der befragten Unternehmen entnommen
werden konnten. Aus folgenden Gründen kann von unterschiedlichen Ergebnissen bei der Auswertung dieser beiden Fragestellungen ausgegangen werden:

1. Die Zugrundelegung einer erfolgten Patentanmeldung reduziert den Innovationsbegriff auf
   technologische Innovationen.
2. Eine Patentanmeldung bietet dem Befragten die Möglichkeit, präzise an einem Beispiel über
   die Entstehung einer Neuerung nachzudenken. Dadurch können allgemeine Aussagen verhindert und seltene Quellen für Anregungen identifiziert werden. Zudem verlieren einige Quellen,
   die von den Befragten für wichtig gehalten werden, an Bedeutung, wenn greifbare Ergebnisse
   genannt werden sollen.

Abb. 31 führt verschiedene mögliche Quellen für die erste Idee zu einer Erfindung auf. Bei der
Fragestellung liegt der Schwerpunkt nicht auf der Suche nach dem Erfinder bzw. seiner Funktion
im Unternehmen oder dessen Umfeld, sondern vielmehr auf der Suche nach der Quelle für die
erste Idee oder Anregung, die zur Erfindung geführt hat. Auf dieses Ziel wurde im Verlauf der Befragung besonders hingewiesen. Auch hier wird zwischen internen und externen Quellen unterschieden, wobei die externen Quellen jedoch zusätzlich auf einen möglichen Bezug zur Region
untersucht werden. Da die Idee zu einer Erfindung oftmals aus der Kombination mehrerer Anregungen besteht, wurden Mehrfachantworten zugelassen. Insgesamt konnten auf diese Weise 301
Nennungen im Rahmen von 184 Erfindungen analysiert werden. Interne Quellen wurden in 160
Fällen als Auslöser für die Idee zu einer Erfindung genannt. Auf externe Quellen, die einem
Standort in- oder außerhalb der Region Mittelhessen zugeordnet werden konnten, entfielen 146
Nennungen und auf externe Quellen ohne einen regionalen Bezug 12 Nennungen.

**Abb. 31: Quellen für die erste Idee zu einer Erfindung in mittelhessischen patentanmelden-
den Unternehmen (Mehrfachnennungen möglich)**

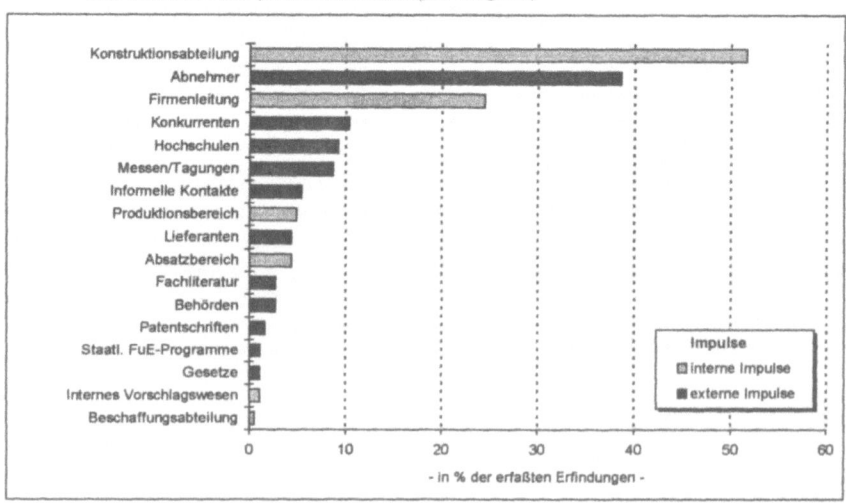

Datengrundlage: Eigene Erhebung

Dem größten Teil der Befragten war es möglich, die genaue „Geschichte" einer Erfindung nachzuvollziehen und die Anregungen zu der Idee demzufolge gut zuzuordnen. In einigen Fällen erwies sich die Zuordnung für die Befragten jedoch als kompliziert. So konnte zum Beispiel nur schwer festgestellt werden, ob eine Idee, die aus der Entwicklungsabteilung kommt, nicht bereits zu einem früheren Zeitpunkt durch einen informellen Kontakt des Forschers angeregt wurde. Zudem sollte nur aus der Sichtweise des befragten Unternehmens recherchiert werden, d.h. Anregungen, die zum Beispiel von Abnehmern kommen, können ebenfalls auf informellen Quellen in der Region basieren.

Als bedeutendste Quellen für die erste Idee zu einer Erfindung wurden die *FuE-* bzw. *Konstruktionsabteilungen* der Unternehmen genannt. Knapp über die Hälfte aller Ideen zu patentfähigen Erfindungen stammen aus diesen Abteilungen. Mit deutlichem Abstand wurden rund ein Viertel aller Erfindungen von *Mitgliedern der Unternehmensführung* angeregt. Demgegenüber kamen neue Ideen nur selten aus den internen Abteilungen *Produktion* und *Absatz*, während die Abteilung der *Beschaffung* und das gesamte *betriebliche Vorschlagswesen* praktisch keine Rolle mehr als Ideenlieferanten spielten. Obgleich das *betriebliche Vorschlagswesen* als wichtig bezeichnet wurde und bei 71% der befragten Unternehmen in den letzten Jahren institutionalisiert worden ist, produzierte es in erster Linie Verbesserungsvorschläge und keine patentfähigen Erfindungen.

Als besonders bedeutende externe Quelle für Anregungen wurden auch hier die *Abnehmer* der Unternehmen genannt. Von Abnehmern aus der Region Mittelhessen kamen jedoch nur rund 6% der Anregungen, der Rest stammte von Vertretern dieser Gruppe, die ihren Standort außerhalb der Untersuchungsregion haben.

Rund 10% der Erfindungen wurden zwar durch Neuerungen von *Konkurrenten* angeregt, jedoch haben alle Konkurrenten ihren Sitz außerhalb der Untersuchungsregion. Die Nennung der Konkurrenten als Quelle für neue Ideen überschneidet sich zum Teil mit der Nennung von *Messen*, auf denen 8% der Erfindungen angeregt wurden. Die Messen fanden jedoch nahezu ausschließlich außerhalb der Region Mittelhessen statt. Etwas höher ist mit 9% der Nennungen die *Hochschule* als Quelle für eine erste Idee zu werten, wobei jedoch nur fünf Nennungen (2,7%) Hochschulen in der Region Mittelhessen betreffen. Insgesamt 5,4% der Erfindungen wurden aufgrund von Anregungen aus *informellen Quellen* gemacht, jedoch stammt nur eine Anregung aus der Region Mittelhessen. Offensichtlich führen Anregungen aus informellen Quellen nur in sehr seltenen Fällen auf direktem Weg zu technologischen Neuerungen. Auch *Zulieferer* und *Behörden* konnten nur sehr selten mit einer Idee zu einer Erfindung beitragen. Keine der genannten Erfindungen basiert auf Kontakten, die über *Transferstellen* zustande gekommen sind.

Externe Quellen ohne einen nachvollziehbaren regionalen Bezug, also *Fach-* und *Patentliteratur*, *FuE-Programme* und *Gesetze* wurden ebenfalls nur sehr selten genannt. Insgesamt konnten durch die Auswertung von Fachliteratur und Patentdokumenten sowie durch FuE-Programme und durch Gesetze nur 6% aller Erfindungen angeregt werden.

Zusammenfassend muß festgestellt werden, daß Anregungen, die zu Erfindungen führen, seltener aus externen als aus internen Quellen kommen. Besonders Anregungen aus Unternehmen und Institutionen, die ihren Standort in der Region Mittelhessen haben, spielen eine untergeordnete Rolle. Die große Zahl der Anregungen aus internen Bereichen und von Kunden, bei gleichzeitig kleiner Zahl von Anregungen aus anderen externen Quellen, deutet auf eine Bindung an bestehende, abnehmerorientierte Produktionsstrukturen hin. Die Unterschiede zwischen der großen Zahl an Anregungen aus externen Quellen, die zu Neuerungen im Unternehmen führen und der deutlich niedrigeren Anzahl, die im Zusammenhang mit den Erfindungen - also den technologischen Neuerungen - zu zählen ist, sind offensichtlich.

Die Beantwortung der Fragen nach den Quellen für Innovationen erfolgte jedoch nicht in jedem Teilraum der Untersuchungsregion in gleicher Weise:

- Fast alle Anregungen, die aus der Region Mittelhessen heraus erfolgten, wurden von Unternehmen aus dem Bezirk der IHK Wetzlar genannt. Insgesamt 63% aller Anregungen aus der Region Mittelhessen wurden von Unternehmen dieses Bezirkes angegeben, 26% von Unternehmen aus dem Bezirk Dillenburg und 11% aus Gießen. Weder im Kammerbezirk Marburg noch in Limburg kamen Anregungen für Erfindungen aus der Region Mittelhessen.

- Der Anteil der Anregungen aus internen Quellen an allen Anregungen zu Erfindungen liegt im Bezirk Wetzlar mit 45% etwas niedriger als im Durchschnitt und in Marburg mit 66% darüber. Insgesamt ist die Bereitschaft zur Nutzung externer Quellen für neue Ideen im Bezirk der IHK Wetzlar eher zu erkennen als in den anderen Bezirken.

- Der Bezirk Wetzlar fällt zudem durch einen überdurchschnittlich hohen Anteil an Anregungen aus den FuE-Abteilungen auf, bei gleichzeitig niedrigem Anteil an Anregungen aus der Unternehmensleitung.

Die regionale Verteilung der Antworten weist indirekt auf unternehmensbezogene Vernetzungen im IHK-Bezirk Wetzlar hin, die positive Auswirkungen auf die Erfindungs- und Entwicklungstätigkeiten der Unternehmen haben (vgl. Abschnitt 10).

Es kann festgehalten werden, daß die Anregungen zu Erfindungen, die zum Patent angemeldet werden, nur selten aus der regionalen Umgebung der Unternehmen kommen. Davon ausgenommen sind die Unternehmen im IHK-Bezirk Wetzlar, die überdurchschnittlich häufig Anregungen aus ihrer räumlichen Umgebung erhalten. Öffentliche Institutionen wie Universitäten, Transferstellen, Patentauslegestellen, etc. werden praktisch nicht genutzt, um Ideen zu sammeln, die später zu Erfindungen führen. Auch die Recherche in der Fachliteratur spielt nur eine untergeordnete Rolle bei der Ideensuche. Als Begründung für die geringe Nutzung dieser Quellen wurde häufig die fehlende Zeit genannt. Selbst bei der Inanspruchnahme spezialisierter Dienstleister im Bereich der Patentrecherche bleibt der eigene zeitliche Aufwand für die Begutachtung der Patentdokumente groß. Rechercheure aus Dienstleistungsunternehmen, die das betreffende Unternehmen nicht gut kennen, können nicht genau wissen, nach welchen Erfindungen sie suchen müssen. Demzufolge muß ein erfolgreicher Rechercheur das genaue Produkt- und Entwicklungsprogramm des Unternehmen kennen, um regelmäßige Innovationsimpulse aus der Patentliteratur filtern zu können. Viele Unternehmen scheuen sich jedoch vor einer Preisgabe der notwendigen Informationen an den außenstehenden Rechercheur. Selbständig zu recherchieren ist jedoch selbst für größere Unternehmen sowohl aus zeitlichen als auch aus finanziellen Gründen oftmals zu aufwendig.

Die meisten Erfindungen werden bei den befragten Unternehmen durch *Anregungen* ausgelöst. 54,3% der 184 erfaßten Erfindungen basieren auf Anregungen und 42,9% auf einer *systematischen Planung*, während nur 2,8% durch *Zufälle* zustande gekommen sind. Erwartungsgemäß sind Erfindungen, die durch interne Quellen angeregt werden, überdurchschnittlich häufig das Produkt einer systematischen Planung, während sie im Falle der externen Quellen überdurchschnittlich häufig auf Anregungen beruhen. Insgesamt ist der Anteil der Erfindungen, der auf Reaktionen basiert, größer als der Anteil geplanter, „produzierter" Innovationen.

9 Die Rolle der Forschung und experimentellen Entwicklung

Als wesentliche unternehmensinterne Quellen für Innovationsimpulse wurden in Abschnitt 8 die Forschungs- und Entwicklungsabteilungen der Unternehmen genannt. Sowohl Forschung als auch Entwicklung werden dadurch zu wichtigen innovationsbeeinflussenden Faktoren. Die Zusammenhänge zwischen der Realisierung technischer Innovationen und der Intensität von Forschungs- und Entwicklungsaktivitäten (FuE) sollen daher im folgenden näher untersucht werden.

Nicht jede Erfindung ist das Ergebnis von FuE. Da der FuE-Prozeß jedoch als wichtiger Bestandteil des Innovationsprozesses gilt (vgl. Abschnitt 2.1.2), soll versucht werden, die Bedeutung der FuE bei der Realisierung von Produkt- und Prozeßinnovationen in den mittelhessischen Unternehmen zu ermitteln. Darüber hinaus werden mögliche Faktoren im Umfeld der Unternehmen bestimmt, die einen Einfluß auf die Ausgestaltung dieser Prozesse haben.

Zu Beginn der Untersuchung wird der Zusammenhang zwischen dem Input in den Entwicklungsprozeß in Form von FuE-Aufwendungen und dem Output in Form von Patentanmeldungen festgestellt und quantifiziert. Die so ermittelten Zahlenwerte sind von Interesse, da vielfach im fehlenden Kapital ein Innovationshemmnis gesehen und daher der Eindruck vermittelt wird, daß die Erfindungs- und Entwicklungsaktivitäten der Unternehmen zu einem bedeutenden Teil von der Höhe der dafür erbrachten Leistungen abhängig sind.

9.1 FuE-Aufwendungen für Erfindungen

Die Unternehmen wurden gebeten, alle finanziellen Aufwendungen zu beziffern, die notwendig waren, um von einer Idee zu einer patentfähigen Erfindung zu gelangen. Diese Frage bezog sich wiederum auf alle Erfindungen, die im Rahmen der 184 erfaßten Patentanmeldungen offengelegt wurden. Wie sich zeigte, war es teilweise nicht möglich, Löhne, FuE-Einrichtungen, Materialien, etc. den einzelnen Erfindungen zuzuordnen, so daß nur die FuE-Aufwendungen für 129 Erfindungen ermittelt werden konnten.

Neben Erfindungen die praktisch „nebenbei" erfolgten und somit nahezu keine FuE-Aufwendungen beanspruchten, wurden Erfindungen erfaßt, die einen Aufwand von mehreren Millionen DM erforderten. Der höchste finanzielle Aufwand für eine einzelne Erfindung wurde mit 30 Mio. DM angegeben. Für alle erfaßten Erfindungen ergibt sich ein Mittelwert von rund 275.000 DM pro Erfindung sowie ein Median, der bei rund 30.000 DM liegt. Nach Abzug der Extremwerte verbleiben ebenfalls durchschnittlich 30.000 DM an Aufwendungen für jede Erfindung. Die Entwicklung von 94,6% der Erfindungen wurde nur aus eigenen Mitteln finanziert, während der Rest staatliche Förderungen erhielt. Nach den Angaben der Unternehmen ist der Anteil der Erfindungen, der mit Hilfe staatlicher Fördermittel realisiert werden konnte, in den letzten Jahren tendenziell zurückgegangen.

Aufgrund der breiten Streuung der angegebenen Werte für die Entwicklungsaufwendungen, kann gefolgert werden, daß es nur schwer möglich sein wird, aus der Zahl der Patentanmeldungen eines Unternehmens oder einer Region auf deren FuE-Ausgaben rückzuschließen.[65] Darüber hinaus zeigt sich, daß nur geringe Anteile der FuE-Aufwendungen eines Unternehmens - unabhängig von

---

[65] Die Berechnung des Quotienten zwischen der Zahl der Patentanmeldungen und den gesamten Forschungsausgaben der Unternehmen ist nicht möglich, da die meisten Unternehmen keine genauen Angaben zur Höhe ihrer FuE-Ausgaben machen wollten oder konnten.

der Branche oder der Betriebsgröße - zu Erfindungen führen, die zum Patent angemeldet werden. Die größten Anteile an den Gesamtkosten, die im Rahmen von Produktinnovationen anfallen, entstehen den Angaben der Befragten entweder im Vorfeld der Erfindungs- und Entwicklungstätigkeit, zum Beispiel bei der Informationsgewinnung, im Vorfeld der Produktion, zum Beispiel durch Umrüstarbeiten an den Maschinen oder aber bei der Markteinführung, zum Beispiel durch Werbemaßnahmen.

Obgleich offensichtlich nur geringe bzw. stark schwankende Anteile der gesamten Forschungsausgaben der Unternehmen für die eigentliche Erfindungs- und Entwicklungstätigkeit aufgewendet werden, gelingt es einigen Autoren einen linearen Zusammenhang zwischen der Höhe der FuE-Aufwendungen und der Zahl der Patentanmeldungen herzustellen (vgl. z.b. SCHERER 1984; OECD 1994:12). GRENZMANN/GREIF (1996: 76ff.) berechnen die FuE-Ausgaben pro Patentanmeldung, indem sie die Zahl der Patentanmeldungen den FuE-Ausgaben in der BRD - geordnet nach Betriebsgrößen und Branchen - gegenüberstellen. Die FuE-Ausgaben pro Patentanmeldung, die auf dieser Basis errechnet werden, sind dementsprechend deutlich höher als die entsprechenden Werte der mittelhessischen Patentanmelder.[66]

9.2 Der Einsatz von Forschung, Entwicklung, Konstruktion und Design zur Realisierung von technischen Innovationen

Zu jeder technischen Neuerung, die zwischen 1989 und 1993 von den Unternehmen eingeführt oder begonnen wurde, sollten - differenziert nach Produkten und Prozessen - folgende Fragen beantwortet werden:

1. Wurde im Rahmen der Durchführung von Neuerungen *intern* oder *extern Forschung* betrieben?

2. Wurden im Rahmen der angegebenen Neuerungen *intern* oder *extern experimentelle Entwicklungen* durchgeführt?

3. Waren zur Durchführung der Neuerung *interne* oder *externe Konstruktions-* oder *Designertätigkeiten* notwendig?

Das Ziel dieser Fragen besteht in der Suche nach der Bedeutung von Forschung, Entwicklung, Konstruktion und Design bei der Durchführung von technischen Neuerungen, getrennt nach neuen und verbesserten Produkten und Prozessen. Hierbei ist es besonders wichtig festzustellen, welcher Anteil der entsprechenden Aktivitäten *unternehmensintern* durchgeführt und welcher Anteil *extern* rekrutiert wird, da aus den Angaben zu den externen Aktivitäten an späterer Stelle Hinweise auf unternehmensbezogene Vernetzungen abgeleitet werden sollen (vgl. Abschnitt 10).

Darüber hinaus wurden die Unternehmen zu der Anzahl der Lizenzen, die sie im Rahmen der angegebenen Neuerungen erworben haben sowie zu der Anzahl der Gebrauchsmuster und Patentanmeldungen befragt, die in diesem Zusammenhang von ihnen beantragt oder angemeldet wurden. Während der Erwerb von Lizenzen Hinweise darauf liefern kann, daß Innovationen ohne eigene Erfindungs- und Entwicklungstätigkeiten durchgeführt werden, gibt die Anzahl der Schutzrechte Auskunft über den meßbaren technischen Erfolg der entsprechenden Tätigkeiten, unabhängig davon, ob auch ein wirtschaftlicher Erfolg erzielt wird.

---

[66] GRENZMANN/GREIF (1996) ermitteln zum Beispiel für den Maschinenbau einen Wert von rund 1 Mio. DM pro Patentanmeldung. Die tatsächlichen FuE-Ausgaben für eine Patentanmeldung bei den befragten Unternehmen des Maschinenbaus in Mittelhessen betrugen demgegenüber durchschnittlich nur 58 Tsd. DM.

Insgesamt 78 patentanmeldende und 17 nicht-patentanmeldende Unternehmen konnten Auskunft darüber geben, ob sie im Rahmen der Neuerungen, die sie von 1989 bis 1993 begonnen oder durchgeführt haben, auf Forschungs-, Entwicklungs-, Konstruktion oder Designertätigkeiten zurückgreifen mußten. Die Angaben der Unternehmen werden nach internen und externen Aktivitäten unterschieden. Als „*externe Aktivitäten* " sollen alle Tätigkeiten gelten, die nicht von dem jeweiligen Unternehmen oder einem über- oder untergeordneten Konzernunternehmen durchgeführt werden. Die Aktivitäten müssen entweder in Form von Aufträgen an andere vergeben oder aber in Kooperationen durchgeführt werden, um als extern zu gelten (vgl. Abb. 32).

Abb. 32: Mögliche Formen extern durchgeführter Forschung und Entwicklung

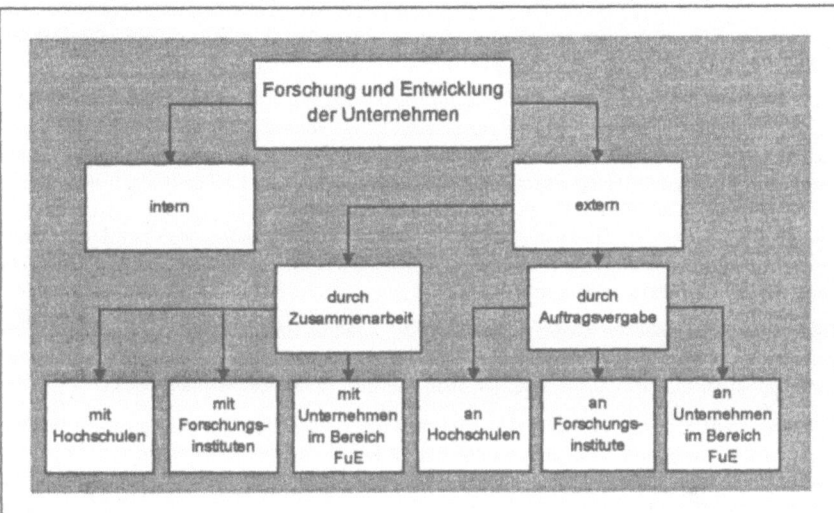

Quelle: Eigene Darstellung

„*Interne Aktivitäten*" beziehen sich demgegenüber auf alle vom Unternehmen, bzw. Konzern selbst durchgeführten Arbeiten im Bereich FuE, Konstruktion und Design. Gemäß den Definitionen des „*Oslo-Manuals*" wird zudem sowohl bei den Produkt- als auch bei den Prozeßinnovationen zwischen „*Neuheiten*" und „*Verbesserungen*" unterschieden (vgl. Abschnitt 2.1.1).

9.2.1 Zur Realisierung von Produktinnovationen

Um zwischen 1989 und 1993 (incl.) neue *Produkte* herstellen zu können, haben 38% der befragten patentanmeldenden Unternehmen *intern* Forschung betrieben. 30% der Befragten gaben an, in diesem Zusammenhang Forschungsaufträge an *externe* Anbieter vergeben zu haben, wobei bei knapp 7% der Unternehmen die gesamte Forschung extern durchgeführt wurde. Das bedeutet, daß die Hälfte (53%) aller befragten patentanmeldenden Unternehmen für die Entwicklung und Einführung ihrer neuen Produkte *keine* Forschung benötigt haben (vgl. Abb. 33).

Experimentelle Entwicklung zur Herstellung neuer Produkte wurde von knapp 85% aller befragten patentanmeldenden Unternehmen intern betrieben. Bei 27% der Unternehmen waren zusätzlich

externe Anbieter an der Entwicklung der Produkte beteiligt. Alle Unternehmen, deren Produktentwicklung mit Hilfe externer Anbieter durchgeführt wurde, betreiben auch eigene Entwicklung, so
daß der gesamte Anteil der Unternehmen, die experimentelle Entwicklung bei der Herstellung
ihrer neuen Produkte eingesetzt haben, ebenfalls bei 85% liegt. Da in keinem Fall nur Forschung,
nicht jedoch Entwicklung betrieben wurde, kann der Anteil der patentanmeldenden Unternehmen,
die ihre Neuerungen im Produktbereich ohne jegliche FuE durchgeführt haben, mit rund 15% angegeben werden.

Von den Unternehmen, die im Betrachtungszeitraum Forschung betrieben haben, um neue Produkte herstellen zu können, wurden 538 Patente für Produkterfindungen beantragt. Im Gegensatz
dazu meldeten die patentanmeldenden Unternehmen, die keine Forschung betrieben haben, nur
149 (21,7%) Patente an. Bei den Unternehmen, die keine experimentelle Entwicklung durchgeführt haben, liegt dieser Wert bei 22 (3,2%).

Von den knapp 50% der Unternehmen, die zur Herstellung neuer Produkte Forschung betreiben,
werden somit rund 79% aller Patente angemeldet. Zwar können 21% der Patentanmeldungen
Unternehmen zugeordnet werden, die keine Forschung im Rahmen ihrer Produktinnovationen
betreiben, ein Zusammenhang zwischen Forschungseinsatz und der Zahl der Patentanmeldungen
ist jedoch deutlich zu erkennen (vgl. Abb. 33). Diese Erkenntnis kann zusätzlich durch die Antworten der nicht-patentanmeldenden Unternehmen untermauert werden. Nur 17,6% der Unternehmen ohne Patentanmeldungen betreiben interne Forschung und 6% externe Forschung, um
neue Produkte einführen zu können.

Ohne Entwicklungsarbeiten werden nur rund 3% der erfaßten Patentanmeldungen ermöglicht, so
daß daraus gefolgert werden kann, daß patentfähige Erfindungen, die zur Herstellung *neuer Produkte* führen sollen, nur in Ausnahmefällen ohne FuE-Einsatz realisiert werden können.

Um bestehende Produkte zu *verbessern*, wird zwar fast ebenso oft geforscht wie bei der Herstellung neuer Produkte, der Anteil der externen FuE ist jedoch geringer. Die Forschungsarbeiten zur
Verbesserung bestehender Produkte werden überwiegend im eigenen Unternehmen durchgeführt.

**Abb. 33: Anteil der patentanmeldenden Unternehmen mit Forschungsaktivitäten im Rah-
men von Produktinnovationen zwischen 1989 und 1993**

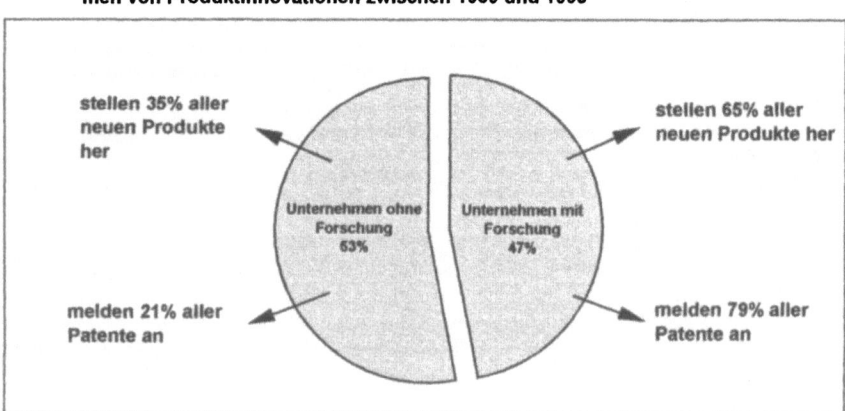

Datengrundlage: Eigene Erhebung

9.2.2 Zur Realisierung von Prozeßinnovationen

Um *Prozeßinnovationen* realisieren zu können, haben deutlich weniger Unternehmen FuE betrieben oder Konstruktions- und Designertätigkeiten durchgeführt als für die Einführung von *Produktinnovationen*. Nur 24% der patentanmeldenden Unternehmen mußten zwischen 1989 und 1993 *Forschung* betreiben, um neue oder verbesserte Prozesse einführen zu können (vgl. Abb. 34). Insgesamt 7% vergaben dabei alle Forschungsarbeiten ausschließlich an externe Anbieter.

Auch der Anteil der Unternehmen, die im Rahmen der Einführung neuer Prozesse *Entwicklung* betrieben haben, ist mit 67% deutlich niedriger als bei den Produktinnovationen. Die externen Anbieter spielen bei der Entwicklung von Prozessen jedoch eine ebenso große Rolle wie bei der Entwicklung von Produkten.

Insgesamt wurden rund 75% aller neuen Prozesse ohne Forschungsarbeiten und rund 33% zusätzlich ohne Entwicklungstätigkeiten eingeführt. Im diesem Zusammenhang sind 62% der Patente von Unternehmen angemeldet worden, die *keine* Forschung betrieben haben. Der entsprechende Wert für die experimentelle Entwicklung liegt jedoch nur bei 7%.

Als besonders interessant erweist sich, daß die nicht-patentanmeldenden Unternehmen bei der Einführung neuer und verbesserter Prozesse ebenso oft - oder im Falle der verbesserten Prozesse sogar häufiger - FuE, Konstruktion und Design benötigen wie die patentanmeldenden.

Abb. 34: Anteil der patentanmeldenden Unternehmen mit Forschungsaktivitäten im Rahmen von Prozeßinnovationen zwischen 1989 und 1993

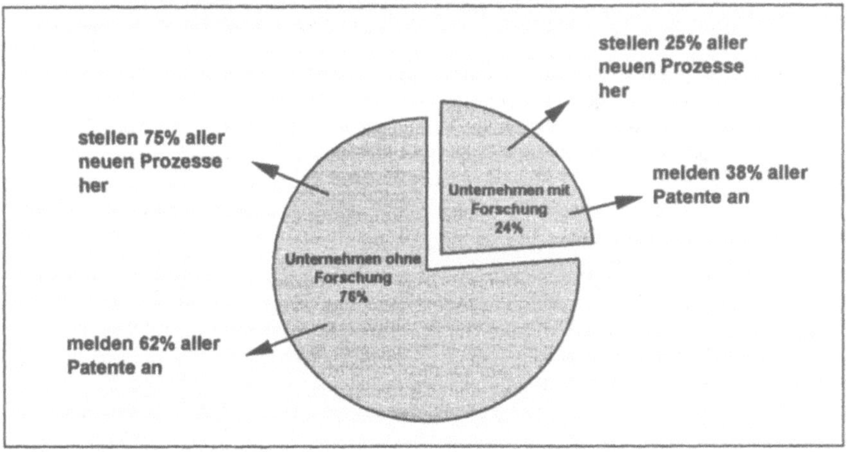

Datengrundlage: Eigene Erhebung

9.2.3 Der Einsatz von FuE, Konstruktion und Design nach sektoralen Aspekten

Wenn sich bestimmte Wirtschaftszweige oder Unternehmensgrößen als besonders forschungsaktiv erweisen und gleichzeitig regional konzentriert sind, so kann darin eine mögliche Ursache für die regional ungleichmäßige Verteilung von Forschungsaktivitäten gesehen werden. Gleichzeitig kann angenommen werden, daß sich durch Konzentrationen dieser Art besonders leicht regionale

Netzwerke zwischen den Unternehmen ausbilden können. Um überprüfen zu können, ob dieses für Teilregionen in Mittelhessen zutrifft, müssen die Forschungsaktivitäten der befragten patentanmeldenden Unternehmen nach Wirtschaftszweigen und Unternehmensgrößen ermittelt und mit der Wirtschaftsstruktur in Mittelhessen verglichen werden.

Der Anteil der Unternehmen mit Forschungsaktivitäten - sowohl mit internen als auch externen - ist in der Wirtschaftshauptgruppe Grundstoff- und Produktionsgüterindustrie besonders groß. Die Hälfte aller Unternehmen dieser Hauptgruppe benötigen Forschung, um neue *Produkte* einführen zu können. Bei der Entwicklung neuer *Prozesse* ist der Anteil mit 62,5% noch größer. Demgegenüber benötigen nur 30% der Vertreter der anteilsmäßig größten Hauptgruppe - der Investitionsgüterindustrie - Forschung, um neue *Produkte* und weniger als 20% um neue *Prozesse* verwirklichen zu können. Besonders in der Grundstoff- und Produktionsgüterindustrie werden Forschungsaufträge überdurchschnittlich oft an externe Anbieter vergeben.

Insbesondere Unternehmen der Wirtschaftszweige Chemie, Kunststoffverarbeitung, Maschinenbau und Fahrzeugtechnik stellen sich als forschungsaktiv dar. Demgegenüber benötigen deutlich weniger Unternehmen der Feinmechanik/Optik und der Elektrotechnik Forschung zur Einführung neuer Produkte oder Prozesse. Die Unternehmen der Feinmechanik/Optik betonten jedoch die bedeutende Rolle der Entwicklung, da die Qualität der feinmechanisch/optischen Produkte ihren Angaben zufolge überwiegend auf exakten Berechnungen und einer präzisen Verarbeitung beruht. In diesem Wirtschaftszweig spielt der Markenname des Produkts eine besondere Rolle (z.B. Minox, Leica, etc.).

9.2.4 Der Einsatz von FuE, Konstruktion und Design nach größenspezifischen Aspekten

Die patentanmeldenden Unternehmen mit mehr als 1000 Beschäftigten haben anteilsmäßig am häufigsten Forschung betrieben, um zwischen 1989 und 1993 neue Produkte einführen zu können.[67] Während die Anteile der forschenden Unternehmen in den drei in Tab. 2 gebildeten Größenklassen bis 200 Beschäftigte ebenso groß sind wie die Anteile der Unternehmen, die nicht forschen, können in den beiden Klassen von 200 bis 499 und von 500 bis 999 Beschäftigten nur geringere Anteile ermittelt werden. Besonders Forschung durch externe Anbieter ist in diesen Größenklassen die Ausnahme.

Das Ergebnis deckt sich mit den Erkenntnissen von BERTSCHECK/ENTORF (1996), die im Rahmen einer Analyse deutscher, belgischer und französischer Unternehmen festgestellt haben, daß die Forschungs- und Entwicklungsaktivitäten mit der Größe der Unternehmen zunehmen, bei einer mittleren Größe jedoch wieder abfallen, um dann bei den großen Unternehmen wieder anzusteigen. Die Autoren vermuten, daß kleine Unternehmen, die eine wertvolle Erfindung gemacht haben, ohne weitere FuE schnell zu mittelgroßen Unternehmen anwachsen und erst dann wieder in FuE investieren müssen, um weiter wachsen zu können.

---

[67] Vgl. die Ausführungen in Abschnitt 3.1.2 zur Überprüfung der sogenannten „*Schumpeter-Hypothese*"

Tab. 2: Anzahl der patentanmeldenden Unternehmen mit internen oder externen Forschungsaktivitäten zwischen 1989 und 1993 nach Unternehmensgrößen

Unternehmens- größe nach Beschäftigten- anzahl	Anzahl der Unter- nehmen Insgesamt	Forschung für							
		Produkte				Prozesse			
		Neu		Verbessert		Neu		Verbessert	
		intern	extern	intern	extern	intern	extern	intern	extern
bis 19	5	2	2	1	1	2	2	1	0
20 bis 49	8	4	3	1	0	1	1	0	0
50 bis 199	24	10	10	9	3	6	4	3	0
200 bis 499	18	5	1	7	1	4	0	4	1
500 bis 999	17	5	5	6	4	4	5	5	1
über 1000	6	5	3	3	1	2	3	2	1
insgesamt	78	31	24	27	10	19	15	15	3

Datengrundlage: Eigene Erhebung

Als Fazit kann festgehalten werden:

• Unternehmen, die Forschung betreiben, führen eine größere Anzahl Produktinnovationen durch, als Unternehmen ohne Forschungsaktivitäten.

• Ein relativ großer Anteil der Produkt- und Prozeßinnovationen wird von Unternehmen durchgeführt, die keine Forschung betreiben. Ein kleiner Teil dieser Innovationen kann zudem ohne Entwicklungsarbeiten realisiert werden. Oftmals handelt es sich hierbei um „zufällige" Erfindungen oder um Neuerungen, die im Kundenauftrag erfolgen.

• Der Vergleich zwischen den Angaben zu den Produkt- und zu den Prozeßinnovationen macht deutlich, daß *externe* Forschung und Entwicklung überwiegend für die Herstellung von *neuen* Produkten und *neuen* Prozessen und weniger für die *Verbesserung bestehender* benötigt werden.

• Ein großer Anteil der technischen Innovationen kann nur mit Hilfe *extern* durchgeführter FuE realisiert werden. Dieses bedeutet gleichzeitig, daß Forschung, die außerhalb des Unternehmens und größtenteils außerhalb der Region Mittelhessen durchgeführt wird, die Erfindungs- und Entwicklungstätigkeit innerhalb der Region beeinflußt.

• Umgekehrt zeigen die Ergebnisse der Befragung nicht-patentanmeldender Unternehmen, daß der Einsatz von FuE zu Erfindungen führen kann, die nicht geschützt werden, sondern direkt in marktfähige Produkte oder Prozesse einfließen.

10 Die Rolle unternehmensbezogener Vernetzungen

Wie in Abschnitt 3 deutlich gemacht wurde, beeinflussen Vernetzungen zwischen Unternehmen sowie zwischen Unternehmen und anderen Akteuren, wie Hochschulen und hochwertigen Dienstleistungsunternehmen die Erfindungs- und Entwicklungsaktivitäten der Unternehmen positiv. Von besonderer Bedeutung sind in diesem Zusammenhang mögliche *innovative Netzwerke*, die, eingebunden in das regionale Umfeld der Unternehmen, wichtige Bestandteile sogenannter „kreativer" bzw. „innovativer Milieus" sind (vgl. CAMAGNI 1991: 4).

Die Suche nach Vernetzungen, die Auswirkungen auf die Innovationsaktivitäten der Unternehmen haben, erweist sich als außerordentlich schwer (vgl. SYDOW 1992: 15). Die Erfassungsprobleme resultieren einerseits daraus, daß die Unternehmen nur wenige oder keine Auskünfte über ihre institutionalisierten oder nicht-institutionalisierten Verflechtungen mit Unternehmen oder anderen Akteuren geben wollen und andererseits daraus, daß die einzelnen Befragten oftmals nicht wissen, welche - insbesondere informellen - Verbindungen zwischen den Mitarbeitern ihres Unternehmens und den Mitarbeitern anderer Unternehmen oder Institutionen bestehen.

Im folgenden werden daher *Hinweise* gesucht, die auf unternehmensbezogene Vernetzungen in der Region Mittelhessen schließen lassen. Bei der Suche kommen unterschiedliche Methoden zur Anwendung, die sich nach der gewählten Datengrundlage unterscheiden:

• Zuerst werden durch die Auswertung sekundärstatistischer Datenmaterialien[68] *indirekte Hinweise* auf Vernetzungen zusammengetragen und analysiert.

• Im Anschluß daran werden aus den Ergebnissen der Unternehmensbefragung *direkte Hinweise* auf unternehmensbezogene Vernetzungen im Untersuchungsraum abgeleitet (vgl. Abschnitt 10.2).

Dabei soll jedoch nicht der Anspruch erhoben werden, die Wirksamkeit der Vernetzungen in Bezug auf die Erfindungs- und Entwicklungsaktivitäten der Unternehmen empirisch zu belegen.

10.1 Indirekte Hinweise auf Vernetzungen

Um indirekte Hinweise auf Vernetzungen zu erhalten, werden folgende Analysen durchgeführt:

• Regionale Konzentrationen klein- und mittelständischer Unternehmen, Konzentrationen von Unternehmen der gleichen Branche sowie räumliche Zusammenballungen neugegründeter Betriebe können als Hinweise auf unternehmensbezogene Verflechtungen interpretiert werden (vgl. SCOTT 1988).[69] Teilräume, in denen Konzentrationen der von SCOTT (1988) genannten Faktoren gemessen werden können, bieten demzufolge bessere Voraussetzungen für unternehmensbezogene Vernetzungen als Teilräume, in denen nur wenige Industrieunternehmen ihren Standort haben oder die heterogen strukturiert sind. Um Auskunft über entsprechende Konzentrationen in Teilräumen Mittelhessens zu erhalten, wurden die Statistiken des Statistischen Bundesamts und des Hessischen Statistischen Landesamts ausgewertet.

---

[68] Hierzu gehören auch Patentdaten, die zwar im Rahmen der Unternehmensbefragung ermittelt wurden, die jedoch auch den öffentlich zugänglichen Patentdatenbanken entnommen werden können.

[69] Zu weiteren Voraussetzungen, die das Phänomen und die Besonderheiten der sog. „Industrial Districts" erklären, vgl. SCOTT 1988: 43ff.

• Aus den statistischen Angaben zur sektoralen Struktur des Verarbeitenden Gewerbes in Mittelhessen können keine Informationen über regionale Konzentrationen von Unternehmen abgeleitet werden, die sich mit der gleichen Technologie befassen. Der technologische Bereich, auf den sich die Erfindungs- und Entwicklungstätigkeit eines Unternehmens bezieht, läßt sich jedoch durch eine inhaltliche Auswertung von Patentdokumenten ermitteln. Indirekte Hinweise auf Vernetzungen im Forschungsbereich liefern daher nicht nur die Standorte von Forschungseinrichtungen und Hochschulen in Mittelhessen sondern auch regionale Konzentrationen von Erfindungen aus gleichen technologischen Bereichen.

10.1.1 Regionale Konzentrationen von Unternehmen der gleichen Branche

Die Erfassung und Analyse regionaler Industriestrukturen ist in mehrfacher Hinsicht sinnvoll. Aus der Struktur des Verarbeitenden Gewerbes lassen sich nicht nur Rückschlüsse auf die Konzentrations- und Spezialisierungssituation sondern darüber hinaus auf Verflechtungsbeziehungen in der Region ziehen (vgl. BATHELT/ERB 1993: 11). Daher soll untersucht werden, ob die Wirtschaftszweige des Verarbeitenden Gewerbes über die Region Mittelhessen gleich verteilt sind oder ob sie sich in Teilräumen des Untersuchungsgebiets konzentrieren. Um mögliche sektorale Konzentrationen in den Landkreisen Mittelhessens ausfindig zu machen, werden die *Standortquotienten* für die Wirtschaftszweige, bezogen auf die Beschäftigten im Verarbeitenden Gewerbe, errechnet. Als Bezugsregion dient die Bundesrepublik Deutschland (alt).

Bei einer Verwendung von Beschäftigtendaten der Statistischen Bundes- und Landesämter zur Ermittlung innovationsrelevanter Strukturen in der Industrie, sollten jedoch einige grundlegende Einschränkungen beachtet werden:

• Die Zahl der Beschäftigten gibt wenig Auskunft über die wirtschaftliche Leistungsfähigkeit oder die Innovationsfähigkeit eines Unternehmens oder eines Wirtschaftszweigs. So können sich zum Beispiel produktionssteigernde Prozeßinnovationen negativ auf die Zahl der Beschäftigten eines Unternehmens auswirken.

• Aus der Zahl der Beschäftigten lassen sich keine Aussagen über die Qualität der Arbeitsplätze oder der erzeugten Produkte ableiten. So können zum Beispiel Betriebe, die als sogenannte „verlängerte Werkbänke" in peripheren Regionen gegründet werden, eine größere Anzahl an Personen beschäftigen als innovative Betriebe mit einem hohen Personalanteil im FuE-Bereich.

• Die Einteilung in Wirtschaftszweige reicht oftmals nicht aus, um regionale Konzentrationen bestimmter Sektoren sichtbar werden zu lassen. So kann zum Beispiel die Konzentration der Verpackungsmaschinenindustrie im Raum Gießen aus den statistischen Angaben der Landesämter nicht abgelesen werden. Um Konzentrationen dieser Art ermitteln zu können, müssen aufwendige Einzelerhebungen durchgeführt werden (z.B. durch die Auswertung der Industrielisten der Industrie- und Handelskammern oder durch die Suche in Unternehmens- und Verbandsregistern).

• Viele Unternehmen, die den amtlichen Angaben zufolge dem gleichen Wirtschaftszweig angehören, stellen vollkommen unterschiedliche Produkte unter Verwendung unterschiedlicher Technologien her. Die Innovationsaktivitäten von Unternehmen des gleichen Wirtschaftszweigs unterliegen daher oftmals verschiedenartigen betriebsinternen und -externen Bedingungen.

Obgleich die Aussagefähigkeit des Indikators eingeschränkt ist, kann mit seiner Hilfe die Wirtschaftsstruktur in Mittelhessen dargestellt werden. Einzelne Untersuchungsergebnisse müssen jedoch weiter analysiert werden, zum Beispiel durch die Auswertung von Industrielisten der Industrie- und Handelskammern oder Industrieverbände sowie des Industrieatlas Mittelhessen (vgl. BATHELT/ERB 1994), um falsche Interpretationen zu vermeiden. So suggerieren die Standortquotienten in Tab. 3, daß in den Kreisen Gießen und Lahn-Dill ähnliche Konzentrationen des Wirtschaftszweigs Feinmechanik/Optik zu finden sind. Die genauere Analyse führt jedoch zu dem Ergebnis, daß in Gießen wenige größere Produktionsbetriebe von Konzernen ihren Standort haben. Diese Betriebe gehören eher der Feinmechanik an und betreiben praktisch keine eigene FuE. Demgegenüber zeichnet sich der Wirtschaftszweig Feinmechanik/Optik insbesondere in Wetzlar durch eine große Anzahl optischer Unternehmen mit eigenen FuE-Abteilungen aus. Darüber hinaus wurde der Standort des Kameraherstellers Minox GmbH nach 1996 von Gießen nach Wetzlar verlegt und wird dadurch die Standortquotienten in der Zukunft verändern.

Insgesamt zeigt die Auswertung von Tab. 3, daß die Industriestruktur in der Region Mittelhessen nicht homogen ist. Aus der gegenwärtigen Industriestruktur läßt sich die industrielle Entwicklung Mittelhessens gut ablesen. Besonders die Eisenverarbeitende Industrie und der damit verbundene Formenbau im Dilltal zwischen Haiger und Wetzlar und die Optische Industrie in Wetzlar sind auch heute noch Wirtschaftszweige mit überdurchschnittlich vielen Beschäftigten. Beide Industriezweige weisen dementsprechend hohe Standortquotienten von 6,3 (Gießerei) und 2,6 (Feinmechanik/Optik) auf. Auch die Wirtschaftszweige Stahlverformung/Oberflächenveredlung und Herstellung von EBM-Waren, die ebenfalls anhand des Standortquotienten als konzentriert in der Region Mittelhessen bezeichnet werden können, sind oftmals aus Unternehmen der eisenverarbeitenden Industrie oder deren Zulieferern entstanden.

Tab. 3:   **Standortquotienten für ausgewählte Wirtschaftszweige in den Landkreisen Mittelhessens auf der Basis von Sozialversicherungspflichtig Beschäftigten im Verarbeitenden Gewerbe 1994 (Bezugsregion: BRD (alt))**

Wirtschafts-zweig (j)	Teilregion (l)					
	Gießen	Lahn-Dill	Limburg-Weilburg	Marburg-Biedenkopf	Vogels-berg	Mittel-hessen
Steine und Erden	3,49	2,14	2,04	0,67	1,67	1,96
Gießerei	k.A.	8,28	k.A.	11,16	k.A.	8,29
Stahlverformung	2,92	2,14	0,74	1,40	5,48	2,28
Stahl- und Leicht., Schienenfahrzeugbau	3,70	0,92	3,10	1,25	0,49	1,70
Maschinenbau	1,02	0,63	0,55	0,94	0,86	0,80
Elektrotechnik	0,89	1,35	0,92	0,32	0,64	0,89
Feinmechanik, Optik	3,48	4,55	1,49	0,64	0,27	2,62
Herstellung von EBM-Waren	0,94	2,45	2,10	2,17	0,90	1,91
Chemie	0,32	0,18	0,54	1,51	0,08	0,57
Holzverarbeitung	1,56	0,83	1,08	0,52	3,22	1,14
Druckerei,	2,20	0,83	1,47	1,09	0,99	1,23
Kunststoffwaren	0,80	0,61	1,00	1,40	0,88	0,91
Ernährungsgewerbe	1,00	0,15	0,91	2,26	0,46	0,95

Datengrundlage: Statistisches Bundesamt, Hessisches Statistisches Landesamt

Für die beiden größten Wirtschaftszweige in Mittelhessen, die Elektrotechnik und den Maschinenbau, errechnen sich Standortquotienten von weniger als 1. Bis auf die Chemische Industrie be-

schäftigen die anderen Wirtschaftszweige anteilsmäßig etwa gleich viele Beschäftigte wie die
entsprechenden Wirtschaftszweige in der Bundesrepublik Deutschland (alt). Die Chemische Industrie ist in der Region deutlich unterrepräsentiert (bei einem Standortquotienten von 0,6), zudem
wurden 1994 rund 75% aller Arbeitsplätze in der Chemie von nur einem Unternehmen - der Behringwerke AG - gestellt.

Zusammengefaßt geben die Konzentrationen der metallverarbeitenden Unternehmen in den Kreisen Lahn-Dill und Marburg-Biedenkopf, sowie der Feinmechanisch/Optischen Industrie im Kreis
Lahn-Dill und unter Einschränkungen im Kreis Gießen (s.o.) indirekte Hinweise auf regionale unternehmensbezogene Vernetzungen in den entsprechenden Teilräumen Mittelhessens.

10.1.2 Regionale Konzentrationen neugegründeter Betriebe

Im folgenden sollen aus den Angaben des Hessischen Statistischen Landesamts zu den Betriebsneugründungen und -schließungen weitere indirekte Hinweise auf unternehmensbezogene Vernetzungen in der Region abgeleitet werden. Nach SCOTT (1988) können regionale Konzentrationen
von Neugründungen klein- und mittelständischer Unternehmen[70] auf industrielle Aktivitäten hindeuten, die durch Vernetzungen der einzelnen Unternehmen geprägt sind.

Für Mittelhessen sind in den Statistiken lediglich die neugegründeten Betriebe ausgewiesen.
Grundsätzlich gilt für die letzten 15 Jahre, daß die Zahl der Betriebe zugenommen hat, während
die Zahl der Beschäftigten im gleichen Zeitraum verringert wurde. Zwischen 1979 und 1994 ist die
Zahl der Betriebe in Mittelhessen von 1.314 um 420 (32%) auf 1.734 angestiegen und die Zahl der
Beschäftigten im gleichen Zeitraum um 10.997 (9,8%) von 112.091 auf 101.094 gesunken (jeweils
inklusive der Kleinbetriebe mit weniger als 20 Beschäftigten). Mit 270 Betrieben des Verarbeiten-
den Gewerbes hatte der Lahn-Dill-Kreis im angegebenen Zeitraum den größten Zuwachs (69%) zu
verzeichnen. Im gleichen Zeitraum stieg die Zahl der Betriebe des Verarbeitenden Gewerbes im
Kreis Gießen um 27%, im Kreis Marburg-Biedenkopf um 23%, im Kreis Limburg um 11% und im
Vogelsberg sank sie um knapp 1%.

Den Saldo aus der Zahl der Betriebsneugründungen und der Zahl der Betriebsschließungen auf
Basis der Gemeinden Mittelhessens zeigt Abb. 35. Es ist offensichtlich, daß die Zahl der Betriebe
des Verarbeitenden Gewerbes nicht gleichmäßig über die Region verteilt zu- bzw. abgenommen
hat. Vielmehr fällt eine überdurchschnittlich starke Zunahme entlang der Autobahn A 45 auf, der
Verbindung zwischen den Zentren Rhein-Main und Rhein-Ruhr. Gießen ist die einzige Gemeinde
auf dieser Entwicklungsachse, in der die Zahl der Betriebe in den vergangenen 15 Jahren zurückgegangen ist. Um die Stadt Gießen herum verlaufen jedoch die Autobahnen A 480 und A 485
(Gießener Ring), die eine ringförmigen Ansiedlung von Betrieben um die Stadt herum erleichtert
bzw. Betriebsauslagerungen aus Gießen in das Umland gefördert haben.

Nach VAN VLIET (1995) gab es bis 1980 in Mittelhessen mit der B 253 zwischen Haiger und Biedenkopf und dem „Gießener Ring" nur zwei funktionsfähige, durch die Infrastrukturausstattung
bedingte Entwicklungsachsen. Durch den Bau der A 45 und der A 3 zwischen Köln und Wiesbaden
kamen später zwei neue Achsen hinzu. Daß jedoch die Entwicklung der Verarbeitenden Industrie
nicht ursächlich auf die Existenz einer Autobahn zurückzuführen ist, zeigt der negative Saldo aus
Betriebsgründungen und -schließungen entlang der A5 von Gießen nach Kassel.

---

[70] Zu den Unterschieden zwischen Betrieben und Unternehmen vgl. Abschnitt 4.2.2.3

Abb. 35: Entwicklung der Zahl der Betriebe des Verarbeitenden Gewerbes in Mittelhessen von 1979 bis 1994

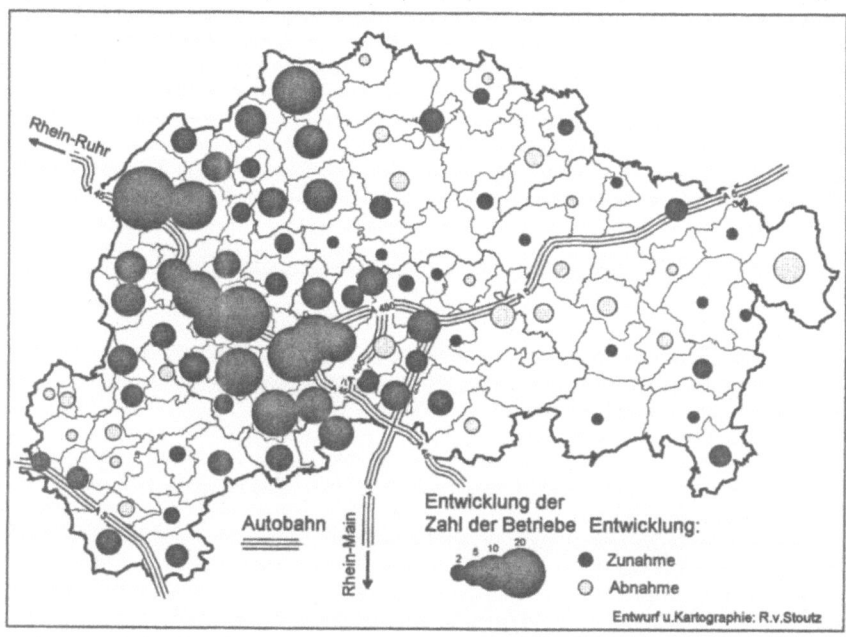

Quellen: Hessisches Statistisches Landesamt; Eigene Berechnungen

10.1.3 Regionale Konzentrationen von Erfindungstätigkeiten

Die räumlichen Konzentrationen von Wirtschaftszweigen und Betriebsneugründungen in Teilregionen Mittelhessens können als indirekte Hinweise auf Verflechtungen gewertet werden, da Konzentrationen dieser Art gute Voraussetzungen für Vernetzungen zwischen Unternehmen bieten (vgl. Abschnitt 3.2.1.2). Um jedoch indirekte Hinweise auf Vernetzungen im Forschungs- und Entwicklungsbereich finden zu können, müssen regionale Konzentrationen von FuE-Input- oder -Output-Indikatoren gesucht werden. Aus Datengründen werden der folgenden Analyse die *Ergebnisse* der Erfindungs- und Entwicklungstätigkeiten zugrundegelegt. Dies wird erreicht, indem die Patentanmeldungen der befragten Unternehmen als Dokumentationen von Erfindungen verwendet werden.

Die Unternehmen wurden gefragt, wieviele Patentanmeldungen sie beim DPA von 1989 bis 1993 im Rahmen der Einführung neuer oder verbesserter Produkte und Prozesse eingereicht haben. Insgesamt konnten bei den befragten Unternehmen auf diese Weise 924 Erfindungen ermittelt werden. Die Angaben für die Behringwerke AG in Marburg, dem Unternehmen mit den meisten Patentanmeldungen in Mittelhessen, entstammen der Patentdatenbank PATDPA, da vom Unternehmen keine quantitativen Angaben zu ihrer Erfindungen gemacht wurden (vgl. Abschnitt 9.2).

Den Angaben der Patentdatenbank PATDPA zufolge wurden von allen Patentanmeldern in Mittelhessen im Untersuchungszeitraum 1226 Erfindungen beim Deutschen Patentamt zum Patent angemeldet. Da von diesen Anmeldungen rund 22% auf Privatpersonen zurückzuführen sind, können rund 1000 Anmeldungen juristischen Personen zugeordnet werden. Demzufolge konnten rund 90% der Patentanmeldungen juristischer Personen dieses Zeitraums durch die Befragung erfaßt werden.

Von den 724 auswertbaren Patentanmeldungen[71] wurden 487 oder 67,3% für Erfindungen im Zusammenhang mit *neuen Produkten* eingereicht. 174 Erfindungen (24%) erfolgten im Rahmen von *Produktverbesserungen. Neu* eingeführten *Prozessen* lassen sich noch 46 (6,3%) und *verbesserten Prozessen* nur noch 17 Patentanmeldungen (2,3%) zuordnen. Mit rund 90% können somit die meisten der erfaßten Patentanmeldungen im Untersuchungsgebiet *Produktinnovationen* zugeordnet werden. Die verbleibenden knapp 10% der Erfindung betreffen *Prozeßinnovationen.*

Abb. 36: Zahl der Patentanmeldungen der befragten mittelhessischen Patentanmelder von 1989 bis 1993 nach Wirtschaftszweigen

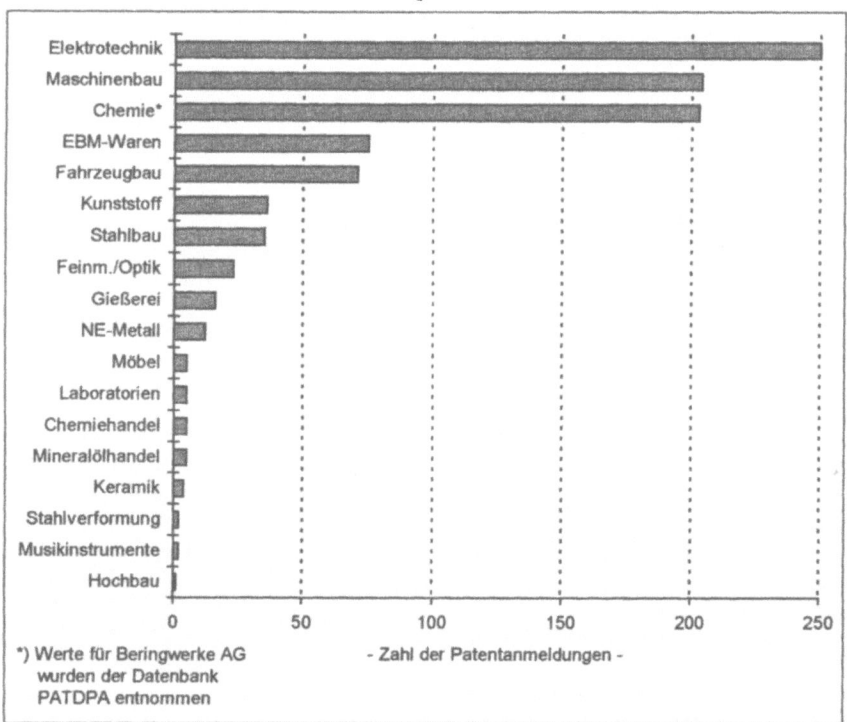

*) Werte für Beringwerke AG   - Zahl der Patentanmeldungen -
wurden der Datenbank
PATDPA entnommen

Datengrundlage: Eigene Erhebung

Abb. 36 gibt die Zahl der Patentanmeldungen nach den Wirtschaftszweigen der Anmelder wider. Die drei Wirtschaftszweige mit den meisten Patentanmeldungen sind unter Hinzunahme der Beh-

---

[71] Die Differenz zu den 927 erfaßten Patentanmeldungen resultiert aus den Angaben zu den Behringwerken. Da nur die Anzahl der Anmeldungen aus der Datenbank PATDPA entnommen wurde, können keine Aussagen qualitativer Art gemacht werden.

ringwerke AG die Elektrotechnik, der Maschinenbau und die Chemie. Die Unternehmen dieser drei Wirtschaftszweige melden auch in der Bundesrepublik Deutschland die meisten Patente an (vgl. GREIF/POTKOWIK 1990: 26).

Zwischen der Zahl der *Patentanmeldungen* und der Zahl der *Patentanmelder* nach Wirtschaftszweigen ist ein deutlicher Unterschied festzustellen (vgl. Abb. 36 und Abb. 23). Dieser resultiert sowohl aus der Branchenzugehörigkeit als auch aus der Größe der befragten Unternehmen. Das unterschiedliche Anmeldeverhalten der Unternehmen je nach ihrer Größe, gemessen an der Zahl der Beschäftigten, zeigt Tab. 4. Insgesamt nimmt die Zahl der Patentanmeldungen pro Beschäftigten im Unternehmen mit zunehmender Größe der Unternehmen ab. Nur bei den Unternehmen mit mehr als 1000 Beschäftigten steigt sie wieder an. Obgleich die kleinen Unternehmen, gemessen an der Zahl der Beschäftigten mehr Patente anmelden als die mittleren Unternehmen, tragen sie jedoch zur gesamten Anzahl der Patentanmeldungen in der Region nur einen geringen Teil bei.

Tab. 4: Zahl der Patentanmeldungen der befragten Unternehmen von 1989 bis 1993 insgesamt und pro 100 Beschäftigte nach Unternehmensgrößenklassen

Unternehmensgröße nach Beschäftigten	Zahl der befragten Unternehmen	Zahl der Patentanmeldungen 1989 bis 1993	Zahl der Patentanmeld.1989 bis 1993 pro 100 Beschäftigte
bis 19	5	9	16,4
20 bis 49	8	35	18,1
50 bis 199	24	147	6,1
200 bis 499	19	209	3,7
500 bis 999	18	120	1,5
über 1000	6	427	2,7
insgesamt	80	947	2,9

Datengrundlage: Eigene Erhebung

Auch bei der Betrachtung der Unternehmen nach ihrer sektoralen Zugehörigkeit sind Unterschiede in der Anmeldeintensität festzustellen. In Tab. 5 werden die befragten Unternehmen nach den sieben Wirtschaftszweigen mit den meisten Patentanmeldungen geordnet. In der Chemie und der Elektrotechnik können die meisten Patentanmeldungen pro Beschäftigten verzeichnet werden. Besonders niedrig fällt demgegenüber der entsprechende Quotient bei den Unternehmen des Wirtschaftszweigs Feinmechanik/Optik aus.

Es wird deutlich, daß die Erfindungs- und Entwicklungsaktivitäten der Unternehmen in besonderer Weise von der Branchenzugehörigkeit und der Betriebsgröße abhängig sind.[72] Insgesamt kristallisieren sich jedoch drei Gruppen mit starken erfinderischen Tätigkeiten in Mittelhessen heraus. Dieses sind überwiegend mittelständische Unternehmen der Wirtschaftszweige Maschinenbau, Herstellung von EBM-Waren und Fahrzeugtechnik als größte Gruppe, der Wirtschaftszweig Elektrotechnik sowie als mengenmäßig kleine, jedoch durch die Anzahl der dokumentierten Erfindungen bedeutende Gruppe, die Unternehmen des Wirtschaftszweigs Chemie.

---

[72] Zur Zahl der Patentanmeldungen in Abhängigkeit von der Größe und der sektoralen Zugehörigkeit des anmeldenden Unternehmens vgl. SCHERER (1965); CHAKRABARTI/HALPERIN (1991); SCHWALBACH/ZIMMERMANN (1991); OECD (1994); ARCHIBUGI/PIANTA (1996); GIESE/STOUTZ (1997)

Tab. 5:   Zahl der Patentanmeldungen der befragten Unternehmen von 1989 bis 1993 insgesamt und pro 100 Beschäftigte nach Wirtschaftszweigen

Wirtschaftszweig	*Zahl der befragten Unternehmen*	*Zahl der Patentanmeldungen 1989 bis 1993*	*Zahl der Patentanmeld.1989 bis 1993 pro 100 Beschäftigte*
Maschinenbau	20	202	3,6
Elektrotechnik	15	259	6,1
EBM-Waren	11	78	2,4
Kunststoff	5	38	4,1
Feinmechanik/Optik	5	22	1,3
Fahrzeugbau	3	57	3,1
Chemie	2	203	6,1

Datengrundlage: Eigene Erhebung

In Abb. 37 wird die Zahl der Patentanmeldungen von 1989 bis 1993, die im Rahmen der Untersuchung mittelhessischer Patentanmelder ermittelt werden konnten, den Standorten der befragten Unternehmen zugeordnet.

Abb. 37: Zahl der Patentanmeldungen der befragten Unternehmen in Mittelhessen von 1989 bis 1993

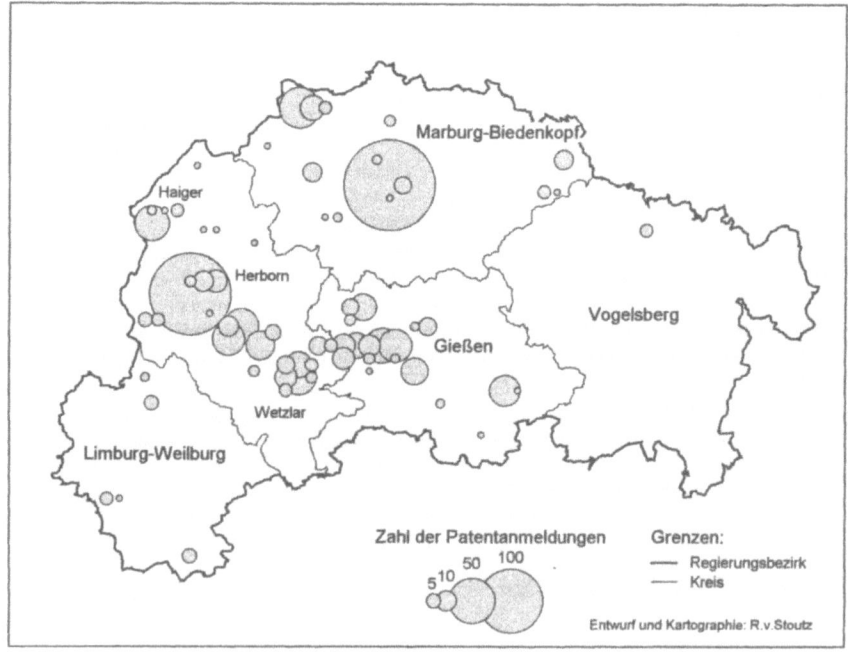

Datengrundlage: Eigene Erhebung

Die Konzentration erfinderischer Tätigkeiten entlang einer Achse von Gießen über Wetzlar, Herborn und Dillenburg bis nach Haiger wird in dieser Karte gut sichtbar. Es zeigt sich, daß einer großen Anzahl von Unternehmen mit wenigen Patentanmeldungen eine kleine Anzahl von Unternehmen mit relativ vielen Anmeldungen gegenübersteht. Zudem wird deutlich, daß die Zahl der Patentanmeldungen an Standorten mit Unternehmenskonzentrationen überdurchschnittlich hoch ist (vgl. Abb. 4).

Die überproportionale Zunahme der Zahl der Patentanmeldungen mit zunehmender Konzentration der Unternehmen in Mittelhessen läßt sich auch darstellen, indem die Zahl der Patentanmeldungen pro 1000 Beschäftigte im Verarbeitenden Gewerbe 1992 auf der Basis von Landkreisen errechnet wird. Der ermittelte Quotient ist im Lahn-Dill-Kreis mit 4,2 Anmeldungen pro 1000 Beschäftigte am höchsten. Es folgt der Kreis Gießen mit 3,6 Anmeldungen, Marburg-Biedenkopf mit 3,2, Limburg-Weilburg mit 2,7 und der Vogelsbergkreis mit 1,9 Anmeldung.

Durch die regionale Zuordnung der Anzahl der Erfindungen mittelhessischer Industrieunternehmen können Konzentrationen in der Erfindungs- und Entwicklungstätigkeit festgestellt werden, die als indirekte Hinweise auf unternehmensbezogene innovationsorientierte Vernetzungen gewertet werden können. Ohne die zusätzliche Auswertung *qualitativer* Angaben aus den Patentdokumenten ist es jedoch nicht möglich, Aussagen über die Technologien zu treffen, denen die Erfindungen zugrunde liegen. Durch die inhaltliche Auswertung der Patentdokumente werden im folgenden Informationen über die technologischen Bereichen gewonnen, auf die sich die Erfindungs- und Entwicklungstätigkeit der Unternehmen bezieht, unabhängig von ihrer sektoralen Zugehörigkeit.

10.1.4 Regionale Konzentrationen gleicher Technologien

Bevor nach regionalen Konzentrationen von Erfindungen des gleichen technologischen Bereichs gesucht wird, werden die 184 Erfindungen, die der folgenden Analyse zugrunde liegen, kurz gekennzeichnet.[73] Zu diesem Zweck erfolgt eine Einordnung der Patentanmeldungen nach der Internationalen Patentklassifikation (IPC)[74] (vgl. Abb. 38). Als Vergleich dient die entsprechende Verteilung bundesdeutscher Patentanmeldungen, wie sie für das Jahr 1983 im Rahmen einer Sonderauswertung des DPA veröffentlicht wurde (vgl. JAHRESBERICHT DES DPA 1989).[75] Überdurchschnittlich viele Unternehmen in Mittelhessen lassen Erfindungen aus den Sektionen B (Arbeitsverfahren, Transportieren) und F (Maschinenbau) schützen. Deutlich unterrepräsentiert sind demgegenüber die Sektionen C (Chemie) und H (Elektrotechnik). Erfindungen aus der Sektion D (Textil und Papier) konnten in der Untersuchungsregion nicht ermittelt werden.

Der Unterschied zwischen den beiden Datenreihen in Abb. 38 ist überwiegend darin begründet, daß im Zuge der Befragung die untersuchten Patentanmeldungen nicht proportional zu der Zahl der gesamten Patentanmeldungen in den mittelhessischen Unternehmen erfaßt wurden, sondern proportional zu der Zahl der Patentanmelder. Daher sind Wirtschaftszweige, in denen wenige Anmelder eine große Anzahl von Patentanmeldungen durchführen, bei der Auswertung unterrepräsentiert.[76]

---

[73] Zur Erfassung der 184 Patentanmeldungen vgl. Abschnitt 6.1.1
[74] Verwendet wurde die Internationale Patentklassifikation; Dritte Ausgabe; 1979
[75] Gewertet wurden hier jedoch nur alle Patentanmeldungen von Anmeldern, die mehr als 10 Erfindungen im Jahr 1983 beim DPA zum Patent angemeldet haben (vgl. GREIF/POTKOWIK 1990: 21f.).
[76] Zur unterschiedlichen Patentanmeldefreudigkeit der Unternehmen je nach sektoraler Zugehörigkeit vgl. Tab. 5

Da 1994 rund 15% aller bundesdeutschen Patente beim DPA von nur 10 Großunternehmen der Chemie und der Elektrotechnik angemeldet wurden (vgl. JAHRESBERICHT 1995), erscheint die Anteile der Anmeldungen aus den Sektionen C (Chemie) und H (Elektrotechnik) der IPC in der Bundesrepublik Deutschland im Verhältnis zu den erfaßten Anteilen in der Untersuchungsregion besonders groß. Umgekehrt sind die Verhältnisse bei den Anmeldungen aus den Sektionen B (Arbeitsverfahren, Transportieren) und F (Maschinenbau), die zum größten Teil den Wirtschaftszweigen Werkzeug-, Maschinen- und Fahrzeugbau zuzuordnen sind. Die Anzahl der Patentanmeldungen pro Unternehmen ist bei den Unternehmen dieser Wirtschaftszweige niedriger. Die beobachteten Differenzen werden dadurch verstärkt, daß von dem aktivsten Patentanmelder der Untersuchungsregion, der Behringwerke AG, kein „Patentfragebogen" ausgefüllt wurde.

Der Vorteil dieser Erfassungsmethode liegt darin, daß jedes befragte Unternehmen die Möglichkeit hat, Angaben zu den Technologien zu machen, auf die sich seine Erfindungs- und Entwicklungstätigkeiten beziehen. Konzentrationen gleicher technologischer Bereiche können daher unabhängig von der Größe und der sektoralen Zugehörigkeit der Unternehmen gemessen werden.

Abb. 38: Anteile der erfaßten Patentanmeldungen in Mittelhessen von 1980 bis 1993 sowie in der Bundesrepublik Deutschland (alt) 1983 nach den Sektionen der IPC

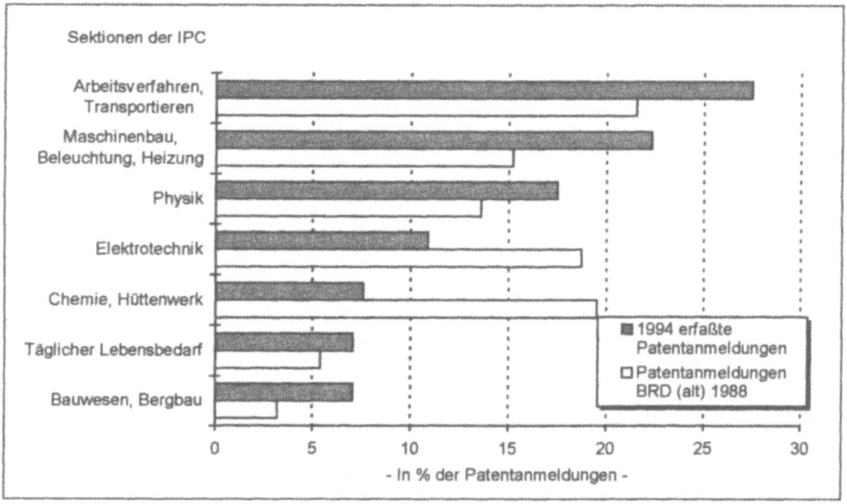

Datengrundlage: Jahresbericht des DPA 1993: 16f.; Eigene Erhebung

Der größte Anteil der Anmeldungen aus der Sektion A (Täglicher Lebensbedarf) stammt in Mittelhessen von Unternehmen der Wirtschaftszweige Herstellung von EBM-Waren und Möbelbau. Die meisten Anmeldungen der Sektion B (Arbeitsverfahren; Transportieren) werden von den Unternehmen der Wirtschaftszweige Maschinenbau, Kunststoffverarbeitung und Herstellung von EBM-Waren, die meisten der Sektion C (Chemie) von chemischen Unternehmen oder privaten Labors, die meisten der Sektion E (Bauwesen; Bergbau) von Unternehmen des Maschinen- und Werkzeugbaus und die meisten der Sektion F (Maschinenbau; Beleuchtung; Heizung; Waffen; Sprengen) von Unternehmen der Wirtschaftszweige Maschinenbau und Elektrotechnik angemeldet. Die Anmeldungen aus der Sektion G (Physik) erfolgen häufig von Unternehmen der Wirtschaftszweige

Feinmechanik/Optik und Elektrotechnik, die Anmeldungen der Sektion H (Elektrotechnik) werden fast nur von Unternehmen der Elektrotechnik durchgeführt.[77]

Als Ergebnis kann festgehalten werden, daß sich die Erfindungs- und Entwicklungstätigkeiten der patentanmeldenden Unternehmen in Mittelhessen besonders häufig auf den technologischen Bereich der Sektion B (Arbeitsverfahren; Transportieren) beziehen. In diese Sektion fallen als wichtigste Untersektionen in Mittelhessen: Trennen und Mischen; Formgebung und Transportieren. Die Sektion F (Maschinenbau; Beleuchtung; Heizung; Waffen; Sprengen) wird in Mittelhessen fast ausschließlich durch Erfindungen aus der Untersektion Maschinenbau und in geringem Ausmaß aus der Untersektion Heizung geprägt. Bemerkenswerterweise melden nur wenige Unternehmen in der Region Erfindungen aus der Sektion H (Elektrotechnik) zum Patent an, obgleich die Unternehmen des Wirtschaftszweigs Elektrotechnik die größte Zahl der Patentanmelder und der Patentanmeldungen stellen. Der Grund dafür besteht zum Teil darin, daß die Untersektion Instrumente (Messen, Prüfen, Optik, etc.), in die viele Erfindungen der elektrotechnischen Unternehmen aus dem Raum Wetzlar fallen, der Sektion G (Physik) zugeordnet ist.

Die Ergebnisse zeigen, daß sich die Erfindungs- und Entwicklungsaktivitäten von Unternehmen des gleichen Wirtschaftszweigs zum Teil auf vollkommen unterschiedliche technologische Bereiche beziehen, während andererseits Unternehmen, die unterschiedlichen Wirtschaftszweigen angehören, ihre Innovationsaktivitäten auf die gleichen technologischen Bereiche konzentrieren. Es ist daher nicht auszuschließen, daß es regionale Konzentrationen bestimmter technologischer Bereiche gibt, die sich aus der Branchenzugehörigkeiten der Unternehmen nicht ablesen lassen. So kann Tab. 5 dahingehend interpretiert werden, daß sich die Erfindungs- und Entwicklungstätigkeiten der Unternehmen aus der Branche „Maschinenbau" überwiegend nur im IHK-Bezirk Dillenburg auf den technologischen Bereich „Maschinenbau" beziehen, während in den Bezirken Gießen, Marburg und Limburg eher der Bereich „Arbeitsverfahren, Transportieren" im Mittelpunkt der Erfindungstätigkeiten steht.

Durch die Zuordnung der Erfindungen der Sektion „Physik" zu den patentanmeldenden Unternehmen im IHK-Bezirk Wetzlar wird ersichtlich, daß sich die Erfindungstätigkeiten der Unternehmen unterschiedlicher Branchen (Elektrotechnik, Maschinenbau, Feinmechanik/Optik) auf denselben technologischen Bereich beziehen. Die so gemessenen Konzentrationen gleicher Technologien, insbesondere der Physik in Wetzlar, sind weder amtlichen Statistiken noch öffentlich zugänglichen Unternehmensangaben zu entnehmen.

Als Fazit kann festgehalten werden, daß eine Reihe indirekter Hinweise auf regionale unternehmensbezogene Vernetzungen in Teilräumen Mittelhessens schließen lassen:

- Durch die Ermittlung der Standortquotienten für ausgewählte Wirtschaftszweige in den Landkreisen Mittelhessens auf der Basis der Sozialversicherungspflichtig Beschäftigten im Verarbeitenden Gewerbe 1994 lassen sich Konzentrationen in der Eisenverarbeitenden Industrie und im Wirtschaftszweig Feinmechanik/Optik ermitteln. Während sich die Eisenverarbeitende Industrie sowohl in den Landkreisen Lahn-Dill und Marburg Biedenkopf konzentriert, sind überdurchschnittlich viele Beschäftigte des Wirtschaftszweigs Feinmechanik/Optik in den Landkreisen Gießen und ebenfalls Lahn-Dill beschäftigt.

---

[77] Zur Zusammenführung der Internationalen Patentklassifikation und der Systematik der Wirtschaftszweige vgl. GREIF/POTKOWIK (1990)

• Der Saldo aus Betriebsneugründungen und -schließungen zeigt Konzentrationen des positiven Saldos entlang einer Achse von Haiger nach Gießen und im westlichen Teil des Landkreises Marburg-Biedenkopf.

Tab. 5: Anteile der erfaßten Patentanmeldungen in Mittelhessen von 1980 bis 1993 nach den Sektionen der IPC

Klasse nach IPC	Patentanmeldungen pro IHK-Bezirk									
	Gießen		Marburg		Wetzlar		Dillenburg		Limburg	
	absolut	in %	absolut	in %	absolut	in %	absolut	in %	absolut	in %
Täglicher Lebensbedarf	4	9	0	0	1	2	5	10	3	17
Arbeitsverfahren, Transportieren	16	34	5	31	8	15	15	30	6	33
Chemie	3	6	4	25	3	6	5	10	0	0
Bauwesen	6	13	0	0	4	8	3	6	2	11
Maschinenbau	7	15	2	13	7	13	19	38	5	28
Physik	5	11	1	6	23	43	0	0	2	11
Elektrotechnik	6	13	4	25	7	13	3	6	0	0
Gesamt	47	100	16	100	53	100	50	100	18	100

Datengrundlage: Eigene Erhebung

• Die Erfindungen der patentanmeldenden Unternehmen konzentrieren sich ebenfalls entlang der Achse von Haiger nach Gießen sowie punktuell im Raum Marburg und im Raum Biedenkopf. Gleichzeitig wird deutlich, daß die Zahl der Patentanmeldungen und somit die meßbaren Ergebnisse der Erfindungs- und Entwicklungstätigkeiten im Verarbeitenden Gewerbe in Mittelhessen mit der räumlichen Konzentration der Unternehmen überproportional zunehmen.

• Die Technologien, auf die sich die Erfindungs- und Entwicklungstätigkeiten der Unternehmen beziehen, zeigen ebenfalls räumliche Konzentrationstendenzen. Insbesondere sind dieses Konzentrationen der Technologien „Arbeitsverfahren und Transportieren" in den IHK-Bezirken Gießen, Marburg und Limburg sowie „Physik" in Wetzlar und „Maschinenbau" in Dillenburg. Die Technologien werden oftmals unabhängig von der sektoralen Zugehörigkeit der Unternehmen verwendet. Dies hat zur Folge, daß die oben ermittelten Standortquotienten - d.h. die Beschäftigtendaten - auf andere Konzentrationen in Mittelhessen hinweisen als die Angaben zu den technologischen Bereichen, auf die sich die Erfindungs- und Entwicklungstätigkeit der Unternehmen bezieht.

Die ermittelten Konzentrationen deuten auf mögliche regionale unternehmensbezogene Vernetzungen im Dilltal, insbesondere in Wetzlar sowie in Marburg, Gießen, Biedenkopf, und Limburg hin, während die eher punktuellen Verteilungen von Erfindungen und neugegründeten Betrieben sowie die heterogene sektorale Wirtschaftsstruktur in den anderen Räumen Mittelhessens darauf hindeuten, daß sich dort keine regionalen Netzwerke entwickelt haben.

10.2 Direkte Hinweise auf institutionalisierte Vernetzungen

Im Anschluß an die Suche nach indirekten Hinweisen auf unternehmensbezogene Vernetzungen durch die Auswertung sekundärstatistischer Daten, werden aus den Ergebnissen der Unternehmensbefragung direkte Hinweise auf Vernetzungen in der Region abgeleitet. Hierbei wird zwischen direkten Hinweisen auf *institutionalisierte bzw. formelle* und auf *nicht-institutionalisierte* bzw. *informelle* unternehmensbezogene Vernetzungen unterschieden. Abb. 39 zeigt, welche Faktoren im einzelnen überprüft werden, um direkte Hinweise auf unternehmensbezogene Vernetzungen in Mittelhessen zu finden.

Abb. 39: Direkte Hinweise auf Vernetzungen

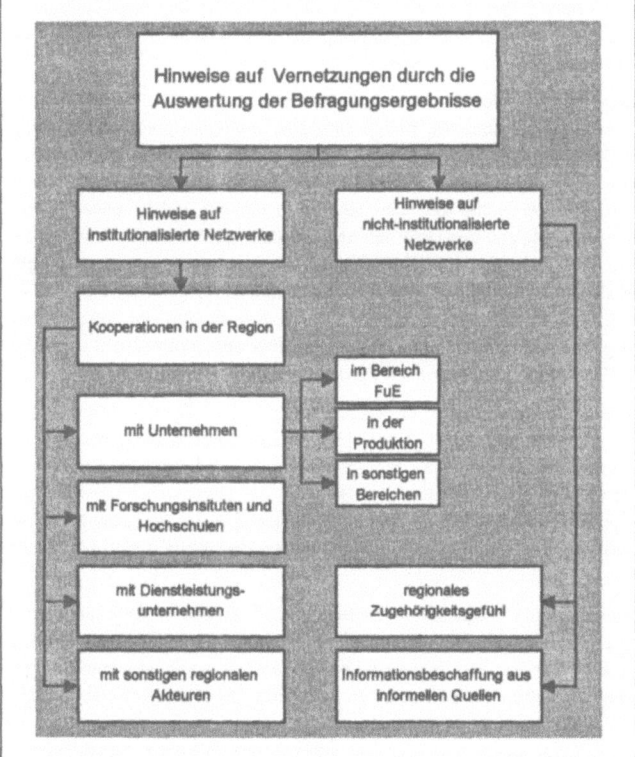

Quelle: Eigene Darstellung

Zwar werden sowohl Hinweise auf institutionalisierte als auch auf nicht-institutionalisierte Vernetzungen in Mittelhessen gesucht, es ist jedoch in der Praxis oftmals nicht möglich, beide Formen einer Vernetzung voneinander zu trennen. Daher muß im folgenden damit gerechnet werden, daß bei der Suche nach institutionalisierten Vernetzungen auch Hinweise auf nicht-institutionalisierte

gefunden werden oder daß in umgekehrter Weise mit möglichen nicht-institutionalisierten Netzwerken auch bedeutende Bestandteile institutionalisierter erfaßt werden.

10.2.1 Regionale Konzentrationen von Forschungs- und Entwicklungsaktivitäten

Die Inanspruchnahme von FuE bei der Einführung neuer *Produkte* in den Jahren von 1989 bis
1993 erfolgte nicht in jedem Teilraum des Untersuchungsgebiets in gleicher Weise.[78] Mit knapp
50% betrieben im Lahn-Dill-Kreis besonders viele der befragten patentanmeldenden Unternehmen
Forschung, um Produktinnovationen realisieren zu können. Mit 41% war der entsprechende Anteil
in Marburg-Biedenkopf bereits deutlich niedriger. Im Kreis Gießen lag er bei 33% und im Kreis
Limburg-Weilburg nur noch bei 25%. Im Vogelsbergkreis gab kein Unternehmen an, in diesem
Zusammenhang geforscht zu haben. Der Anteil der Unternehmen, die für die Entwicklung neuer
Prozesse Forschung beansprucht haben, ist demgegenüber in allen Landkreisen (außer dem Vo-
gelsbergkreis) nahezu gleich groß.

Besonders deutlich machen sich die regionalen Unterschiede durch die Zuordnung der Antworten
zu den IHK-Bezirken bemerkbar (vgl. Abb. 40). Knapp 64% aller befragten patentanmeldenden
Unternehmen im IHK-Bezirk Wetzlar gaben an, in den Jahren von 1989 bis 1993 für die Einführung und Herstellung neuer *Produkte* Eigenforschung (interne Forschung) betrieben zu haben.
Externe Forschung war bei rund der Hälfte der Unternehmen in diesem Bezirk notwendig, um
neue Produkte herstellen zu können. Von den Unternehmen, die der Geschäftsstelle Marburg der
IHK Kassel zugehörig sind, forschten mit 40% schon deutlich weniger intern und mit rund 20%
extern. Im Bezirk der IHK Dillenburg liegen die entsprechenden Anteilswerte mit 35% bei der internen Forschung und 26% bei der externen noch niedriger. Nur jeweils 28% der befragten patentanmeldenden Unternehmen im Bezirk der IHK Limburg und 26% der Unternehmen im Bezirk
der IHK Gießen benötigten Forschung, um ihre neuen Produkte realisieren zu können.

Auch bei der Einführung neuer *Prozesse* gaben die Unternehmen in den Bezirken Marburg und
Wetzlar besonders häufig an, Forschung zu betreiben. Hier sind die Differenzen zwischen den
Regionen jedoch weniger stark ausgeprägt als bei den Angaben zu neuen Produkten. Experimentelle Entwicklung wurde anteilsmäßig in allen fünf IHK-Bezirken der Untersuchungsregion etwa
gleich oft zur Einführung neuer Produkte benötigt. Bei der Entwicklung neuer Prozesse ist jedoch
wiederum eine stärkere Aktivität der Unternehmen in den Bezirken Wetzlar und Marburg festzustellen.

Als Ergebnis dieses Abschnitts kann festgehalten werden, daß im Bezirk Wetzlar überdurchschnittlich viele Unternehmen Forschung betreiben, um neue Produkte und Prozessen herstellen
oder einführen zu können. Anteilig besonders selten sind demgegenüber die entsprechenden Aktivitäten bei den Unternehmen in Gießen und Dillenburg zu bemerken. Die erhöhten Forschungsaktivitäten der Unternehmen, insbesondere im Kammerbezirk Wetzlar, können als Hinweise auf
innovationsorientierte Vernetzungen gewertet werden. Um weitere Hinweise auf unternehmensbezogene Vernetzungen dieser Art zu erhalten, wird im folgenden gezielt nach verschiedenen Formen *extern* durchgeführter FuE-Aktivitäten gefragt.

---

[78]   Zur Rolle der FuE bei der Einführung von Innovationen vgl. Abschnitt 9

Abb. 40: Forschung für neue Produkte und Prozesse in den befragten patentanmeldenden Unternehmen von 1989 bis 1993 nach IHK-Bezirken

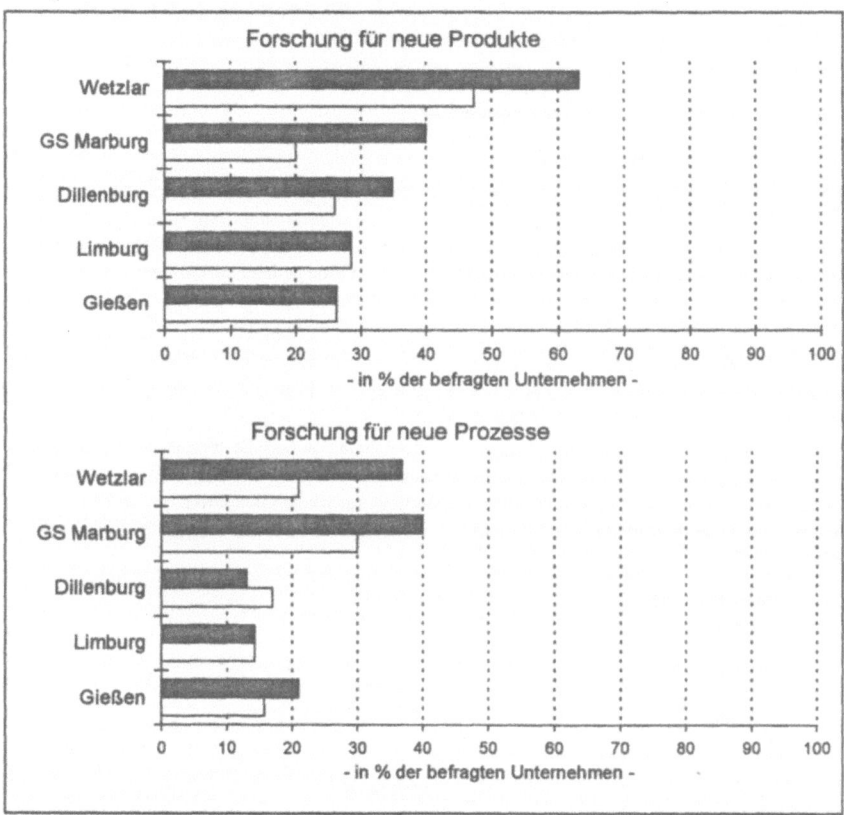

Datengrundlage: Eigene Erhebung

10.2.2 Extern durchgeführte Forschungsaktivitäten in Mittelhessen

Der Anteil der Unternehmen mit extern durchgeführten *Entwicklungstätigkeiten* ist bei den Produktinnovationen etwas höher und bei den Prozeßinnovationen etwas niedriger als bei der extern durchgeführten *Forschung*. Extern durchgeführte FuE tritt bei den befragten Unternehmen im wesentlichen in zwei Erscheinungsformen auf:

• Externe FuE durch *Auftragsvergabe* und

• Externe FuE durch *Zusammenarbeit* (Kooperation).

10.2.2.1 Durch die Vergabe von Forschungsaufträgen

Von den befragten patentanmeldenden Unternehmen in Mittelhessen wurden drei wichtige Ziel-
gruppen genannt, an die Forschungsaufträge vergeben werden:

• An *Hochschulen* (Universitäten und Fachhochschulen)

• An *Forschungsinstitute* und *Forschungsdienstleister*

• An *andere Industrieunternehmen*

46% der befragten patentanmeldenden Unternehmen vergeben Forschungsaufträge an Hochschulen, 31% an Forschungsinstitute und 20% an andere Unternehmen (vgl. Abb. 41). Mit Ausnahme der Landkreise Limburg-Weilburg und Vogelsberg, in denen keines der befragten Unternehmen Hochschulen mit Forschungsaufträgen versieht, werden in allen Landkreisen von rund der
Hälfte der Unternehmen regelmäßig entsprechende Aufträge vergeben. Die Hochschulen *in* Mittelhessen sind dabei das Ziel für 20% der Unternehmen, während an die Hochschulen *außerhalb*
Mittelhessens von rund 37% der Unternehmen Forschungsaufträge vergeben werden.

Während jedoch der Anteil der Unternehmen, die Aufträge an Hochschulen *in* Mittelhessen vergeben, in den Landkreisen Gießen, Lahn-Dill und Marburg-Biedenkopf jeweils gleich groß ist, können
bei der Vergabe von Forschungsaufträgen an Hochschulen *außerhalb* Mittelhessens regionale
Unterschiede beobachtet werden. Im Lahn-Dill-Kreis und im Kreis Marburg-Biedenkopf werden
von fast 50% der Unternehmen Hochschulen außerhalb der Region beauftragt, in Gießen jedoch
nur von rund einem Viertel der Unternehmen.

**Abb. 41: Externe Forschung durch Auftragsvergabe bei den befragten Unternehmen in Mit-
telhessen 1994**

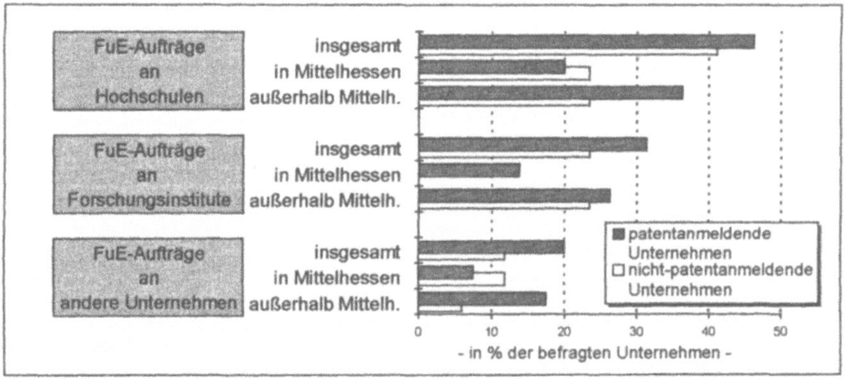

Datengrundlage: Eigene Erhebung

Noch deutlicher werden die Unterschiede bei der Zuordnung der Unternehmen nach IHK-Bezirken.
Von den befragten Unternehmen des IHK-Bezirks Limburg vergibt kein Unternehmen Forschungs-
aufträge an Hochschulen, während der entsprechende Anteil in den Bezirken Gießen, Wetzlar und
Marburg jeweils rund 45% und im IHK-Bezirk zu Dillenburg sogar rund 70% beträgt. Der hohe
Anteil in diesem Bezirk erklärt sich fast ausschließlich aus der Vergabe von Forschungsaufträgen
an Hochschulen, die ihren Standort *außerhalb* der Region haben. Die meisten Forschungsaufträge

an Hochschulen *in* Mittelhessen, vergeben die patentanmeldenden Unternehmen aus dem IHK-Bezirk Wetzlar.

Die beobachtete Ungleichverteilung bei der Vergabe von Forschungsaufträgen an Hochschulen läßt sich bei einer Zuordnung der befragten Unternehmen zu Wirtschaftszweigen kaum feststellen. Etwas häufiger als im Durchschnitt beauftragen die Unternehmen der Wirtschaftszweige Elektrotechnik und EBM-Waren Hochschulen außerhalb Mittelhessens mit Forschungsaufgaben. Nach den Auskünften der Befragten resultiert die Wahl der Hochschule entweder aus der Spezialisierung eines Universitätsinstituts auf bestimmte Werkstoffe[79] oder aus einem früheren Kontakt zur Hochschule, entstanden durch Studien- oder Assistenzaufenthalte der Ingenieure. Besonders die Arbeit als Assistent an den Hochschulen wird als wichtig angesehen, da sie oftmals eine wesentliche Voraussetzung für die genaue Kenntnis der materiellen und personellen Kapazitäten an den Universitäten ist.[80]

Bei einer Differenzierung der befragten Unternehmen nach Größenklassen zeigt sich, daß die Vergabe von Forschungsaufträgen an Hochschulen überwiegend entweder von kleinen Unternehmen, in denen der Geschäftsführer bzw. Gründer aus dem Umfeld einer Hochschule stammt oder von Unternehmen mit mehr als 200 Mitarbeitern vorgenommen wird. Deutlich seltener werden die entsprechenden Aufträge von der größten Gruppe der patentanmeldenden Unternehmen, den Unternehmen mit 50 bis 200 Mitarbeitern vergeben. Besonders in den Unternehmen dieser Größenklasse fehlt oftmals Personal mit eigenen Kontakten zu Hochschulen.

Insgesamt wird deutlich gemacht, daß ein persönlicher Kontakt zur Hochschule und somit deren genaue Kenntnis förderlich bei der Vergabe von Forschungsaufträgen an die Hochschulen ist. Institutionen, wie zum Beispiel Transferzentren, deren Aufgabe die Herstellung von Kontakten zwischen den Hochschulen und den Unternehmen ist, wurden entsprechend überwiegend von Vertretern der Betriebsgrößenklassen mit weniger als 200 Beschäftigten als wichtig bezeichnet, da in Unternehmen dieser Größenklassen oftmals eigene Kontakte zu Hochschulen fehlen.

Forschungsaufträge an *Forschungsinstitute* werden von 31,2% der befragten patentanmeldenden Unternehmen vergeben. Anders als bei der Vergabe von FuE-Aufträgen an Hochschulen sind hier jedoch keine ausgeprägten regionalen Unterschiede erkennbar. Auch die Betrachtung der Unternehmen nach ihrer Größe läßt kaum Unterschiede bei der Vergabe von Forschungsaufträgen an Institute erkennen. Bei der sektoralen Zuordnung der Unternehmen fällt jedoch der Wirtschaftszweig „EBM-Waren" auf. Mit einem Anteil von fast 65% aller Befragten aus diesem Bereich vergeben die Unternehmen überdurchschnittlich häufig FuE-Aufträge an Institute. Hierbei handelt es sich oftmals um Werkstoffuntersuchungen in spezialisierten Labors.

Bei der Zuordnung der Unternehmen, die Forschungsaufträge an andere *Industrieunternehmen* vergeben, lassen sich ebenfalls weder regionale noch sektorale Besonderheiten feststellen. Bei der Zuordnung nach Größenklassen fällt jedoch auf, daß die entsprechenden Anteile der Unternehmen mit der Größe des Unternehmens zunehmen. Einige der Befragten aus größeren Unternehmen betonten, daß sie in Zeiten günstiger Auftragslage zunehmend FuE-Aufträge an andere Unternehmen vergeben würden, um die eigenen Forschungsabteilungen nicht auf eine Größe ausdehnen zu müssen, die bei einer negativer Auftragslage zur Belastung werden könnte.

Als Fazit kann festgehalten werden, daß ein bedeutender Teil der extern durchgeführten FuE nicht in Form von Kooperationen, sondern durch die *Vergabe von Forschungsaufträgen* erfolgt. Zwar ist

---

[79] Als Beispiel wurde die Kunststoffverarbeitung an der Universität Aachen genannt
[80] Vgl. die Möglichkeiten eines Forschungstransfers in Abschnitt 3.2.2.1

oftmals ein früherer persönlicher Kontakt für die Wahl der Hochschule ausschlaggebend, in der Regel wird jedoch diejenige Hochschule ausgewählt, die fachlich am besten für eine bestimmte Problemlösung geeignet erscheint, unabhängig davon, in welcher Region sie ihren Standort hat. Während Forschungsaufträge an Hochschulen, die in der Region Mittelhessen ihren Standort haben, besonders häufig von den Unternehmen in Wetzlar vergeben werden, können bei der Vergabe von Forschungsaufträgen an Forschungsinstitute oder andere Industrieunternehmen praktisch keine ungleichen regionalen Verteilungsbilder festgestellt werden.

10.2.2.2 Durch Zusammenarbeit mit Hochschulen

Eine größere Bedeutung als der *Auftragsvergabe* wird von den Befragten der *Zusammenarbeit* mit Hoch- und Fachhochschulen sowie mit Unternehmen im Bereich FuE beigemessen. *Zusammenarbeit* wird hier als langfristiger Prozeß zwischen gleichberechtigten Partnern angesehen; die *Auftragsvergabe* hingegen bezieht sich auf isolierte Problemstellungen, ist eher kurzfristig und der Wissenstransfer überwiegend einseitig.

Von den befragten patentanmeldenden Unternehmen arbeiten über die Hälfte (52,5%) mit Hoch- und Fachhochschulen zusammen. Demzufolge sind die Unternehmen eher zu einer Zusammenarbeit mit Hoch- und Fachhochschulen bereit, als Forschungsaufträge an dieselben zu vergeben. Da die Anzahl der Unternehmen, die mit Hoch- und Fachhochschulen *in* der Region Mittelhessen zusammenarbeiten, größer ist als die Zahl der Unternehmen, die ihren entsprechenden Partner *außerhalb* der Region gesucht haben, kann davon ausgegangen werden, daß die räumliche Nähe und die Kenntnis der Hochschule wichtige Elemente einer Zusammenarbeit zwischen Unternehmen und Hochschulen sind.

Auch für Unternehmen, die nicht mit Hoch- und Fachhochschulen *in* Mittelhessen zusammenarbeiten, kann die räumliche Nähe zum Partner von Bedeutung sein. So orientieren sich einige Unternehmen in den Randbereichen der Untersuchungsregion zum Beispiel auf die Fachhochschulen Siegen oder Fulda. Beide Institutionen liegen zwar nicht in der Region Mittelhessen, jedoch in räumlicher Nähe zu den Unternehmen.

Abb. 42 macht deutlich, daß die Anteile der Unternehmen, die mit Hoch- und Fachhochschulen *in* der Region zusammenarbeiten, in den IHK-Bezirken Gießen und Wetzlar besonders groß sind, während die Unternehmen in den IHK-Bezirken Marburg und Dillenburg überwiegend mit Hochschulen zusammenarbeiten, die ihren Standort *außerhalb* der Region haben.

Für die Orientierung auf Hoch- und Fachhochschulen *außerhalb* Mittelhessens wurden insbesondere zwei Gründe genannt: Der erste Grund ist, daß Hochschulen für eine Zusammenarbeit ausgewählt werden, die den Entscheidungsträgern im Unternehmen aufgrund ihrer eigenen Studienzeit bekannt sind, während der zweiter Grund in der Spezialisierung einiger Hochschulen zu sehen ist.

Generell können die Untersuchungsergebnisse von MANSFIELD (1991) und FELDMAN/FLORIDA (1994) bestätigt werden (vgl. Abschnitt 3.2.2.1). Auch die Unternehmen in Mittelhessen neigen offensichtlich dazu, möglichst die räumlich nächstgelegenen Hochschulen als Partner für eine Zusammenarbeit in Betracht zu ziehen. Da Mittelhessen jedoch über keine technischen Universitäten verfügt, wird hauptsächlich die Fachhochschule Gießen-Friedberg als Partner ausgewählt. Auf diese Weise kann die Konzentration der Unternehmen aus den Bezirken Gießen und Wetzlar auf Hoch- und Fachhochschulen *in* der Region erklärt werden.

Abb. 42: Zusammenarbeit der befragten patentanmeldenden Unternehmen mit Hoch- und Fachhochschulen nach IHK-Bezirken 1994

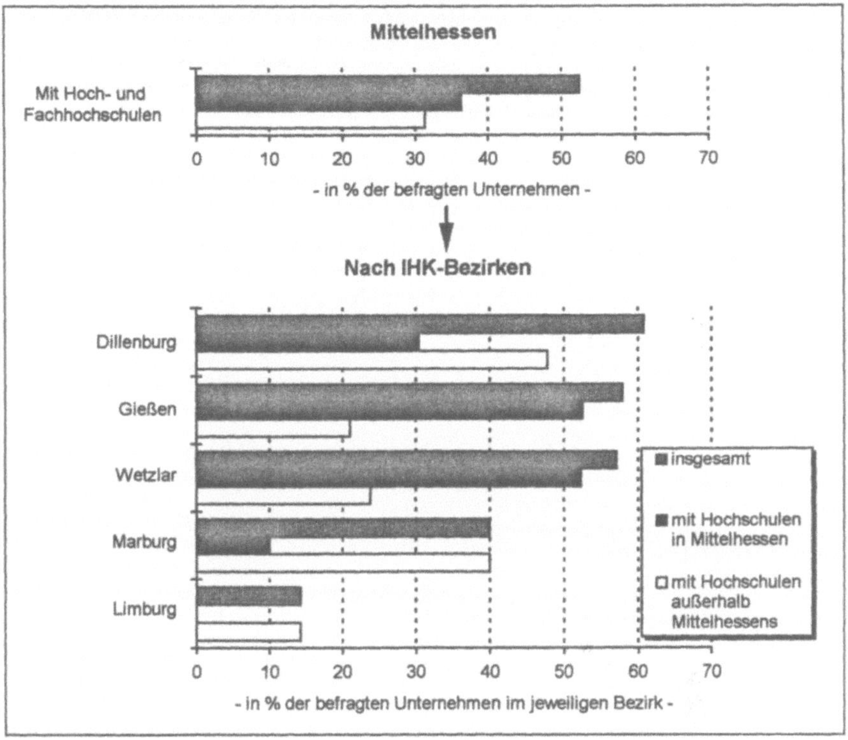

Quelle: Eigene Erhebung

10.2.2.3 Durch Zusammenarbeit mit anderen Industrieunternehmen im Bereich FuE

Rund 50% aller befragten Unternehmen in Mittelhessen arbeiten mit anderen Industrieunternehmen im Bereich FuE zusammen. Abb. 43 zeigt jedoch, daß nur 19% der Unternehmen mit Forschungspartnern *in* Mittelhessen zusammenarbeiten, während rund 45% ihre Partner außerhalb der Region suchen.

Bei der Zusammenarbeit der patentanmeldenden Unternehmen mit anderen Unternehmen im Bereich FuE sind ebenfalls deutliche regionale Unterschiede zu erkennen. Während in den IHK-Bezirken Wetzlar, Marburg, Limburg und Dillenburg jeweils rund 50 - 60% der Unternehmen im Bereich FuE mit anderen Unternehmen zusammenarbeiten, liegt der entsprechende Anteil mit 33% im Bezirk Gießen deutlich niedriger. Besonders auffällig ist in Abb. 43 die ungleiche Verteilung der Unternehmen, die *innerhalb* der Region Mittelhessen im Bereich FuE mit anderen Unternehmen zusammenarbeiten. Rund 48% der befragten Unternehmen im Bezirk Wetzlar forschen gemeinsam mit Unternehmen, die ihren Standort innerhalb der Region und zumeist in direkter räumlicher Nähe haben. Dieser Anteil liegt weit über den entsprechenden von 13% in Limburg, 10% in Gießen, 9% im Bezirk der IHK zu Dillenburg und keinem Unternehmen im Bezirk der IHK-Geschäftsstelle Marburg.

Abb. 43: Zusammenarbeit der patentanmeldenden Unternehmen in Mittelhessen mit anderen Unternehmen im Bereich FuE nach IHK-Bezirken 1994

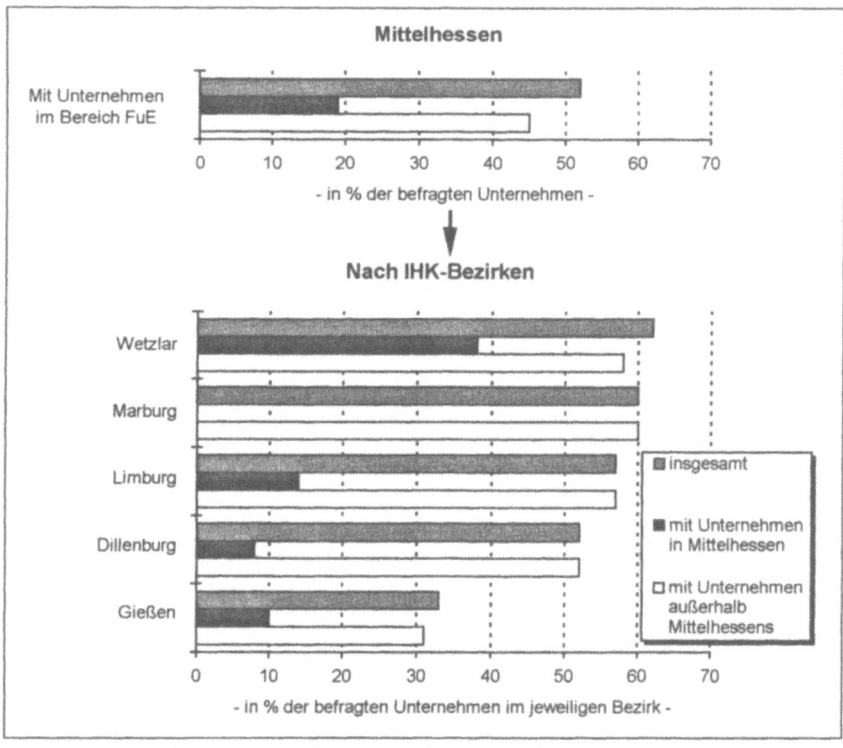

Quelle: Eigene Erhebung

Die überdurchschnittlich häufige Zusammenarbeit im Bereich FuE zwischen den Unternehmen des Bezirks Wetzlar und anderen Unternehmen aus der Region Mittelhessen läßt sich weder durch die Konzentration eines Wirtschaftszweigs in der Region noch durch die Größenstruktur der Unternehmen erklären, da die betroffenen Unternehmen mehreren Wirtschaftszweigen angehören und unterschiedlich groß sind. Sie läßt sich vielmehr mit großer Wahrscheinlichkeit einerseits dadurch erklären, daß die betroffenen Unternehmen ähnliche Technologien verwenden (vgl. Tab. 4) und andererseits dadurch, daß in Wetzlar regionale unternehmensbezogene Vernetzungsstrukturen ausgebildet sind (vgl. Abschnitt 10.3).

Insgesamt gibt Abb. 43 einen direkten Hinweis auf institutionalisierte unternehmensbezogene Vernetzungen im Forschungsbereich innerhalb des IHK-Bezirks Wetzlar. Da innovative Netzwerke in ihrer Einbettung in das regionale Umfeld der Unternehmen als *kreative* oder *innovative Milieus* bezeichnet werden können, ist es darüber hinaus möglich, aus Abb. 43 erste indirekte Hinweise auf ein sogenanntes *innovatives Milieu* abzuleiten.

Interessant ist der Vergleich zwischen den Antworten der patentanmeldenden und der nicht-patentanmeldenden Unternehmen in Mittelhessen (vgl. Abb. 44). Insgesamt arbeiten rund doppelt so viele patentanmeldende Unternehmen mit Hoch- und Fachhochschulen sowie anderen Unternehmen zusammen wie nicht-patentanmeldende Unternehmen. Offensichtlich hat demzufolge eine Forschungszusammenarbeit zwischen diesen Partnern positive Auswirkungen auf den FuE-Output der Unternehmen.

Bemerkenswert ist jedoch, daß der Anteil der nicht-patentanmeldenden Unternehmen, die im Bereich der FuE mit anderen Industrieunternehmen *innerhalb* der Region zusammenarbeiten, größer ist als der entsprechende Anteil bei den patentanmeldenden Unternehmen (vgl. Abb. 44). Gemessen am FuE-Output ist demzufolge eine regionale innovationsorientierte Vernetzung zwischen Unternehmen weniger „produktiv" als eine überregionale Vernetzung.

Abb. 44: Forschungszusammenarbeit der befragten Unternehmen in Mittelhessen nach dem Standort der Partner

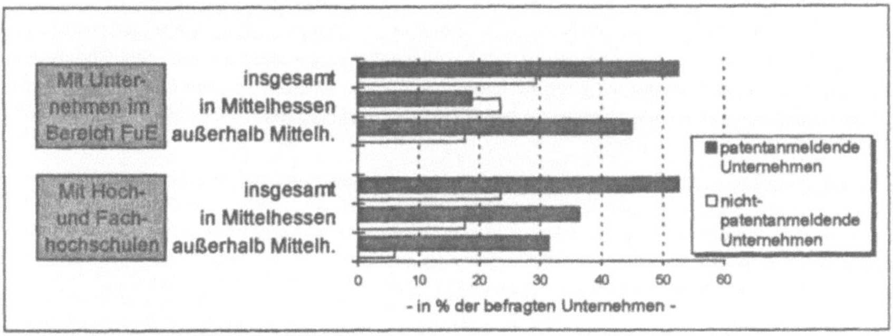

Datengrundlage: Eigene Erhebung

Als wichtige Ergebnisse des Abschnitts lassen sich folgende Punkte festhalten:

- Patentanmeldende und demzufolge erfindungsaktive Unternehmen arbeiten deutlich häufiger mit Hoch- und Fachhochschulen sowie mit anderen Unternehmen im Bereich FuE zusammen als nicht-patentanmeldende Unternehmen.

- Im IHK-Bezirk Wetzlar sind innovationsorientierte institutionalisierte Vernetzungen zwischen Unternehmen besonders häufig anzutreffen. Sie können auf die Existenz eines „*innovativen Netzwerkes*" und eines sogenannten „*kreativen Milieus*" hinweisen.

- Überregionale Vernetzungen im Forschungsbereich sind für die erfindungsaktiven Unternehmen in Mittelhessen offenbar von größerer Bedeutung als regionsinterne Vernetzungen.

10.2.2.4 Durch Zusammenarbeit in der Produktion und der Weiterbildung

Verflechtungen zwischen Unternehmen sind jedoch nicht nur im Bereich FuE denkbar. Als Schwerpunkte weiterer Zusammenarbeit wurden von den Befragten die *Produktion* und die *Wei-*

terbildung der Mitarbeiter genannt. Eine Zusammenarbeit im Vertrieb wurde zwar mehrfach als wünschenswert bezeichnet, Hinweise darauf ließen sich jedoch nur in einem Fall finden. Dies betraf den „Arbeitskreis Zulieferer in Hessen", der jedoch zum Zeitpunkt der Befragung nicht aktiv war.

Die Kooperationspartner im Bereich der *Produktion* befinden sich bei knapp 40% der befragten Unternehmen *außerhalb* der Region und bei rund 20% *in* der Region Mittelhessen. Außer im IHK-Bezirk Wetzlar ist der Anteil der Unternehmen, die im Bereich der Produktion mit anderen Unternehmen kooperieren, in allen Regionen etwa gleich groß. Der etwas höhere Anteil im Bezirk Wetzlar läßt sich auf den großen Anteil der Unternehmen des Wirtschaftszweigs Feinmechanik/Optik in dieser Region zurückführen, da alle befragten Unternehmen dieses Wirtschaftszweigs im Bereich der Produktion mit anderen Unternehmen zusammenarbeiten.

Im Bereich der *Weiterbildung* von Mitarbeitern arbeiten rund 32% aller befragten Unternehmen mit anderen Unternehmen zusammen. Die Weiterbildung betrifft sowohl gemeinsam organisierte Weiterbildungsangebote für Unternehmen gleicher oder ähnlicher Branchen als auch eine gemeinsame Weiterbildung im Rahmen von Zulieferbeziehungen. Einige der Befragten erklärten, daß ihre Mitarbeiter bei den Zulieferem oder den Abnehmern geschult werden, um den gemeinsamen Produktionsprozeß für alle Mitarbeiter transparent zu machen. Die Partner für eine Zusammenarbeit im Bereich der Weiterbildung haben ihren Standort überwiegend außerhalb der Region Mittelhessen. Da die Unternehmen des Wirtschaftszweigs Maschinenbau ihre Mitarbeiter besonders häufig gemeinsam mit ihren Kooperationspartnern schulen, tritt eine leichte Konzentration der entsprechenden Unternehmen im IHK-Bezirk zu Dillenburg auf.

10.2.2.5 Vertikal und horizontal ausgerichtete Zusammenarbeit

Eine Zusammenarbeit oder Kooperation ist in einer Vielzahl von Varianten und Abstufungen möglich. Daher reicht es nach FRITSCH (1995) nicht aus, nur die Bereiche zu ermitteln, in denen mit anderen Unternehmen zusammengearbeitet wird, sondern darüber hinaus muß die Form der Verbindung zum Partner analysiert werden. Um die Verbindung zum jeweiligen Partner in differenzierter Weise ermitteln zu können, wurde gefragt, ob das kooperierende Unternehmen der gleichen Branche, dem gleichen vertikalen Produktionsbereich, beiden Bereichen zusammen oder keinem dieser beiden Bereiche angehört. Als Ziel dieser Frage soll ergründet werden, ob eher *horizontal* oder eher *vertikal* ausgerichtete Vernetzungen zwischen den Unternehmen bestehen. Während *vertikale* Verbindungen zwischen zwei Unternehmen auf Zulieferbeziehungen hindeuten, lassen *horizontale* Beziehungen in diesem Zusammenhang auf eine Zusammenarbeit zwischen Wettbewerbern schließen. Wie die Antworten von rund 8% der Befragten zeigen, ist es durchaus möglich, daß zusammenarbeitende Unternehmen sowohl der gleichen Branche als auch dem gleichen vertikalen Produktionsbereich angehören.

Wenn die Zusammenarbeit zwischen Unternehmen überwiegend vertikal ausgerichtet ist, so kann dies zum Beispiel einen Hinweis darauf geben, daß auch in räumlichen Einheiten mit heterogenen Wirtschaftsstruktur unternehmensbezogene Vernetzungsstrukturen ausgebildet sein können.

Von den befragten 80 Unternehmen arbeiten insgesamt 53 mit anderen Unternehmen zusammen. Von diesen 53 Unternehmen kooperieren 53% mit Unternehmen der gleichen Branche und 36% mit Unternehmen des gleichen vertikalen Produktionsbereichs. Rund 30% der Kooperationspartner gehören keinem der beiden Bereiche an. Die Differenz zu 100% ergibt sich aus dem Anteil der Unternehmen, deren Partner beiden Bereichen zugehörig sind.

Bei der Zuordnung der Unternehmen, die mit anderen Unternehmen zusammenarbeiten, können folgende regionale Besonderheiten festgestellt werden:

- Für die Zusammenarbeit im Bereich FuE wählen die Unternehmen aus dem Lahn-Dill-Kreis ihre Partner überwiegend dann aus der eigenen Branche, wenn diese Partner ihren Standort *in* Mittelhessen haben und meistens dann aus dem gleichen vertikalen Produktionsbereich, wenn deren Standort *außerhalb* der Untersuchungsregion liegt. Eine Zusammenarbeit mit Unternehmen des gleichen vertikalen Produktionsbereichs, die *außerhalb* der Region Mittelhessen ihren Standort haben, kann zudem häufig bei den Unternehmen im Kreis Marburg-Biedenkopf festgestellt werden.

- Noch deutlicher erscheint die regionale Ungleichverteilung, wenn die Antworten den Bezirken der Industrie- und Handelskammern zugeordnet werden. Während die Unternehmen im Bezirk Wetzlar häufig mit Partnern der gleichen Branche innerhalb der Region Mittelhessen im Bereich FuE zusammenarbeiten, konzentriert sich die Zusammenarbeit der Unternehmen im Bezirk Dillenburg häufig auf die Produktion, wobei die Partner sich zumeist aus Unternehmen des gleichen vertikalen Produktionsbereichs mit Standort außerhalb der Untersuchungsregion zusammensetzen.

- Die Unternehmen aus den IHK-Bezirken Marburg und Wetzlar arbeiten im Bereich der Produktion überwiegend mit Unternehmen der gleichen Branche außerhalb Mittelhessens zusammen.

- Bei der Zusammenarbeit mit anderen Unternehmen in der Weiterbildung von Mitarbeitern fallen ebenfalls die Unternehmen aus den Kreisen Marburg-Biedenkopf und Lahn-Dill auf. In beiden Kreisen ist der Anteil der Unternehmen überdurchschnittlich groß, die sich zur Weiterbildung ihrer Mitarbeiter Partner des gleichen vertikalen Produktionsbereichs außerhalb der Region gesucht haben. Besonders im Bezirk der IHK zu Dillenburg bezieht sich die Zusammenarbeit häufig auf den Bereich der Weiterbildung von Mitarbeitern. Fast alle Partner dieser Unternehmen gehören dem gleichen vertikalen Produktionsbereich an und haben ihren Standort etwa zu gleichen Teilen innerhalb und außerhalb der Region.

Die Auswertung dieses Verteilungsbildes läßt folgende Annahmen zu:

- Grundsätzlich wird deutlich, daß sich die Bezirke der Industrie- und Handelskammern bei der Analyse von Standorten vernetzter Unternehmen aufgrund einer großen Homogenität der Antworten innerhalb der Bezirke bei deutlichen Abgrenzungen gegenüber anderen Bezirken, besser als Untersuchungsregionen eignen als die Landkreise Mittelhessens.

- Die Unternehmen aus den IHK-Bezirken Wetzlar und Dillenburg arbeiten überdurchschnittlich häufig mit anderen Industrieunternehmen zusammen. Die Bereiche, auf die sich diese Zusammenarbeit bezieht, sind jedoch in den beiden Bezirken unterschiedlich:

  - Bei den Unternehmen aus dem Bezirk Wetzlar konzentriert sich die Zusammenarbeit auf die *Forschung* und auf Partner aus der *gleichen Branche*. Darüber hinaus hat auch die Zusammenarbeit in der Produktion bei den Unternehmen im Bezirk Wetzlar einen höheren Stellenwert als bei den anderen mittelhessischen Unternehmen. Da in Abschnitt 10.2.2.3 festgestellt wurde, daß die befragten patentanmeldenden Unternehmen, die in der FuE mit anderen Industrieunternehmen in Wetzlar zusammenarbeiten, nicht dem gleichen Wirtschaftszweig, jedoch einem ähnlichen technologischem Bereich angehören, kann gefolgert werden, daß in Wetzlar ein innovatives Netzwerk existiert, in das Unternehmen unterschiedlicher Wirtschaftszweige integriert sind.

-   Die Unternehmen aus dem Bezirk der IHK zu Dillenburg arbeiten demgegenüber eher mit Partnern des gleichen *vertikalen* Produktionsbereichs in der *Forschung* und in der *Produktion* zusammen. Diese Partner haben ihren Standort jedoch selten in Mittelhessen. Die meisten dieser Kooperationen sind an Produktionsketten gebunden und zeichnen sich demzufolge durch eine Zusammenarbeit zwischen Zulieferern und Abnehmern aus, unabhängig davon, wo der Partner seinen Standort hat. Diese Vernetzungen sind offensichtlich überregional ausgerichtet.

Abb. 45 zeigt die Bedeutung der räumliche Nähe bei der Auswahl möglicher Partner für eine Zusammenarbeit. Besonders wichtig ist sie bei der Zusammenarbeit zwischen Industrieunternehmen und Hoch- bzw. Fachhochschulen sowie zwischen Industrie- und Dienstleistungsunternehmen. Als Partner für eine Zusammenarbeit im Dienstleistungsbereich wurden Patentanwälte, Marktforschungsunternehmen sowie Unternehmensberater genannt. Die meisten Unternehmen, die ihre Kooperationspartner in den Dienstleistungsunternehmen außerhalb der Region Mittelhessen suchen, haben ihren Standort entweder in Randlagen der Untersuchungsregion oder sie sind in Konzerne eingebunden und müssen deren Dienstleistungsangebot bzw. -infrastruktur nutzen.

Abb. 45: Zusammenarbeit der befragten Unternehmen mit anderen Unternehmen und Institutionen 1994

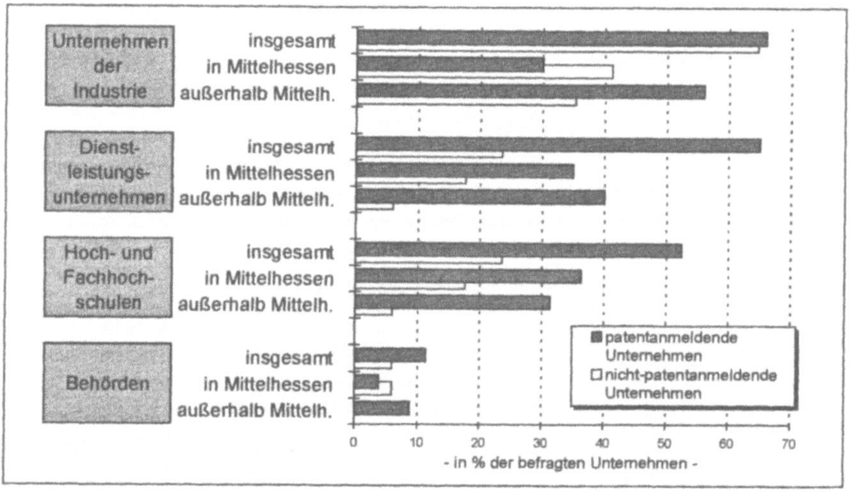

Datengrundlage: Eigene Erhebung

Nach einer Zusammenarbeit mit Behörden in der Region wurde gefragt, um die Bedeutung von Institutionen wie der LEADER GmbH (vgl. Abschnitt 10.3.3.4), die auf einer gemeinsamen Initiative von Unternehmen und Behörden aus dem Vogelsbergkreis beruht, zu erkunden. Mit Behörden arbeiten in Mittelhessen jedoch nur sehr wenige der befragten Unternehmen zusammen. Die Zusammenarbeit bezieht sich allenfalls auf Untersuchungen im Bereich Umweltschutz, auf gemeinsamen Umweltschutzmaßnahmen, auf Normierungen, etc. Die Partner befinden sich fast ausschließlich außerhalb Mittelhessens, so daß die Bedeutung der Zusammenarbeit zwischen Unternehmen und regionalen Behörden als überaus gering bezeichnet werden kann.

Interessant ist auch hier der Vergleich zwischen den Antworten der patentanmeldenden und der nicht-patentanmeldenden Unternehmen. Es arbeiten zwar nahezu ebenso viele nicht-patentanmeldende wie patentanmeldende Unternehmen mit anderen Industrieunternehmen zusammen, jedoch nur selten im Forschungsbereich. Die stärkere Zusammenarbeit der patentanmeldenden Unternehmen mit Partnern, die außerhalb der Region ihren Standort haben, zeigt die Bedeutung der überregionalen Verflechtung für innovationsaktive Unternehmen.

Besonders groß sind die Unterschiede zwischen patentanmeldenden und nicht-patentanmeldenden Unternehmen bei den Zusammenarbeit mit Dienstleistungsunternehmen und mit Hoch- und Fachhochschulen (s.o.). Offensichtlich sind Vernetzungen mit diesen Partnern eher kennzeichnend für innovative Unternehmen als Verflechtungen mit anderen Industrieunternehmen. Entsprechend kann gefolgert werden, daß Vernetzungen zwischen Unternehmen schlechthin nicht ausreichen, um den Innovationserfolg zu beeinflussen, sondern daß sie zu diesem Zweck durch Vernetzungen zu Hochschulen und Dienstleistern ergänzt werden müssen.[81]

10.3 Direkte Hinweise auf nicht-institutionalisierte Vernetzungen

10.3.1 Hinweise auf Vernetzungen durch individuelle Vorstellungen von Räumen

Um erste Hinweise auf nicht-institutionalisierte Verflechtungen zwischen den Akteuren in Mittelhessen zu erhalten, wurden die Vertreter der patentanmeldenden Unternehmen gefragt, ob sie sich einer bestimmten „Region" zugehörig fühlen. Was unter einer „Region" zu verstehen ist, wurde den Befragten dabei selbst überlassen. Das Ziel dieser Frage war die Abgrenzung von Räumen, die sich durch eine gemeinsame Vergangenheit oder aber gemeinsame Leitbilder der darin lebenden Personen definieren. Die Gemeinsamkeit kann zum Beispiel aus einer Zugehörigkeit zu ehemaligen politisch abgegrenzten Regionen in Hessen resultieren, oder aber sie basiert auf früheren Wirtschaftsräumen, die durch die Dominanz einzelner Sektoren bestimmt wurden. Es kann vermutet werden, daß sich historisch bedingte „Grenzen" auch über Generationen in lokalen Bräuchen, Traditionen und „Zugehörigkeitsgefühlen" bemerkbar machen.[82] Solche gemeinsamen „*historical roots*" sind nach SCOTT (1988) gute Voraussetzungen für die Ausbildung lokaler unternehmensbezogener Vernetzungen.

Die Anworten auf die Frage nach „Regionen", denen sich die Befragten zugehörig fühlen, zeigen, daß nur in sehr seltenen Fällen administrative Einheiten als Regionen angesehen werden. Die betroffenen Befragten bezeichneten bestimmte Landkreise und in einem Einzelfall den Regierungsbezirk Gießen als Region, der sie sich zugehörig fühlen. In seltenen Fällen bildet die jeweilige Geschäftsstelle der Industrie- und Handelskammer (IHK) das Zentrum einer eher funktionalen Region. Weit häufiger jedoch wurden homogene Regionen bestimmt, die geprägt sind durch ein eigenes Regionalbewußtsein oder durch die subjektive Wahrnehmung von einem Wirtschaftsraum. Das Regionalbewußtsein hat sich nach VAN VLIET (1995) in Teilen Mittelhessens schon seit dem 30-jährigen Krieg aufgrund der damaligen konfessionellen Grenzen entwickelt, während sich die subjektiv wahrgenommenen Wirtschaftsräume eher an der traditionellen, historischen Wirtschaftsstruktur orientieren.

---

[81] Vgl. hierzu die Ausführungen von FELDMAN (1993) zum Aufbau einer „Technologischen Infrastruktur"
[82] Zu den historischen Grenzen vgl. Abb. 2 und Abb. 3

Die Abgrenzung der Regionen wurde durch die Befragten oftmals nur wage vorgenommen, so daß eine Zuordnung einzelner Teilregionen nur unscharf erfolgen kann. Zudem wurden von einigen Unternehmen auch mehrere Zugehörigkeiten geäußert. So fühlen sich zum Beispiel einige der Befragten aus dem Raum Herborn/Dillenburg in erster Linie den Standorten ihres Unternehmenssitzes und in zweiter Linie dem Raum Siegen zugehörig.

Mit Hilfe von Angaben der befragten Unternehmen wurde Abb. 46 entwickelt. Wie sich zeigt, ragen die „Räume mit gemeinsamen Regionalbewußtsein" oftmals über die Grenzen der Planungsregion hinaus. Innerhalb Mittelhessens decken sie sich jedoch relativ gut mit den Bezirken der Industrie- und Handelskammern.

Abb. 46: Bildung von Regionen mit einem gemeinsamen Regionalbewußtsein durch die befragten patentanmeldende Unternehmen in Mittelhessen 1994/95

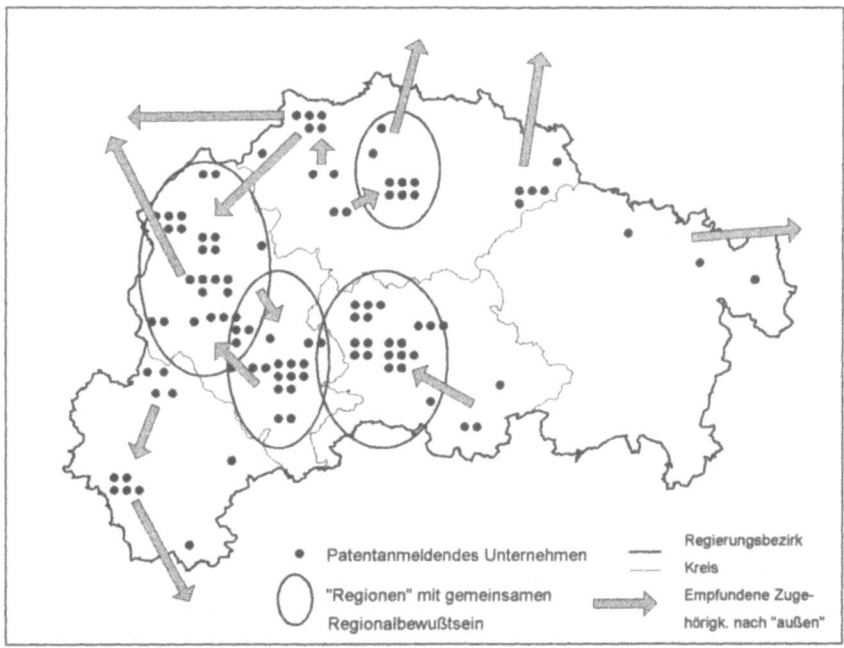

Quelle: Patentdatenbank PATDPA; Eigene Erhebung

Das Gefühl der Zugehörigkeit zu einer bestimmten Region macht sich besonders bei den Unternehmen der „Region Wetzlar" bemerkbar. Weniger ausgeprägt, jedoch noch gut abgrenzbar, kann ein solches Empfinden in den „Regionen" Herborn/Dillenburg/Haiger, Gießen und Marburg festgestellt werden. Die Überschneidungen der skizzierten „Regionen" in Abb. 46 sollen verdeutlichen, daß in den Randgebieten der „Regionen" keine genauen Zuordnungen mehr möglich sind, da sich dort teilweise auch Unternehmen, die in unmittelbarer räumlicher Nachbarschaft zueinander ihren Standort haben, unterschiedlichen Regionen zuordnen. Im einzelnen konnten im Rahmen der geschilderten Regionsabgrenzungen folgende Beobachtungen gemacht werden:

- Obgleich Gießen und Wetzlar in räumlicher Nähe zueinander liegen, gab kaum ein Unternehmen aus Gießen an, sich Wetzlar zugehörig zu fühlen. Auch umgekehrt betonten die Unternehmen aus Wetzlar überwiegend die Abgrenzung zu Gießen.

- Weder die Befragten aus Gießen noch diejenigen aus Wetzlar fühlen sich dem Raum Frankfurt zugehörig, während eine Ausrichtung nach Nordosten in Richtung auf Siegen und das Ruhrgebiet bei einigen der Unternehmen in Wetzlar und relativ vielen Unternehmen aus dem Raum Dillenburg/Herborn/Haiger festzustellen ist. Auch die Unternehmen aus dem Raum Biedenkopf sind eher in diese Richtung als nach Marburg oder Gießen orientiert. Die Ausrichtung der Unternehmen aus dem Lahn- und dem Dilltal auf den Raum Siegen und das südliche Ruhrgebiet wird auch durch die Gründung der „Region Mitte-West" durch die Industrie- und Handelskammern zwischen Gießen und dem südöstlichem Westfalen verdeutlicht (vgl. IHK'N ARNSBERG, DILLENBURG, GIEßEN, HAGEN, KASSEL, KOBLENZ, LIMBURG, SIEGEN, WETZLAR: 1994).

- Dem Rhein-Main-Gebiet fühlen sich besonders die Unternehmen des Limburger Raums verbunden. Von diesen Unternehmen wurde die Zugehörigkeit zur „Region Mittelhessen" besonders stark in Frage gestellt.

- Einige Unternehmen aus Marburg begründeten ihre Ausrichtung nach Norden mit ihrer Zugehörigkeit zum Kammerbezirk der IHK Kassel. Zwei Unternehmen fühlen sich dem Rhein-Main-Raum zugehörig. Beide sind jedoch Tochtergesellschaften dort ansässiger Konzerne.

- Auch die Unternehmen aus Stadtallendorf ordnen sich eher Kassel zu als Gießen. Im nördlichen Vogelsbergkreis wurden nur wenige Unternehmen befragt. Diese orientieren sich jedoch in Richtung Fulda.

Zu ähnlichen Ergebnissen kommt VAN VLIET (1995) im Rahmen seiner Abgrenzung von Regionen mit gleicher ökonomischer Struktur und mit gleichem Regionalbewußtsein innerhalb Mittelhessens. Die von ihm vorgenommene Abgrenzung der Regionen mit gleichem Regionalbewußtsein entspricht ebenfalls nahezu den Abgrenzungen der IHK-Bezirke. Eine Ausnahme bildet der IHK-Bezirk Gießen, der von ihm in die Regionen Gießen und Vogelsberg aufgeteilt wird.

In Abb. 47 grenzt VAN VLIET auf der Basis einer von ihm durchgeführten Befragung von Gemeindevertretern in Mittelhessen insgesamt acht Regionen mit eigenem Regionalbewußtsein in Mittelhessen ab (vgl. VAN VLIET 1995: 26f.). Als Ursache für das Regionalbewußtsein in den Teilregionen identifiziert er historische Grenzen und dadurch entstandene lokale Traditionen. Die gute Übereinstimmung mit den Grenzen der IHK-Bezirke resultiert aus der Tatsache, daß die IHK-Bezirke auf der Basis der alten Landkreise, wie sie vor der kommunalen Gebietsreform in Hessen bestanden haben, abgegrenzt wurden.

Die von ihm abgegrenzten Räume decken sich größtenteils gut mit den Regionen in Abb. 46. Ein wesentlicher Unterschied zwischen beiden Abgrenzungen besteht jedoch darin, daß in Abb. 46 eine Verbindung zwischen den Räumen Dillenburg und Siegen hergestellt wird. Diese Verbindung, die von VAN VLIET nicht beobachtet werden kann, resultiert mit großer Wahrscheinlichkeit aus der gemeinsamen wirtschaftlichen Tradition der eisenverarbeitenden Industrie im Siegtal. Im Rahmen einer Befragung von Industrieunternehmen ist zu erwarten, daß wirtschaftliche Traditionen eine größere Rolle bei den Befragten spielen als dieses der Fall bei einer Befragung von Gemeindevertretern ist, wie VAN VLIET sie vorgenommen hat. Diese Annahme erklärt auch die Ausrichtung der Unternehmen aus dem Raum Biedenkopf auf den Raum Siegen und den Dillenburger Raum. Neben der Zugehörigkeit der IHK-Geschäftsstelle in Biedenkopf zur IHK zu Dillenburg spielt auch hier die gemeinsame wirtschaftliche Tradition der eisenverarbeitenden Industrie und des Formenbaus eine Rolle bei der Zuordnung.

Abb. 47: Teilräume mit eigenem Regionalbewußtsein in Mittelhessen

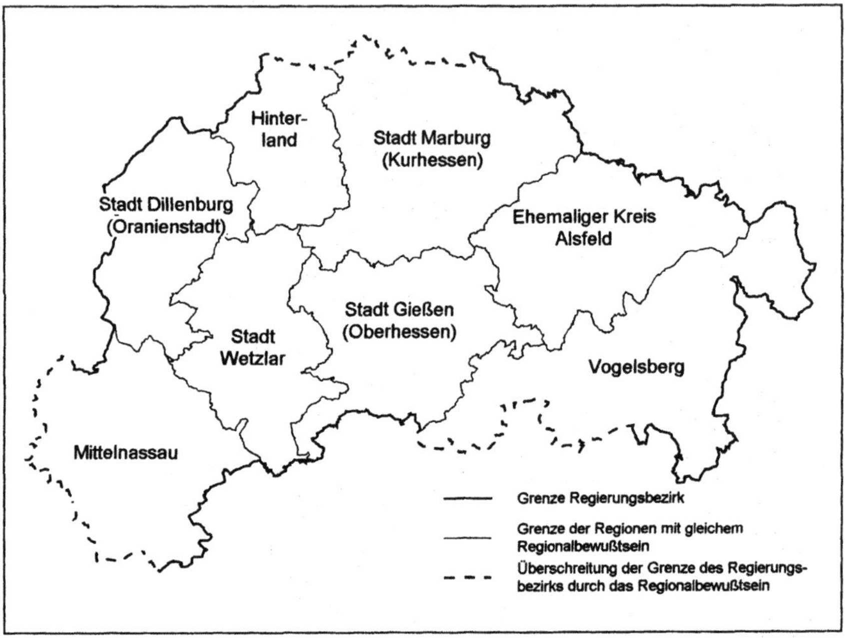

Quelle: van Vliet 1995: 26

Das Regionalbewußtsein innerhalb der gebildeten Teilregionen ist insgesamt deutlich ausgeprägt. Nur in Einzelfällen wurde es von den Befragten verneint. Dieses war vornehmlich dann der Fall, wenn der Befragte entweder nicht aus Mittelhessen stammt oder das Unternehmen über rechtlich verbundene Unternehmen außerhalb Mittelhessens verfügt. Einige der Befragten betonten zudem, daß die Orientierung ihres Unternehmens auf die internationalen Märkte ein Gefühl der Zugehörigkeit zu einer „kleinen" Region wie Mittelhessen oder gar auf Teilgebiete dieser Region nicht zulassen würde.

Insgesamt ist es gelungen, diejenigen Räume abzugrenzen, in denen die Wahrscheinlichkeit besonders groß ist, daß informelle Kontakte oder Verflechtungen bestehen, die einen Einfluß auf die Innovationsprozesse der Unternehmen haben. Darüber hinaus ist zu erwarten, daß regionalpolitische Eingriffe in die Innovationsaktivitäten der Unternehmen in Form einer Bereitstellung von Institutionen (Transferzentren, Forschungsinstitute, etc.) von den Unternehmen eher akzeptiert werden, wenn sie innerhalb der „selbstempfundenen Region" ihren Standort haben.

10.3.2 Hinweise auf Vernetzungen durch informellen Informationsaustausch

In Abschnitt 3 wurden eine Reihe von Arbeiten vorgestellt, die betonen, daß informelle, eher private Kontakte eine wichtige Rolle beim Aufbau und der Ausgestaltung von unternehmensbezogenen Vernetzungen spielen (vgl. v.HIPPEL 1988; FREEMAN 1992; MANSFIELD 1995; STRAMBACH 1995; AUDRETSCH/STEPHAN 1996). Diese Kontakte dienen neben dem Aufbau von Vertrauensverhältnissen in erster Linie der informellen Informationsgewinnung. Die informelle Informationsgewinnung kann bei Gelegenheiten stattfinden, die keinen oder kaum einen regionalen Bezug zu Mittelhessen haben, wie zum Beispiel bei Geschäftstreffen, Messen und Tagungen. Sie kann aber auch auf nachbarschaftlicher Nähe basieren oder im Rahmen privater Veranstaltungen in der Region erfolgen (vgl. Abb. 48). Mögliche Quellen für eine Informationsgewinnung aus diesen eher privaten Kontakten sollen im folgenden dargestellt und bewertet werden.

Neben den informellen, nicht-institutionalisierten Quellen, wurden jedoch auch Institutionen mit formellem Charakter erfragt, die nach Ansicht der Befragten bemüht sind, eine kreative Zusammenarbeit zwischen verschiedenen Akteuren in der Region zu fördern.

Abb. 48: Möglichkeiten der Gewinnung innovationsrelevanter Informationen und Anregungen

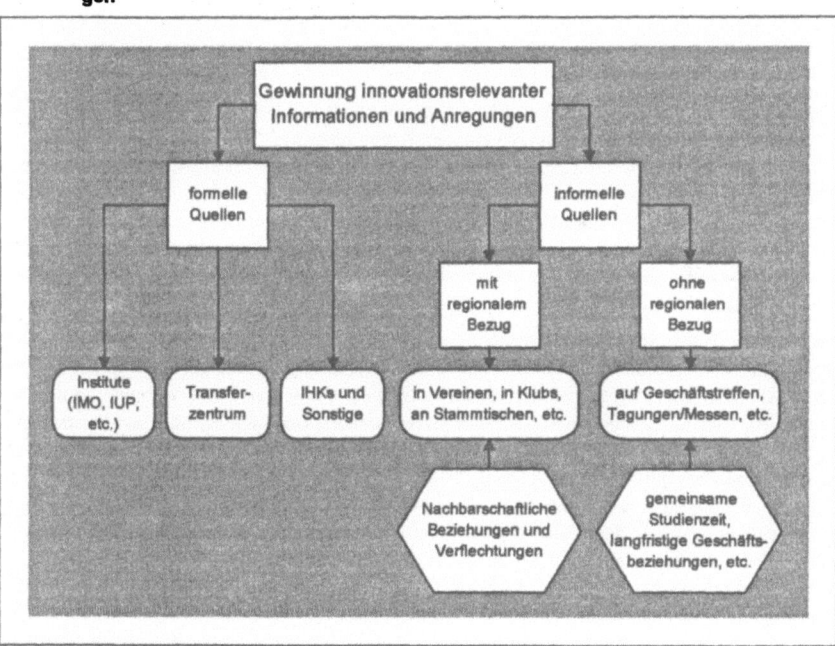

Quelle: Eigene Erhebung

10.3.2.1 Die Bedeutung nicht-institutionalisierter Informationsquellen

Neben Kontakten zwischen Unternehmen, die auf Kooperationen, Verträgen und anderen institutionalisierten, formalisierten Beziehungen (Zulieferbeziehungen, etc.) basieren, bestehen zwischen
den Mitarbeitern einiger Unternehmen, von Hochschulen sowie von anderen Institutionen in Mittelhessen auch informelle, eher private Kontakte, die durch Informationsgewinnung Auswirkungen
auf den Innovationsprozeß im eigenen Unternehmen haben.[83] Diese Kontakte sind in ihrer Existenz nur schwer, und in ihren Auswirkungen praktisch nicht faßbar.

Abb. 49 zeigt die vier am häufigsten genannten, nicht institutionalisierten Quellen für innovationsrelevante Informationen. Bei der Fragestellung lag die besondere Betonung auf dem „nicht-
institutionalisierten" Charakter der jeweiligen Quelle. Wenn zum Beispiel danach gefragt wurde, ob
Messebesuche Anregungen zu Innovationen geben, so sollte nicht die Aufnahme neuer Ideen aus
dem Messebesuch - zum Beispiel durch die Produkte von Konkurrenten - Gegenstand der Fragestellung sein. Vielmehr wurde nach den privaten Kontakten gefragt, etwa zu früheren Studienkol-
legen oder Freunden, die im Rahmen eines solchen Besuchs Anregungen zu Neuerungen geben
können.

Über 70% der patentanmeldenden Unternehmen gaben an, innovationsrelevante Informationen
und Anregungen auch aus informellen Quellen, durch eher private Kontakte zu beziehen. Rund
ein Drittel der Befragten nutzt diese Quellen oft, knapp 40% selten. Demgegenüber erhalten nur
53% der nicht-patentanmeldenden Unternehmen ihre Informationen aus informellen Quellen, davon 18% häufig, und 35% selten.

Die meisten informellen Anregungen erfolgen am Rande offizieller Treffen in Form von Messebe-
suchen oder Geschäftstreffen. Diese Treffen finden eher „zufällig" auch in Mittelhessen statt. Private Kontakte sind hierbei oftmals in Folge längerfristiger Geschäftsverbindungen oder einer gemeinsamen Studien- oder Ausbildungszeit entstanden. In einigen Fällen wurde eine regionale
Nachbarschaft der betroffenen Unternehmen als Grund für private Gespräche am Rande der offi-
ziellen Treffen genannt. Diese Form der informellen Kontakte führt nach den Angaben der Befragten häufig zu innovationsrelevanten Anregungen.

Weit seltener, jedoch mit stärkerer Bindung an die Region, wurden Klubs, Vereine und Stammtische als Quellen innovationsrelevanter Informationen genannt. Sie basieren auf nachbarschaftli-
chen Beziehungen und Verflechtungen. Sowohl Klubs und Vereine als auch Stammtische wurden
bis auf sehr wenige Ausnahmen nur von patentanmeldenden Unternehmen aus den Landkreisen
Gießen und Lahn-Dill als Quellen angegeben. Die Zuordnung nach IHK-Bezirken zeigt, daß sich
die Nennungen der drei Quellen mit jeweils 25% fast ausschließlich auf die Bezirke Gießen und
Wetzlar verteilen. Außerhalb dieser beiden Bezirke wurden Stammtische nicht genannt und Klubs
und Vereine nur in zwei Fällen. Die Bedeutung der Informationen, die im Rahmen dieser Kontakte
weitergegeben werden, erscheint den Befragten zwar außerordentlich groß, direkte Anregungen zu
neuen Erfindungen kommen dabei jedoch selten vor. Die Kontakte dienen vielmehr der Informationsgewinnung in Bereichen wie Marktentwicklungen, neuen technologischen Möglichkeiten, Erfahrungen mit Produkten, Materialien, Prozessen, Kunden, Zulieferern, usw. Zudem fördern sie nach
den Angaben der Befragten den Aufbau institutionalisierter Kontakte, zum Beispiel den Aufbau
von Kooperationen.

---

[83] Zur Bedeutung informeller Vernetzungen zur Informationsgewinnung vgl. v.Hippel 1988: 76ff.

FREEMAN (1992: 97) betont die besondere Bedeutung von Netzwerken im Rahmen einer selektieven innovationsorientierten Informationsgewinnung:..." *It is not just a question of acquiring a lot of information; often there is a overload of information. The problem of innovation is to process and convert information from diverse sources into useful knowledge about designing, making and selling new products and processes. Networks were shown to be essential both in the acquisition and in the processing of information inputs."*

Abb. 49: Innovationsrelevante, nicht-institutionalisierte Informationsquellen der befragten Unternehmen in Mittelhessen 1994

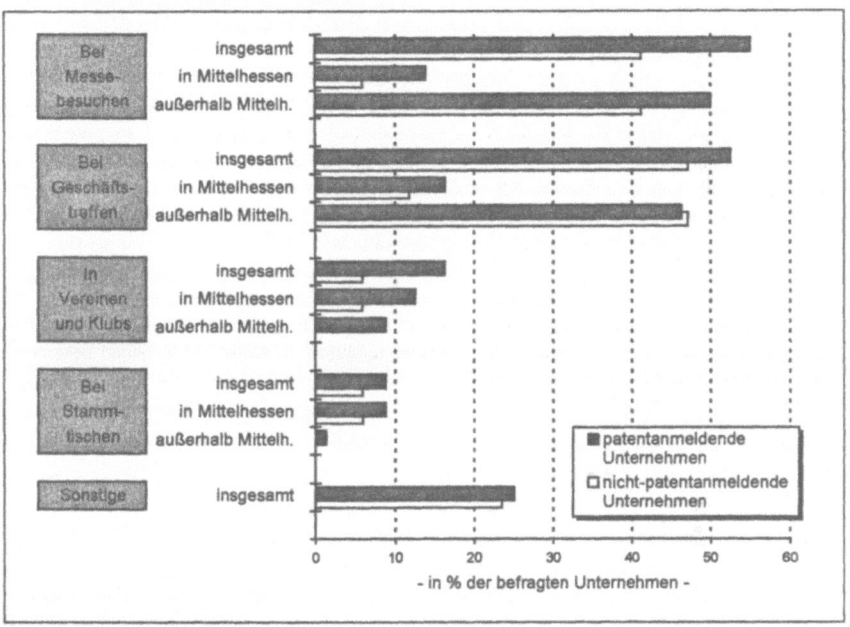

Datengrundlage: Eigene Erhebung

Neben einer einfachen Erfassung der informellen Quellen für innovationsrelevante Informationen und Anregung ist insbesondere deren Bedeutung für die Realisierung von Innovationen von Interesse. Dieses um so mehr, als nicht davon ausgegangen werden kann, daß alle Informationen tatsächlich in Innovationen umgesetzt werden. Von den patentanmeldenden Unternehmen, die teilweise oder oft Informationen aus informellen Quellen beziehen, bezeichneten nur knapp 4% diese Form der Kontakte als unwichtig für die Entstehung von Innovationen. Als teilweise wichtig werden sie von 39% angesehen, als wichtig von 45% und als sehr wichtig von rund 12% dieser Unternehmen (vgl. Tab. 6).

Tab. 6 zeigt nicht nur die Antworten der patentanmeldenden Unternehmen, die Informationen aus informellen Quellen beziehen sowie der patentanmeldenden Unternehmen insgesamt, sondern auch diejenigen der nicht-patentanmeldenden Unternehmen. Wie sich offenbart, werden informelle Informationen von den patentanmeldenden Unternehmen als wichtiger zur Förderung der eignen Innovationstätigkeit angesehen als von den nicht-patentanmeldenden.

Tab. 6: Bedeutung informeller Informationen für die Innovationstätigkeit der befragten Unternehmen in Mittelhessen 1994/1996

Bedeutung	Anteil der Unternehmen in %		nicht-patentanmeldend (n=17)
	patentanmeldend		
	Nutzer informeller Quellen (n=59)	Gesamt (n= 80)	
sehr wichtig	11,8	8,8	5,8
wichtig	45,8	33,8	11,8
teilweise wichtig	39,0	28,7	35,3
unwichtig	3,4	28,7	47,1

Datengrundlage: Eigene Erhebung

Wenn die berufliche Stellung des Befragten im Unternehmen bei der Beantwortung der Frage berücksichtigt wird, fallen die Antworten der patentanmeldenden Unternehmen sehr unterschiedlich aus. Von den Befragten aus der Gruppe der patentanmeldenden Unternehmen sind 36,3% als Geschäftsführer, 30% als Leiter der FuE-Abteilung, 25% als Abteilungsleiter und 8,7% als Patentsachbearbeiter oder Leiter der Patentabteilung tätig. 71% der Leiter der FuE-Abteilungen sehen in der Nutzung informeller Quellen eine wichtige oder sehr wichtige Voraussetzung für die Durchführung von Innovationstätigkeiten. Aus der Gruppe der Geschäftsführer werten demgegenüber nur 20% informelle Quellen als wichtig oder sehr wichtig. Entsprechend ist der Anteil der Leiter der FuE-Abteilungen, die als informelle Quellen Stammtische angeben, mit 12,5% deutlich größer als der entsprechende Wert von 3,4% bei den Geschäftsführern. In Klubs und Vereinen bekommen 33% aller Leiter der FuE-Abteilungen innovationsrelevante Informationen und Anregungen, jedoch nur 7% aller Geschäftsführer. Dieses Ergebnis läßt zwei Interpretationsmöglichkeiten zu:

- Befragte, die direkt mit den wissenschaftlichen oder technischen Problemen in den Forschungsabteilungen beschäftigt sind, messen den informellen Quellen für innovationsrelevante Informationen einen höheren Wert bei als die Geschäftsführer der Unternehmen.

- Es lassen sich unterschiedliche Hierarchien informeller Vernetzungen erkennen. Hierbei ist zwischen der *„Führungsebene"* und der *„Technikerebene"* zu unterscheiden. Besonders wichtig für den Erfolg von Erfindungs- und Entwicklungstätigkeiten scheinen in der Untersuchungsregion Verflechtungen auf der *„Technikerebene"* zu sein. Diese Schlußfolgerung würde die Behauptung v.HIPPELS (1988: 76) bestätigen, daß die informelle Forschungszusammenarbeit überwiegend zwischen Ingenieuren und Technikern unterschiedlicher Unternehmen, teilweise sogar von Konkurrenten stattfindet.

Nicht-institutionalisierte Kontakte werden von über 40% aller befragten patentanmeldenden Unternehmen als wichtig oder sehr wichtig für Innovationsimpulse angesehen. Sektorale Unterschiede in der Einschätzung sind kaum festzustellen, regionale Unterschiede machen sich durch eine etwas positivere Einstellung der Unternehmen in den IHK-Bezirken Wetzlar und Gießen bemerkbar. Die Auswirkungen auf die betrieblichen Innovationsprozesse werden zwar als positiv bezeichnet, sie können durch die Befragung jedoch nicht quantitativ erfaßt werden.

10.3.2.2 Lokalisationsvorteile bei der informellen Informationsgewinnung

Unter Lokalisationsvorteilen werden positive externe Ersparnisse verstanden, die durch die räumliche Nähe mehrerer Betriebe der gleichen Branche entstehen können. Die positiven externen

Ersparnisse werden dadurch erreicht, daß entweder Beschaffungs-, Produktions- und Absatzkosten sinken oder aber die Erlöse steigen. Sie ergeben sich hauptsächlich durch den Zugang zu einem spezialisierten Facharbeiterreservoir und durch die Existenz spezialisierter Zuliefer- und Reparaturbetriebe (vgl. SCHÄTZL 1992)[84] sowie spezialisierter Dienstleistungsunternehmen (vgl. FELDMAN 1993).

Der Frage nach den Lokalisationsvorteilen im Zusammenhang mit der informellen Informationsbeschaffung lag die Überlegung zugrunde, daß sich die Vorteile der räumlichen Nähe zu Unternehmen der eigenen Branche besonders gut im informellen Bereich bemerkbar machen könnten. Zudem ist anzunehmen, daß den Unternehmen die Aufnahme innovationsrelevanter Informationen über informelle Kanäle erleichtert wird, wenn Unternehmen der gleichen Branche bzw. Unternehmen mit einem ähnlichen Produktprogramm ihren Standort in räumlicher Nähe zueinander haben.

Von den befragten Vertretern patentanmeldender Unternehmen in Mittelhessen konnten 64% keine Lokalisationsvorteile bei der Informationsgewinnung für ihr Unternehmen feststellen. 6% bezeichneten Lokalisationsvorteile als sehr bedeutsam für ihr Unternehmen und 30% als bedeutsam. 60% der positiven Antworten wurden im Lahn-Dill-Kreis ermittelt, davon jeweils die Hälfte im IHK-Bezirk Wetzlar und im IHK-Bezirk Dillenburg. Im Bezirk Wetzlar wird den Lokalisationsvorteilen insgesamt die größte Bedeutung beigemessen (vgl. Abb. 50).

Die Unternehmen, die in der räumlichen Nähe zu anderen Unternehmen der gleichen Branche Vorteile bei der Beschaffung von Informationen sehen, finden sich in Mittelhessen überwiegend in den Wirtschaftszweigen Maschinenbau, Fahrzeugbau, Elektrotechnik, Feinmechanik/Optik und Herstellung von EBM-Waren.

Abb. 50: Anteil der patentanmeldenden Unternehmen, die Lokalisationsvorteile bei der Informationsgewinnung für sich erkannt haben, nach IHK-Bezirken 1994

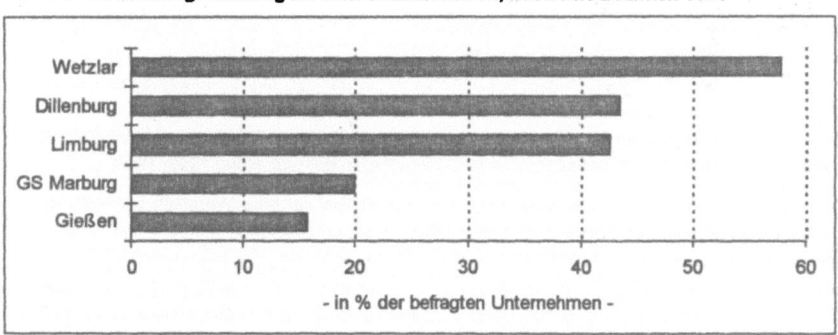

Datengrundlage: Eigene Erhebung

Insgesamt kann festgestellt werden, daß Lokalisationsvorteile erwartungsgemäß überwiegend von Unternehmen derjenigen Branchen erkannt werden, die stark in der Region vertreten sind. In Teilräumen, die über eine vergleichsweise heterogene Wirtschaftsstruktur verfügen, wie zum Beispiel der Bezirk Gießen, werden kaum noch Lokalisationsvorteile bei der Informationsgewinnung er-

---

[84] Zu weiteren Formen interner und externer Ersparnisse sowie der Unterscheidung zwischen Lokalisations- und Urbanisationseffekten vgl. SCHÄTZL 1992: 32

kannt. Abb. 54 weist auf gute Voraussetzungen für regionale unternehmensbezogene Vernetzungen mit informellem Charakter im Bezirk Wetzlar und schlechte im Bezirk Gießen hin.

10.3.3 Hinweise auf Vernetzungen durch institutionalisierte Organisationen

Neben nicht-institutionalisierten Verbindungen mit privatem Charakter sollten institutionalisierte Einrichtungen ermittelt werden, die eine kreative Zusammenarbeit zwischen verschiedenen Akteuren in der Region anregen. Der Suche nach solchen Institutionen wurde im Rahmen der Befragungsaktion besondere Bedeutung beigemessen, da auf diese Weise mögliche „*Knotenpunkte*" von Vernetzungsstrukturen ausfindig gemacht werden sollten. Um alle denkbaren Institutionen mit einem entsprechenden Einfluß erfassen zu können, wurden den Befragten keine standardisierten Antwortmöglichkeiten vorgegeben. Durch Mehrfachantworten sollte zum einen eine möglichst große Anzahl entsprechender Institutionen ausfindig gemacht werden. Zum anderen sollte auf diese Weise festgestellt werden, in welchem Teilraum der Untersuchungsregion die meisten Akteure bekannt sind, d.h. wo sich besonders viele der Befragten mit dem Gedanken an eine mögliche kreative Zusammenarbeit auseinandersetzen oder wo bereits viele Akteure miteinander verflochten sind. Bei der Auswertung der Antworten werden nur die *patentanmeldenden* Unternehmen berücksichtigt (vgl. Abb. 51).

10.3.3.1 Das Institut für Mikrostrukturtechnologie und Optoelektronik e.V. (IMO)

Insgesamt 23% der Befragten sehen im *Institut für Mikrostrukturtechnologie und Optoelektronik e.V.* (IMO) in Wetzlar eine Institution, die in der Lage ist, kreative Zusammenarbeit zwischen verschiedenen Akteuren in der Region anzuregen und zu fördern (vgl. Abb. 51). Das IMO wurde 1989 von der IHK Wetzlar und sechs mittelständischen Unternehmen gegründet und operiert seit 1991. Die Idee für dieses Institut[85] wurde von Vertretern der ansässigen klein- und mittelständischen Industrie geboren, während die Anschubfinanzierung zu 100% aus Mitteln des damaligen BMFT erfolgte. Zum Zeitpunkt der Befragung wurde das IMO von ca. 40 Mitgliedern aus der Region Mittelhessen getragen. Zu diesen Mitgliedern gehören neben einigen Industrieunternehmen auch die fünf der Region zugehörigen Industrie- und Handelskammern sowie eine Reihe von Kreditinstituten.[86] Hinter der Gründung des IMO steht nach den Angaben eines Gründungsmitglieds folgender Gedankengang, der auch zum Leitbild des IMO beigetragen hat (vgl. HUND 1992, 1994):

Mitte des 19ten Jahrhunderts gründete KARL KELLNER in Wetzlar eine Werkstatt zur Herstellung von Mikroskopen, um den ursprünglich kleinen Bedarf der Universitäten Marburg und Gießen an diesen Geräten zu decken. Die Möglichkeit, mit Hilfe des Mikroskops in Mikrobereiche vorzudringen, führte kurze Zeit später zu einer Reihe von Entdeckungen, hauptsächlich im medizinischen, biologischen und im petrographischen Bereich. Diese Entdeckungen eröffneten an den Universitäten und nachfolgend in der Wirtschaft neue Forschungsmöglichkeiten und ein steigendes Interesse an optischen Geräten und begünstigten das Wachstum der optischen Industrie in Wetzlar. Neben der Optik bekam die Feinmechanik aufgrund der steigenden Anforderungen an die Mikroskope schon vor der Jahrhundertwende eine große Bedeutung.

---

85 Aufgrund der eigenen Zielsetzung lassen sich die privat organisierte Forschungsinstitute besser als Forschungsdienstleister interpretieren (vgl. MENGER 1996: 60ff.)

86 Im Jahr 1996 hatte das IMO noch 30 Mitglieder. Neben den fünf IHK'n zählten der Kreisausschuß des Lahn-Dill-Kreises, die Stadt Wetzlar, 4 Kreditinstitute sowie 19 mittelständische Betriebe, von denen 9 ihren Standort außerhalb Mittelhessens haben, zu den Mitgliedern (vgl. MENGER 1996: 99).

Der erste Weltkrieg sorgte mit seinen Forderungen nach optischen Geräten für ein weiteres Wachstum der optischen Industrie in der Region. Das Kriegsende führte jedoch mit einem darauf folgenden Verbot der Herstellung militärischer Güter zu einer Krise in der optischen Industrie in Wetzlar. Wie die Befragungsergebnisse zeigen, fielen in diese Zeit eine Reihe von Gründungen optischer Unternehmen, die von ehemaligen Mitarbeitern der Leitz-Werke in Folge ihrer Arbeitslosigkeit vorgenommen wurden. Diese Unternehmen waren in der Gründungszeit oftmals kleine Reparaturwerkstätten.

Abb. 51: Förderer kreativer Zusammenarbeit in der Region Mittelhessen 1994

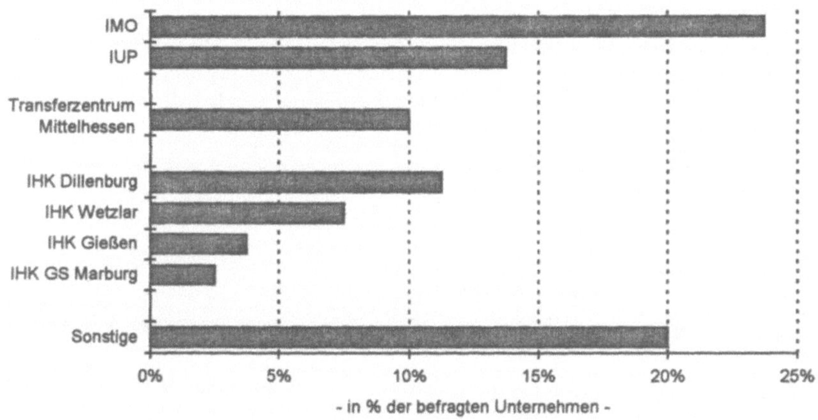

IMO = Institut für Mikrostrukturtechnologie und Optoelektronik, Wetzlar
IUP = Institut für Entwicklungsmethodik und Fertigungstechnologie umweltgerechter Produkte, Herborn

Datengrundlage: Eigene Erhebung

In dieser Zeit wurden die ersten Fotoapparate im Unternehmen Leitz entwickelt und hergestellt. Der Bedarf an Fotoapparaten stieg in den folgenden Jahren enorm an und ermöglichte der Industrie in Wetzlar in großem Maße Kameras und andere optische Geräte zu exportieren. Der hohe Exportanteil von zeitweise über 50% aller Produkte, führten in der Region zu einem wirtschaftlichen Aufschwung.

Die negative Ausprägung des Strukturwandels in der Region begann mit dem Ausbau der optischen Industrie in Japan in den 70er Jahren. Die Globalisierung der Märkte, verbunden mit niedrigeren Lohnkosten, ermöglichten den Japanern die Übernahme der meisten internationalen Märkte für standardisierte optische Geräte. Die Kombination optischer Geräte mit der Mikroelektronik trug entscheidend zu dieser Übernahme bei. Der technologische Vorsprung der Japaner, die im internationalen Vergleich hohen Lohnkosten in der Bundesrepublik sowie die niedrigen Transportkosten für relativ leichte optische Geräte ließen den Standort Wetzlar für optische Produkte nicht mehr konkurrenzfähig erscheinen.

Die Erkenntnisse aus der historischen Entwicklung der Wirtschaft in der Region Wetzlar beeinflußten die Idee zur Gründung des IMO in mehrfacher Hinsicht:

• Die Kosten für die Herstellung standardisierter Produkte sind in der Bundesrepublik zu hoch. Gleichzeitig verfügen die Unternehmen in Wetzlar über hochqualifizierte spezialisierte Arbeits-kräfte und das notwendige Know-how, um technologisch anspruchsvolle optische und feinme-chanische Produkte herzustellen.

• Die Entwicklung der Optischen Industrie in der Region wurde durch das Interesse an den Er-kenntnissen aus den Mikrobereichen, die mit Hilfe optischer Instrumente sichtbar gemacht wer-den konnten und der Reaktion der Wirtschaft auf dieses Interesse begründet. Die Gründer des IMO gehen davon aus, daß ein gleiches Interesse durch die Sichtbarmachung noch kleinerer Strukturen in biologischen, chemischen und physikalischen Prozessen geweckt werden könnte.

• Die Kosten für die Erfassung und Bewertung der Mikrostruktur von verwendeten Materialien sind für die einzelnen Unternehmen zu hoch. Eine gemeinsame Beschaffung von Geräten und Know-how soll die Kosten für das einzelne Unternehmen senken. Durch die gemeinsame Fi-nanzierung der Mikrostrukturtechologie können Wettbewerbsvorteile auf den internationalen Märkten geschaffen werden.

• Die Zusammenarbeit zwischen der Industrie und den Hochschulen soll verbessert werden. Eine Verbindung zwischen der Grundlagenforschung der Universitäten und der angewandten For-schung in der Industrie fehlt oftmals und muß daher hergestellt werden.

• Durch die Ansiedlung des Instituts werden Gründungen von „Spin-off-Unternehmen" erwartet.

• Das Institut soll technologieorientierte Dienstleistungsaufgaben übernehmen, sowohl für die Hochschule als auch für die Unternehmen. Zu den Dienstleistungsaufgaben gehört der Aufbau eines weltweit organisierten leistungsfähigen Netzwerks zwischen Unternehmen und Hoch-schulen.

• Zusätzlich erhoffen sich die Initiatoren einen Abbau möglicher Hemmschwellen vor einer Zu-sammenarbeit zwischen den einzelnen Akteuren in der Region. Die Angst vieler Unternehmer vor Kooperationen soll durch positive Beispiele gelungener Kooperationen und den Aufbau persönlicher Kontakte abgebaut werden.

Bei der Planung des IMO war der Kooperationsgedanke von besonderer Bedeutung. Es sollen jedoch weniger kurzfristige, isolierte Probleme der Unternehmen unter Hinzuziehung von Hoch-schulwissenschaftlern gelöst werden als vielmehr langfristige Lösungssysteme zwischen den Un-ternehmen und den Hochschulen erarbeitet und in Produkte umgesetzt werden. Diese Form der Zusammenarbeit, so erhoffen sich die Gründer, wird zu innovationsorientierten unternehmensbe-zogene Vernetzungen in der Region führen.

Obgleich ein bedeutender Teil der befragten Unternehmen das IMO als Förderer kreativer Zu-sammenarbeit in der Region anerkennt, wurden Probleme und Kritikpunkte genannt:

• Der Kooperationsgedanke bei der Gründung des IMO bildet die Grundlage für den meistge-nannten Kritikpunkt. Kooperationen werden von den mittelständischen Unternehmen gefürch-tet, wobei gerade die langfristige Zusammenarbeit mit anderen Akteuren vielen der Befragten zu riskant erscheint. Der Nutzen aus den gemeinsamen Forschungsergebnissen wird oftmals als geringer erachtet als der Schaden, der dadurch entstehen könnte, daß andere Akteure Ein-blick in eigene Produktionsvorgänge nehmen und Know-how „abfließen" lassen (vgl. FRITSCH 1995).

- Das IMO versucht möglichst wenige Projekte gleichzeitig durchzuführen, sondern erst dann ein neues Projekt zu beginnen, wenn ein laufendes Projekt abgeschlossen ist. Die Ausrichtung der laufenden Forschungsvorhaben wird jedoch von vielen Befragten als zu speziell angesehen. Entsprechend wird der Vorwurf laut, daß das IMO genau auf die Bedürfnisse der Gründungsmitglieder zugeschnitten sei und daher keinen Gewinn für andere Unternehmen darstellen könne.

- Ein wichtiger Grundgedanke war, daß ein Institut geschaffen wird, das den klein- und mittelständischen Unternehmen in der Region zugute kommt. Einige der Befragten sehen diese Idee nicht als verwirklicht an, weil der Anteil der Kunden, die nicht aus der Region stammen, zunehmend ansteigt, während der Anteil der Kunden aus der Region abnimmt.[87] Die Befürchtung, daß Know-how aus der Region über das IMO abfließen könnte, hält offensichtlich einige der befragten Unternehmen von einer Zusammenarbeit ab.

- Die Entwicklung in „Schüben", verursacht durch die Bearbeitung einzelner langfristiger Projekte, macht eine Beurteilung der Effizienz des Instituts für einige Unternehmen schwer. Mehrere der Befragten Unternehmen wollen abwarten, wie sich das Institut entwickeln wird, um sich bei einer positiven Entwicklung eventuell später als Mitglied beteiligen zu können.

- Besonders kleinere Unternehmen befürchten eine zunehmende Einflußnahme auf die Forschungsarbeit des Instituts, sowohl durch größere Mitgliedsunternehmen als auch durch die Kreditinstitute, die ebenfalls zu den Mitgliedern zählen. Diese Befürchtungen haben einige der kleinen Gründungsunternehmen zu einem Austritt aus der Institutsmitgliedschaft veranlaßt.

- Einige der befragten Unternehmen beklagen, daß die Forschungsarbeit, die das IMO anbietet, für Mitglieder und Nichtmitglieder gleich teuer ist. Auch dieser Umstand wurde als Grund für einen Austritt aus dem Institut bzw. als Grund für einen Nichteintritt genannt.

Als Resümee bleibt festzuhalten, daß der Versuch des IMO, kreative Zusammenarbeit zwischen den Akteure in der Region zu fördern, von vielen Unternehmen anerkannt wird. Die Akzeptanz läßt sich zum Teil dadurch erklären, daß die Initiative zur Gründung des IMO von den Unternehmern in der Region ausgegangen ist. An die historische wirtschaftliche Entwicklung der Region als Leitbild anknüpfend, soll das Institut den Unternehmen dabei helfen, Mikrostrukturbereiche sichtbar zu machen. Als Hauptproblem kann aus der Sicht des Instituts die Angst der Unternehmen vor Kooperationen angesehen werden. Aus der Sicht der klein- und mittelständischen Unternehmen ist es entsprechend die Angst vor einem Know-how-Abfluß aus der Region heraus sowie die Angst vor einer eigenen Auslieferung an die „mächtigeren" Mitglieder des IMO.

Der hohe Bekanntheitsgrad des Instituts in der Region wird deutlich. Durch verschiedene Veranstaltungen des IMO sind nach Angaben einiger Befragter Bekanntschaften zwischen den Akteuren in der Region entstanden, die teilweise zu Freundschaften ausgebaut werden konnten. Dennoch macht sich ein deutliches Mißtrauen gegenüber dem Institut bemerkbar. Es kann im Rahmen der Befragung jedoch nicht festgestellt werden, ob dieses Mißtrauen berechtigt ist oder nicht.

---

[87] Im Jahre 1996 stammten rund 30% der Kunden des IMO aus Mittelhessen (vgl. MENGER 1996: 99)

10.3.3.2 Das Institut für Entwicklungsmethodik und Fertigungstechnologien umweltgerechter Produkte (IUP)

An zweiter Stelle nach dem IMO wurde das Institut für Entwicklungsmethodik und Fertigungstechnologien umweltgerechter Produkte (IUP) von 13,8% aller Befragten genannt. Das IUP mit Sitz in Herborn ist 1992 auf Initiative eines Fachhochschullehrers von sieben mittelständischen Unternehmern aus dem Lahn-Dill-Kreis in Zusammenarbeit mit der IHK zu Dillenburg, dem Hessischen Ministerium für Wirtschaft, Verkehr und Technologie (HMWVT) sowie dem Hessischen Ministerium für Wissenschaft und Kunst (HMWK) gegründet worden (vgl. MENGER 1996: 90). Das IUP versteht sich im wesentlichen als Dienstleistungsunternehmen, wobei die Aufgaben hauptsächlich im Bereich der Produktoptimierung bzw. in der Optimierung der Produktentwicklung, des Produktionsmanagements, der Rationalisierungspotentiale sowie der Qualitätssicherung gesehen werden. Daneben sollen Transferaufgaben zwischen den Unternehmen, den Hoch- und Fachhochschulen, den Transferzentren sowie Organisationen privater Trägerschaften übernommen werden. Ein weiteres bedeutendes Ziel wird im Aufbau eines informellen, überbetrieblichen Kommunikationsnetzes gesehen, um Kooperationen zwischen den Akteuren im Umfeld der Unternehmen zu erleichtern. Zum weiteren Programm des IUP sollen Seminarreihen, eigene „Umweltdatenbanken" sowie die Herausgabe eigener Literatur gehören. Das IUP wird, den Angaben der Befragten zufolge, in besonderer Weise durch die Persönlichkeit des Institutsleiters geprägt.

Der große Bekanntheitsgrad des IMO und des IUP resultiert nach den Angaben der Befragten hauptsächlich aus der guten Kundenpflege der beiden Institute sowie aus ihrer häufigen Darstellung in der Presse. Fast jeder der Befragten hatte schon Kontakt zu Vertretern einer dieser Institutionen. Die Kenntnis ihrer Aufgaben, Konzepte und Mitglieder ist daher bei vielen der Befragten sehr gut. Positive Wirkungen des IUP konnten aufgrund des zum Befragungszeitpunkt jungen Alters des Instituts nicht festgestellt werden.

10.3.3.3 Das Transferzentrum Mittelhessen

Im Gegensatz zum IMO und dem IUP war bei einigen Befragten das Transferzentrum Mittelhessen mit Sitz in Gießen entweder als Institution oder von seinen Zielsetzungen und Aufgabenstellungen her unbekannt. Obgleich rund ein Viertel aller patentanmeldenden Unternehmen bereits Kontakt zum Transferzentrum hatte; wurden ihm nur von 10% der Befragten innovationsfördernde Wirkungen zugeschrieben.

Das Transferzentrum wurde 1991 als Gemeinschaftseinrichtung der beiden Universitäten und der Fachhochschule in Mittelhessen gegründet, um Kontakte zwischen Hochschulen, Unternehmen und anderen Interessenten herzustellen. Zu den finanziellen Förderern gehören Industrie- und Handelskammern sowie Städte und Landkreise in Mittelhessen. Neben Vermittlungsaufgaben sieht das Transferzentrum seine Aufgaben in der Beratung, der Datenbankrecherche zum Beispiel im Bereich von Förderprogrammen, Patenten und Literatur sowie in diversen Informationsangeboten. Im Gegensatz zum IMO und zum IUP geht die Gründung des Transferzentrum Mittelhessen nicht auf die direkte Initiative mittelhessischer Unternehmer zurück.

Nur 2,5% der Vertreter patentanmeldender Unternehmen gaben an, regelmäßigen Kontakt zum Transferzentrum zu halten, 27,5% haben schon Kontakt gehabt, waren jedoch überwiegend mit den Ergebnissen dieses Kontakts nicht zufrieden. 70% aller Befragten wußten von keinem Kontakt ihres Unternehmen zum Transferzentrum. Folgende Kritikpunkte am Transferzentrum oder an den vermittelten Kontakten zu den Hoch- und Fachhochschulen wurden genannt:

- Für die meisten Problemstellungen in den Unternehmen sind die entsprechenden Experten an den Universitäten bekannt. Diese Experten sitzen nur in seltenen Fällen an den Universitäten Marburg oder Gießen. Das Wissen um die besten Experten stammt entweder aus der eigenen Studien- bzw. Assistentenzeit oder aus Fachzeitschriften. Sollte ein Experte unbekannt sein, so kann oft auch vom Transferzentrum kein „guter" genannt werden.

- Mehrere Versuche einer längerfristigen Zusammenarbeit, die über das Transferzentrum vermittelt wurden, sind gescheitert. Entweder paßte die Problemstellung des Unternehmens nicht genau in das Arbeitsprogramm der Hochschullehrer oder es fehlten die finanziellen Mittel, um langfristige Projekt durchführen zu können. Ein befragter Unternehmer gab an, keinen der genannten Hochschullehrer von seinem Projekt überzeugt haben zu können, so daß er sich seine Partner außerhalb der Region suchen mußte. Daneben wurde die fehlende Ereichbarkeit vieler Hochschullehrer kritisiert. Teilweise dauert es mehrere Tage, bis potentielle Projektpartner an den Hochschulen telefonisch erreicht und zu Problemlösungen herangezogen werden können.

Es kann festgehalten werden, daß das Transferzentrum Mittelhessen von den befragten patentanmeldenden Unternehmen nicht in der dafür vorgesehen Weise genutzt wird. Neben der Unkenntnis bezüglich der Aufgaben und Ziele des Transferzentrums wurden insbesondere bereits bestehende Kontakte zu Hochschulen außerhalb der Region Mittelhessen, fehlende finanzielle Mittel zur Durchführung längerfristiger Projekte und ein deutliches Mißtrauen der Unternehmen gegenüber der Leistungsfähigkeit der Hochschulen als Gründe für die geringe Zusammenarbeit mit dem Transferzentrum genannt. Die meisten positiv verlaufenen Kontakte zu den Hoch- und Fachhochschulen basieren nach Angaben der Befragten auf den Initiativen vereinzelter Professoren.

Die Ergebnisse der Befragung von 17 mittelhessischen Unternehmen, die 1996 im Rahmen der Untersuchung nicht-patentanmeldender Unternehmen durchgeführt wurde, zeigen jedoch, daß der Bekanntheitsgrad des Transferzentrums von 1995 bis 1996 deutlich zugenommen hat. Die zunehmende Bekanntheit des Transferzentrums wird hauptsächlich auf die Einführung der sogenannten „*virtuellen Messe*" im Internet zurückgeführt. Im Rahmen des Aufbaus dieser Einrichtung wurden viele Unternehmen von Vertretern des Transferzentrums kontaktiert.

10.3.3.4 Die Industrie- und Handelskammern in Mittelhessen

Nach dem IMO und dem IUP wurde an dritter Stelle von 11,3% aller befragten patentanmeldenden Unternehmen die IHK zu Dillenburg als Förderer kreativer Zusammenarbeit zwischen Akteuren in der Region genannt. Der IHK Wetzlar schreiben noch 7,5%, der IHK Gießen 3,8% und der IHK Kassel noch 2,5% aller Befragten in Mittelhessen diesbezüglich einen positiven Einfluß zu. Die IHK Limburg wurde nicht erwähnt.

Die Nennungen der sieben beschriebenen Institutionen erfolgt regional unterschiedlich. Um die Bedeutung der IHK'n für die jeweils zugehörigen Bezirke ermitteln zu können, werden im folgenden die IHK-Bezirke als Bezugsräume gewählt. Die ermittelten Werte werden als Anteil der Nennungen an allen befragten Unternehmen pro IHK-Bezirk ausgewiesen, um Größeneffekte, die aus der unterschiedlichen Anzahl der entsprechenden Unternehmen in den IHK-Bezirken resultieren, eliminieren zu können (vgl. Tab. 7):

- Grundsätzlich kann festgestellt werden, daß alle Institutionen ihre größte Bekanntheit und demzufolge die meisten Nennungen in denjenigen IHK-Bezirken haben, in denen sich auch ihr Standort befindet. Dennoch sind deutliche regionale Unterschiede festzustellen: Das IMO wurde als einzige Institution von Befragten in allen mittelhessischen IHK-Bezirken genannt. 52% aller im IHK-Bezirk Wetzlar befragten Personen bezeichneten das IMO als bemüht, eine kreative Zusammenarbeit zwischen den Akteuren in der Region anzuregen und somit zur Netzwerkbildung beizutragen. Der entsprechende Anteilswert liegt in Limburg mit 29% noch über dem Durchschnitt. Im IHK-Bezirk Limburg ist außer dem IMO keine Institution bekannt, die zur Zusammenarbeit anregt.

- Das IUP in Herborn wurde nur von Unternehmen aus den Bezirken Wetzlar und Dillenburg genannt. Bei einigen wenigen Befragten außerhalb dieser beiden Bezirke ist das Institut unbekannt. Der Grund hierfür liegt unter Umständen an dem geringen Alter des IUP zum Zeitpunkt der Befragung.

- Den besten Ruf als IHK mit innovationsfördernden Aktivitäten genießt im eigenen Bezirk die IHK zu Dillenburg. Bei fast allen Nennungen, hauptsächlich jedoch von den Befragten im Raum Biedenkopf, wurde zusätzlich die Außenstelle der IHK zu Dillenburg in Biedenkopf genannt. Knapp 35% aller Befragten im IHK-Bezirk Dillenburg bezeichneten die Aktivitäten ihrer eigenen Kammer als kooperationsfördernd. Die entsprechenden Werte liegen im Bezirk Wetzlar für die IHK Wetzlar bei knapp 24%, im Bezirk Marburg für die Geschäftsstelle der IHK Kassel in Marburg bei 20% und im Bezirk Gießen für die IHK Gießen bei 11%.

Tab. 7: **Förderer kreativer Zusammenarbeit zwischen Akteuren in Mittelhessen nach den Bezirken der Industrie- und Handelskammern 1994**

| Förderer kreativer Zusammenarbeit | Nennungen insgesamt * | | Nennungen pro IHK-Bezirk in %* | | | | |
| | | | IHK-Bezirke | | | | |
	absolut	in %	Gießen	Marburg	Wetzlar	Dillenburg	Limburg
IMO -Wetzlar	19	26	11	10	52	13	29
IUP - Herborn	11	15	0	0	19	30	0
Transferzentrum	8	11	16	10	19	0	0
IHK zu Dillenburg	9	12	0	0	5	35	0
IHK Wetzlar	6	8	5	0	24	0	0
IHK Gießen	3	4	11	0	0	4	0
IHK GS Marburg	2	3	0	20	0	0	0
Sonstige	16	22	37	20	33	0	0
insgesamt	74	100	80	60	152	82	29

*) Doppelnennungen möglich

IMO = Institut für Mikrostrukturtechnologie und Optoelektronik
IUP = Institut für Entwicklungsmethodik und Fertigungstechnologie umweltgerechter Produkte

Datengrundlage: Eigene Erhebung

- Das Transferzentrum Mittelhessen wurde von knapp 20% der Befragten im Bezirk Wetzlar, rund 16% im Bezirk Gießen und 10% im Bezirk Kassel genannt. Auch hier war offensichtlich das geringe Alter des Zentrums zum Zeitpunkt der Befragung für den geringen Bekanntheitsgrad mitverantwortlich. Die Unternehmen im Bezirk Dillenburg suchen den Zugang zu den Hochschulen eher in Siegen und im Ruhrgebiet. Einige der Befragten, die sich mit den Angeboten des Transferzentrums beschäftigt haben, bezeichneten das Transferzentrum zwar als Institution, die versucht kreative Zusammenarbeit anzuregen, der es jedoch nicht immer gelingt.

Der Wunsch nach einer Zusammenarbeit muß nach ihren Angaben auf einem direkten Bedarf der Unternehmen basieren. Dieser Bedarf wird jedoch häufig nicht erkannt.

• Die meisten Einzelnennungen von Institutionen, die versuchen, verschiedene Akteure in der Region zur kreativen Zusammenarbeit anzuregen,[88] erfolgten anteilsmäßig in Gießen und Wetzlar. Diese Nennungen beziehen sich auf folgende Institutionen:

- Insgesamt dreimal wurde die FH Gießen-Friedberg genannt.

- Die Universitäten Marburg und Gießen.

- Die Fachhochschulen Fulda und Siegen.

- Die Kreisbehörden des Lahn-Dill-Kreises.

- Die Umweltplanung Marburg (UPM).

- Die *„Liaison entre actions de développment des l'economie rurale"* (LEADER GmbH) in Lauterbach. Die LEADER GmbH ist eine Initiative der Europäischen Union zur Förderung strukturschwacher Gebiete und wurde 1994 gegründet. Die Projekte der Gesellschaft werden zu 50% aus EU-Mitteln und zu 35% aus Landesmitteln gefördert. Von der LEADER GmbH wurden zum Zeitpunkt der Befragung vier Projekte zur ländlichen Strukturförderung durchgeführt.

- Das Dienstleistungs- und Innovationszentrum Vogelsberg GmbH (DIVO) in Alsfeld. Das DI-VO wurde 1990 als Initiative von Vertretern der Privatwirtschaft und der Städte und Gemeinden des Vogelsbergs mit dem Ziel der regionalen Wirtschaftsförderung gegründet. Das DIVO kann als Vorläufer der LEADER GmbH angesehen werden. Die Förderung erfolgte 1990 über das Hessische Ministerium für Wirtschaft, Verkehr und Technologie, sowie über den EG-Strukturfonds „Förderung der Entwicklung des ländlichen Raums".

- Der „Arbeitskreis Zulieferer in Hessen", dessen Hauptaufgabe in der gemeinsamen Vertretung verschiedener Zulieferunternehmen bei Präsentationen auf Messen gesehen wird.

- Der „Arbeitskreis mittelhessische Industrie" in Wetzlar. Der Arbeitskreis kann als informeller Kreis von Vertretern der Privatwirtschaft und der Hochschulen angesehen werden.

- Der Arbeitgeberverband (AGV) in Wetzlar.

- Als bundesweit wirksame Institutionen mit positiven Auswirkung auf Zusammenarbeit in der Region wurden diverse Verbände (Elektroindustrie, Glasindustrie, Kunststoffindustrie, etc.) genannt.

Die regionale Verteilung der Antworten macht erneut auf ein Problem aufmerksam: Mittelhessen wird bei der Suche der Unternehmen nach innovationsfördernden Institutionen nicht als Region anerkannt. Die meisten Institutionen werden vielmehr nur dann wahrgenommen, wenn sie in der direkten räumlichen Umgebung der Unternehmen ihren Standort haben oder wenn die Unternehmen sich dem Standort der Institution zugehörig fühlen.

Die Zuordnung der Antworten nach der beruflichen Stellung des Befragten im Unternehmen zeigt deutliche Unterschiede. Während das IMO überwiegend von den Leitern der FuE-Abteilung genannt wurde, erhielt das mehr auf Dienstleistungsaufgaben ausgerichtete IUP zusätzlich etwa gleich viele Nennungen von den Geschäftsführern. Die IHK'n und das Transferzentrum wurden

---

[88] In Tab. 7 als „Sonstige" bezeichnet

öfter von den Geschäftsführern erwähnt. Alle anderen Antworten verteilen sich gleichmäßig auf
alle beruflichen Stellungen. Es zeigt sich, daß eher diejenigen Institutionen als innovationsfördernd
bezeichnet werden, die dem jeweiligen Befragten aufgrund seines Aufgabengebiets im Unternehmen bekannt sind. Auffällig ist die seltene Nennung des Transferzentrums durch die Leiter der
FuE- und anderer technisch orientierter Abteilungen. Viele Vertreter dieser Berufsgruppe verfügen
jedoch über eigene ausgeprägte Kontakte zu Hochschulen, die überwiegend nicht in der Region
liegen. Mit steigender technischer Qualifikation scheint die Attraktivität eines Transferzentrums für
die Befragten abzunehmen.

10.4 Fazit

Sowohl durch die Auswertung sekundärstatistischer Datenquellen als auch durch die Interpretation
der Befragungsergebnisse lassen sich indirekte und direkte Hinweise auf unternehmensbezogene
Vernetzungen in der Untersuchungsregion ableiten. Da die Erfassung und insbesondere die Bewertung von Netzwerken außerordentlich schwer ist, hat es sich als wertvoll erwiesen, daß die
Befragungsaktion in Form einer persönlichen Befragung von Experten in den Unternehmen durchgeführt wurde. Dadurch konnten zusätzliche qualitative Aussagen gewonnen werden, die weder
durch eine einfache Auswertung sekundärstatistischer Daten noch durch die Auswertung der zumeist standardisierten Fragebögen in die Analyse eingeflossen wären. Im einzelnen können auf
der Basis der Ergebnisse in Abschnitt 10 folgende Aussagen getroffen werden:

Durch die Auswertung des sekundärstatistischen Datenmaterials werden in verschiedenen Teilräumen Konzentrationen verschiedener Faktoren ermittelt, die indirekt auf unternehmensbezogene Vernetzungen im Untersuchungsgebiet hindeuten:

- Die Standorte der klein- und mittelständischer Unternehmen in Mittelhessen konzentrieren sich
  entlang einer Achse von Haiger nach Gießen, in Biedenkopf, Marburg, Lauterbach und Limburg
  (vgl. Abb. 4).

- Regionale Konzentrationen von Unternehmen des gleichen Wirtschaftszweigs finden sich insbesondere in den Kreisen Lahn-Dill und Marburg-Biedenkopf (Gießerei, Stahlbau und -
  verformung) sowie in den Kreisen Gießen und Lahn-Dill (Feinmechanik/Optik) (vgl. Tab. 3).
  Während die Konzentration der Feinmechanik/Optik in Gießen jedoch auf wenige feinmechani-
  sche Produktionsbetriebe von Konzernen zurückzuführen sind, resultiert sie in Wetzlar aus einer größeren Anzahl klein- und mittelständischer Unternehmen der Optik.

- Die meisten Betriebsneugründungen zwischen 1979 und 1994 erfolgten entlang einer Achse
  von Haiger nach Wetzlar und im Raum Biedenkopf (vgl. Abb. 35).

Die folgenden indirekten Hinweise auf Vernetzungen im *Forschungsbereich* sind aus Daten abgeleitet worden, die im Rahmen der Befragung patentanmeldender Unternehmen erhoben·wurden.
Die gleichen Angaben lassen sich ebenfalls - jedoch unter großem finanziellen Aufwand - aus
öffentlich zugänglichen Statistiken (z.B. aus Datenbanken) entnehmen:

- Die Erfindungen, die von den Unternehmen in Mittelhessen zum Patent angemeldet wurden,
  konzentrieren sich entlang einer Achse von Haiger nach Gießen sowie in Marburg und in Biedenkopf (vgl. Abb. 37).

- Durch eine inhaltliche Auswertung von Patentdokumenten kann festgestellt werden, auf welche technischen oder technologischen Gebiete sich die Erfindungs- und Entwicklungtätigkeiten der befragten patentanmeldenden Unternehmen beziehen. Regionale Konzentrationen gleicher Technologien, insbesondere in den Bereichen „Arbeitsverfahren und Transportieren" können in den IHK-Bezirken Gießen, Marburg und Limburg ermittelt werden. Weiterhin lassen sich Konzentrationen der technischen Bereiche „Maschinenbau" in Dillenburg und „Physik" in Wetzlar ausfindig machen (vgl. Tab. 5).

Die aufgeführten Konzentrationen lassen vermuten, daß sich in den betroffenen Teilräumen eher regionale Vernetzungen zwischen Unternehmen bilden können, als in Teilräumen in denen keine oder nur geringe Konzentrationen meßbar sind. Um jedoch auch direkte Hinweise auf mögliche institutionalisierte oder nicht-insitutionalisierte Vernetzungsstrukturen erlangen zu können, wurden die Unternehmen gefragt, in welchen formellen und informellen Bereichen sie mit anderen Akteuren in der Region zusammenarbeiten. Hinweise auf institutionalisierte Vernetzungen sind zum Beispiel den Angaben zu Kooperationen in den Bereichen Forschung und Entwicklung, Produktion und Weiterbildung zu entnehmen:

- Als Partner für Kooperationen im Bereich Forschung und Entwicklung wurden unterschiedliche Akteure in der Region Mittelhessen genannt:

    - Kooperationen mit Hoch- und insbesondere Fachhochschulen, die ihren Standort in Mittelhessen haben, lassen sich besonders häufig bei Unternehmen aus den IHK-Bezirken Gießen und Wetzlar feststellen (vgl. Abb. 42).

    - Kooperationen mit anderen Industrieunternehmen im Forschungsbereich werden besonders häufig von den Unternehmen im IHK-Bezirk Wetzlar durchgeführt (vgl. Abb. 43).

- Bei den Kooperationen im Bereich der Produktion und der Weiterbildung sind demgegenüber keine wesentlichen regionalen Konzentrationen festzustellen.

- Auch eine Zusammenarbeit der befragten Unternehmen mit Dienstleistungsunternehmen oder Behörden ist in keinem Teilraum der Untersuchungsregion überdurchschnittlich häufig bemerkbar. Ein Vergleich zwischen den Antworten der patentanmeldenden und der nicht-patentanmeldenden Unternehmen macht jedoch deutlich, daß erfindungsaktive Unternehmen besonders häufig auf Dienstleistungsunternehmen zugreifen (vgl. Abb. 45).

- Die Einteilung der identifizierten institutionalisierten Vernetzungen in solche, die zwischen Abnehmern und Zulieferern verlaufen (*vertikale*) und solche, die zwischen Unternehmen der gleichen Branche oder dem gleichen Produktionsbereich existieren (*horizontale*), zeigt, daß die Unternehmen im IHK-Bezirk Wetzlar häufig der zweiten Gruppe und diejenigen aus dem IHK-Bezirk Dillenburg überdurchschnittlich oft der ersten Gruppe zuzuordnen sind.

Besonders schwer sind Auskünfte über nicht-institutionalisierte Verflechtungen zu erhalten. Auch hier wurde daher zuerst nach günstigen Voraussetzungen für die Ausbildung nicht-institutionalisierter Vernetzungen in Teilräumen Mittelhessens gesucht:

- Auf der Basis der Befragungsergebnisse wurden Teilregionen in Mittelhessen abgegrenzt, die sich dadurch definieren, daß die Befragten sich diesen Räumen zugehörig fühlen. Als Teilräume mit einem „eigenen Regionalbewußtsein" konnten Wetzlar, Gießen, Marburg und Dillenburg bestimmt werden. Wie sich zeigt, basiert die durch subjektive Empfindungen gesteuerte Zuordnung entweder auf historischen politischen Grenzen (vgl. Abb. 2 und Abb. 3) oder auf früheren Wirtschaftsräumen (vgl. Abb. 46).

Es ist offensichtlich, daß innerhalb der „Räume mit eigenem Regionalbewußtsein" die Wahrscheinlichkeit besonders groß ist, daß sich nicht-institutionalisierte unternehmensbezogene Verflechtungen bilden, die auf informellen, oftmals privaten Kontakten basieren. Um diese Annahme zu überprüfen, wurde nach der Bedeutung und den Quellen für die informelle Informationsgewinnung gefragt:

• Ein informeller Informationsaustausch, der Auswirkungen auf die Innovationstätigkeit der Unternehmen hat, kann fast nur bei Unternehmen in Gießen und Wetzlar festgestellt werden. Auffällig ist, daß besonders viele Befragte in Wetzlar die Bedeutung der räumlichen Nähe zu Unternehmen der gleichen Branche oder mit dem gleichen Produktprogramm bei der informellen Informationsgewinnung hervorheben. Die Bedeutung des informellen Informationsaustausches für die Erfindungs- und Entwicklungstätigkeit der Unternehmen wird überwiegend von Technikern und weniger vom Führungspersonal betont.

Neben den Hinweisen auf institutionaliserte und nicht-institutionalisierte Vernetzungen, wurde der Frage nachgegangen, ob es Institutionen oder Personen in Mittelhessen gibt, die versuchen, innovationsrelevante Verflechtungen in der Region aufzubauen. Dadurch sollen mögliche „Knotenpunkte" oder „Konstrukteure" von Verflechtungsstrukturen ausfindig gemacht werden. Hier wurden insbesondere diejenigen Institutionen genannt, die auf Initiative der Unternehmen in der Region gegründet wurden (IMO und IUP) sowie die Industrie- und Handelskammern. Institutionen, die von kommunaler Seite oder von Hochschulen gegründet worden sind (z.B. Transferzentren), scheinen demgegenüber eine untergeordnete Rolle bei dem Aufbau von unternehmensbezogenen Vernetzungsstrukturen in der Region zu spielen.

Insgesamt deuten die direkten und indirekten Hinweise auf eine große Anzahl unternehmensbezogener Vernetzungen mittelhessischer Unternehmen hin. Die unterschiedlichen Formen von Vernetzungen, die aus den Ergebnissen in Abschnitt 10 abgeleitet werden können, zeigt Abb. 52.

Es wird deutlich, daß nur ein kleiner Teil der Vernetzungen regionsintern und innovationsorientiert ist. Abb. 52 erhebt nicht den Anspruch der Vollständigkeit; sondern zeigt nur diejenigen Formen unternehmensbezogener Vernetzungen, die in Mittelhessen ausfindig gemacht werden konnten. So regten zum Beispiel einige der Befragten eine Zusammenarbeit im Bereich des Vertriebs durch die Aufbau einer „Marketinggenossenschaft" an; Hinweise auf eine bestehende Vernetzung in diesem Bereich gab es jedoch nicht.

Deutliche Hinweise auf *regionale* unternehmensbezogene Vernetzungen waren zum Zeitpunkt der Befragung nur im Bezirk der IHK Wetzlar zu erkennen. Hier deuteten sich jedoch mindestens zwei Netzwerke an:

1. Das erste Netzwerk, in dem sich institutionalisierte, formelle und nicht-institutionalisierte, informelle Verflechtungen überlagern, besteht offensichtlich zwischen älteren Unternehmen der Feinmechanisch/Optischen Industrie. Der Ursprung für die Vernetzung dieser Unternehmen liegt in Spin-off-Unternehmensgründungen von Mitarbeitern der Firma Leitz in Wetzlar. Entstanden sind sie überwiegend in der Zeit der Weltwirtschaftkrise in den 20er Jahren, als die hohe Arbeitslosigkeit viele ehemalige Beschäftigte der Feinmechanisch/Optischen Industrie in Wetzlar zur Selbständigkeit nötigte. Einige der neugegründeten Unternehmen überlebten als Zulieferunternehmen der Optischen Industrie, wobei die persönlichen Kontakte zum ehemaligen Arbeitgeber und den ehemaligen Kollegen aufrecht gehalten wurden. Es entstand eine Vernetzung zwischen den sogenannten „*Leitzianern*", die zum Teil heute noch in dritter Generation besteht und überwiegend auf eine gemeinsame Produktion ausgerichtet ist. Ähnlich wie

in Neugablonz, wo die traditionelle Schmuckindustrie auf einer Vernetzung zwischen Mitgliedern einer Art „Schicksalsgemeinschaft" beruht (vgl. REHLE 1997), ist auch die beschriebene Vernetzung in Wetzlar die Folge einer „Notzeit" in den 20er Jahren.

2. Daneben gibt es Hinweise auf ein innovatives regionales Netzwerk, dem eine neue Unternehmergeneration der sogenannten Optoelektronischen Industrie angehört. Der Optoelektronischen Industrie in Mittelhessen lassen sich unterschiedliche Wirtschaftszweige zuordnen, deren Gemeinsamkeit in einem ähnlichen Produktprogramm liegt. Das Netzwerk zwischen diesen Unternehmen zeichnet sich durch eine hohe zwischenbetriebliche Verflechtung auf dem Gebiet der FuE aus und findet seinen Ausdruck unter anderem in der gemeinsamen Gründung eines Forschungsdienstleistungsunternehmens, des Instituts für Mikrostrukturtechnologie und Optoelektronik (IMO) in Wetzlar.

Abb. 52: Formen unternehmensbezogener Vernetzungen in Mittelhessen

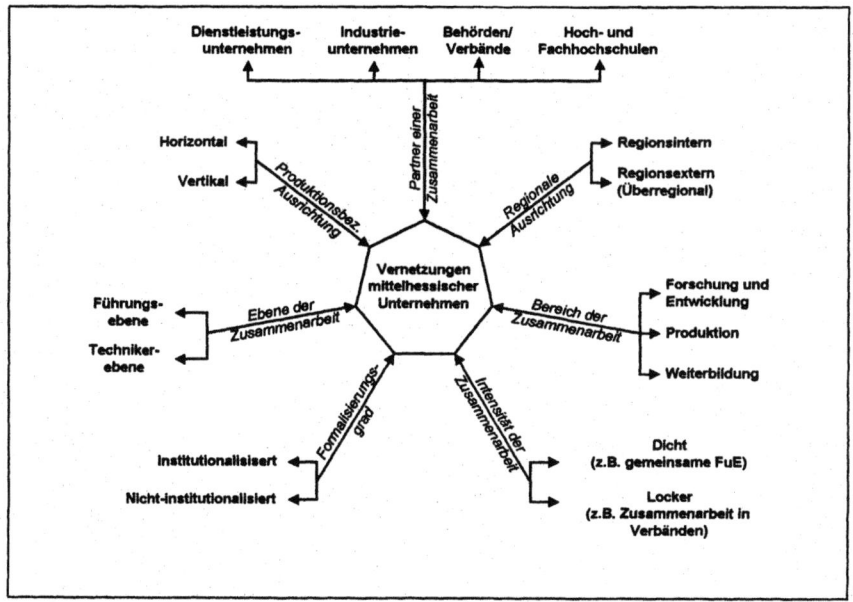

Quelle: Eigene Darstellung

Nach den Angaben der Befragten konkurrieren beide Netzwerke miteinander. Die Konkurrenz macht sich in mehrfacher Hinsicht bemerkbar. Die Befragten, deren Unternehmen dem ersten Netzwerk angehören, bringen dem „neuen Netzwerk" ein deutliches Mißtrauen entgegen. Sie befürchten, daß die „Optoelektronik" nur noch vom Namen, nicht jedoch vom Inhalt her mit der Optik verbunden ist. Das „Vordringen in die Mikrostrukturbereiche" mit Hilfe der Optoelektronik, ist daher ein Leitziel, mit dem sich die Unternehmen der klassischen Optischen Industrie nicht identifizieren können. Vielmehr ist ihrer Ansicht nach das Leitziel eher geeignet, um die klassische optische Industrie aus der Region zu verdrängen.

In umgekehrter Weise versuchen die Gründer des IMO die Unternehmen in der Region davon zu überzeugen, daß die klassische Optische Industrie in der Bundesrepublik nicht mehr wettbewerbsfähig ist. Gerade diejenigen optischen Vorprodukte, die von den meisten „älteren" optischen Unternehmen in Wetzlar hergestellt werden, sollen nach ihrer Ansicht in Osteuropa oder in Asien eingekauft werden. Nur die Forschung, die Konstruktion und die Montage spezieller Endprodukte, die keine Massenfertigung zulassen, sollen in Wetzlar verbleiben. Die maßgeschneiderten, oftmals sehr komplexen und teuren Mikrosysteme (z.B. miniaturisierte Sensorsysteme oder ASICs[89]), die in den Produkten (z.B. Meß- und Steuergeräten) Verwendung finden, sollen durch gemeinsame FuE mit dem IMO realisiert werden.

Obgleich den Angaben der Befragten zufolge das zweite Netzwerk aus dem ersten hervorgegangen ist und es Unternehmen gibt, die in beiden Netzwerken integriert sind, so daß man auch von einer Überschneidung beider Netzwerke sprechen kann, gehören heute dem ersten Netzwerk überwiegend ältere optische Unternehmen an, während das zweite Netzwerk gekennzeichnet ist durch Unternehmen unterschiedlicher Wirtschaftszweige, deren Erfindungstätigkeit sich jedoch insbesondere auf die Herstellung von Meß-, Prüf- oder Steuergeräten (Physik) konzentriert.

Die Verflechtungen der Optoelektronischen Industrie in Wetzlar weisen aufgrund der Integration von Kreditinstituten, Industrie- und Handelskammern sowie örtlicher Behörden in das gemeinsame Forschungsinstitut IMO auf die Existenz eines sogenannten „kreativen Milieus" hin. Diese Vermutung läßt sich jedoch auf der Basis des vorhandenen Datenmaterials nicht belegen.

Auch im Bezirk der IHK zu Dillenburg gibt es verschiedene indirekte Hinweise auf die Existenz einer lokalen unternehmensbezogenen Vernetzung metallverarbeitender Unternehmen. Es gibt jedoch keine direkten Hinweise auf ein innovatives Netzwerk. Auch war es mit Hilfe der Befragungsergebnisse nicht möglich, das IUP in die lokale Vernetzung der Unternehmen einzuordnen.

In den Bezirken Gießen, Marburg und Limburg konnten aus den vorhandenen Daten weder direkte Hinweise auf lokale unternehmensbezogene Vernetzungen abgeleitet werden, noch deuteten die Auskünfte der Experten in der Befragung darauf hin. Die vielfältigen unternehmensbezogenen Vernetzungen, die in Mittelhessen gemessen werden konnten, machen jedoch eine Unterscheidung in regionale- und nicht-regionale Vernetzungen überaus schwer. Insbesondere läßt sich die Wirksamkeit regionaler Vernetzungen nicht feststellen, da die regionalen Netzwerke im Zuge der Globalisierung in zunehmender Weise von überregional ausgerichteten Vernetzungen überdeckt werden. Den Angaben der Befragten zufolge sind die nicht-regionalen unternehmensbezogenen Vernetzungen heute sehr viel bedeutsamer für die wirtschaftliche Entwicklung der Unternehmen als die regionalen.

---

[89] Application Specific Integrated Circuit (ASIC) sind anwendungsspezifische und demzufolge „maßgeschneiderte" Schaltkreise

11 Zusammenfassung

Das Ziel der Arbeit bestand darin, Determinanten der Erfindungs- und Entwicklungtätigkeit von Industrieunternehmen in der Region Mittelhessen zu analysieren. Neben *unternehmensinternen* und *-externen* sollten dabei insbesondere *regionalspezifische* Determinanten, von denen ein Einfluß auf die Innovationsaktivitäten und den Innovationserfolg der Unternehmen ausgeht, erfaßt werden. Da Mittelhessen eine typische Standortregion für klein- und mittelständische Industrieunternehmen ist, sind die Ergebnisse der Untersuchung auf diese Gruppe der Unternehmen eingeengt.

Die Arbeit basiert im wesentlichen auf den Ergebnissen einer Befragung von 80 patentanmeldenden und 17 nicht-patentanmeldenden Unternehmen zu ihren Erfindungs- und Entwicklungsaktivitäten. Die Befragungsaktion wurde von 1994 bis 1996 in Form ausführlicher Tiefeninterviews unter Zugrundelegung teilweise standardisierter Fragebögen durchgeführt. Hervorgehoben sei, daß ausschließlich klein- und mittelständische Industrieunternehmen Gegenstand der Untersuchung waren, so daß die Ergebnisse der empirischen Analyse die Erfindungs- und Entwicklungsaktivitäten der klein- und mittelständischen Industrie widerspiegeln.

1. Durch die Erfassung *patentanmeldender Unternehmen* wurden die Standorte erfindungsaktiver Unternehmen sowie die vorherrschenden technologischen Neuerungen in der Region Mittelhessen ermittelt:

   • Die erfinderischen Tätigkeiten der Industrie in Mittelhessen konzentrieren sich vornehmlich entlang einer Entwicklungsachse, die sich von Gießen über Wetzlar und Dillenburg bis nach Haiger und damit ins Dilltal, einem traditionellen Industriegebiet für die Verarbeitung von Eisenwaren, erstreckt.

   • Die meisten Patente werden in Mittelhessen von Unternehmen mit 50 - 1000 Beschäftigten angemeldet. Unternehmen mit weniger als 50 Beschäftigten melden nur sehr selten Erfindungen zum Patent an. Unternehmen mit mehr als 1000 Beschäftigten sind in der Region kaum vorhanden. Das Ergebnis der Untersuchung ist damit auf den Typ der klein- und mittelständischen Unternehmen eingeengt.

   • Mit rund 90% betreffen die meisten der erfaßten Patentanmeldungen im Untersuchungsgebiet Erfindungen, die zu *Produktinnovationen* führen. Nur knapp 10% der Anmeldungen beinhalten Erfindungen, die sich auf *Prozeßinnovationen* beziehen. Die Erfindungsaktivitäten sind sowohl von der Größe als auch von der sektoralen Zugehörigkeit der Unternehmen bzw. dem technologischen Bereich abhängig, in dem das Unternehmen aktiv ist.

   • Bei den patentanmeldenden Unternehmen handelt es sich vor allem um Vertreter der Wirtschaftszweige *Maschinen-* und *Fahrzeugbau, Herstellung von EBM-Waren* sowie *Elektroindustrie* und *Feinmechanik/Optik*. Die drei Wirtschaftszweige mit den meisten Patentanmeldungen sind unter Hinzunahmen der Behringwerke AG die *Elektrotechnik*, der *Maschinenbau* und die *Chemie*.

2. Um Antworten auf die Frage nach den *Rahmenbedingungen für technologische Neuerungen* in den befragten Unternehmen zu erhalten, wurde nach den Gründen gefragt, die von den Unternehmen als wichtig für die Entstehung von Neuerungen angesehen wurden. Technologische Neuerungen werden sowohl aus *unternehmensinternen* als auch aus *unternehmensexternen* Gründen durchgeführt:

- Besonders wichtige Gründe für *Produktinnovationen* sind für rund 80% der patentanmeldenden Unternehmen die *Sicherung bestehender Märkte* und die *Optimierung bestehender Produkte.* Als weniger bedeutsam erweisen sich die *Schaffung neuer regionaler Märkte* oder die *Erweiterung der Produktpalette.* Bei rund 70% der befragten Patentanmelder führen die *Wünsche und Forderungen der Abnehmer (Kunden)* dazu, daß Erfindungs- und Entwicklungstätigkeiten in den Unternehmen durchgeführt werden. Die meisten Produktinnovationen kommen damit auf Anregungen von außen zustande und können nicht auf die eigene Kreativität oder Risikobereitschaft der Unternehmen zurückgeführt werden.

- Die meisten *Prozeßinnovationen* werden geplant, um *Kosten zu senken,* wobei für rund 70% der patentanmeldenden Unternehmen die *Senkung der Lohnkosten* besonders wichtig ist. Die *Verbesserung der Produktqualität* ist ebenfalls ein wichtiger Grund, um Prozeßtechnologien im Unternehmen zu verändern, wohingegen die *Verbesserung der Arbeitsbedingungen* und des *Umweltschutzes* sowie die *Senkung des Energieverbrauchs* seltener Anlaß für entsprechende Veränderungen sind.

Neben den Gründen für Innovationen wurde nach den Impulsen gefragt, die dazu führen, daß *technologische Innovationsprozesse* in Industrieunternehmen ausgelöst werden:

- Die meisten Innovationsimpulse kommen von *Kunden* und *Abnehmern.* Sie werden in der Regel den *Konstruktions-* bzw. *Forschungs-* und *Entwicklungsabteilungen* zugeleitet und von diesen in neue Produkte, neue Prozesse oder Verbesserungen umgesetzt. Wichtige Impulse gehen oftmals auf wenige aktive, kreative Mitarbeiter in den Unternehmen zurück.

3. Neben den Faktoren, die Innovationsprozesse in den Unternehmen auslösen oder begünstigen, wurde nach Faktoren gefragt, die Innovationsaktivitäten *behindern* oder sogar *verhindern.* Über 80% der patentanmeldenden Unternehmen wiesen auf Innovationshemmnisse hin:

- Technologische Neuerungen unterbleiben eher aufgrund von *Risiken,* die mit einer möglichen Markteinführung verbunden sind als aufgrund von *Schwierigkeiten bei der praktischen Durchführung* von Erfindungs- und Entwicklungstätigkeiten. Erfindungs- und Entwicklungsaktivitäten werden in den meisten klein- und mittelständischen Unternehmen nur dann ausgelöst, wenn die *Risiken,* die mit einer geplanten Innovation verbunden sind, als gering eingestuft werden.

- Bei den nicht-patentanmeldenden Unternehmen werden überdurchschnittlich viele Innovationen durch einen *Mangel an Kapital* verhindert.

4. Unternehmensorientierten Dienstleistungen wird besonders im Bereich der Forschung und Entwicklung eine erhebliche Bedeutung bei der Realisierung von Innovationen zugeschrieben. Es wurde daher versucht festzustellen, welchen Einfluß *Forschungs- und Entwicklungstätigkeiten* bei der Einführung technologischer Neuerungen in den Unternehmen ausüben:

- Unternehmen, die Forschung betreiben, führen eine größere Anzahl von Produktinnovationen durch als Unternehmen ohne Forschungsaktivitäten.

- Rund die Hälfte der patentanmeldenden Unternehmen benötigt *keine Forschung,* um Produktinnovationen zu verwirklichen und etwa 7% der Unternehmen *keine Entwicklungstätigkeiten.* Innovationen sind demzufolge auch *ohne* den Einsatz von FuE möglich.

- Viele technische Innovationen können nur mit Hilfe *extern* durchgeführter Forschung und Entwicklung realisiert werden. Die Innovationsfähigkeit der Unternehmen vergrößert sich demzufolge durch die *Vergabe von Forschungsaufträgen* und die *Zusammenarbeit* mit anderen Unternehmen, Hochschulen oder Forschungsinstitutionen im Bereich Forschung und Entwicklung erheblich.

5. Die Bedeutung der Zusammenarbeit mit anderen Akteuren des Wirtschaftsprozesses, insbesondere im Bereich Forschung und Entwicklung, hebt den Stellenwert von *Vernetzungen* zwischen Unternehmen sowie zwischen Unternehmen und anderen Akteuren hervor. Unternehmensbezogene Vernetzungen zu erfassen und zu belegen ist äußerst schwierig. So konnten eher Hinweise gewonnen als konkrete Belege gefunden werden, die auf Vernetzungen hinweisen. Folgende Hinweise konnten ermittelt werden:

*   Hinweise auf *institutionalisierte, formelle Vernetzungsstrukturen* ließen sich aus den Kooperationsbeziehungen der Unternehmen ableiten. Von den befragten patentanmeldenden Unternehmen kooperieren rund 65% mit anderen Unternehmen, 64% mit Dienstleistungsunternehmen, rund 50% mit Hoch- und Fachhochschulen und 11% mit Behörden.

*   Hinweise auf *nicht-institutionalisierte, informelle Vernetzungsstrukturen* ergaben sich aus der Existenz lokaler, privater, unternehmensbezogener „Zirkel", denen Personen angehören, die durch den Austausch innovationsrelevanter Informationen die Innovationsaktivitäten der Unternehmen in der Region beeinflussen.

Die Vernetzungen zwischen Unternehmen sowie zwischen Unternehmen und anderen Akteuren sind nach ihrem Aufbau, ihrer Entstehung und ihrer Bedeutung überaus heterogen strukturiert. Im wesentlichen konnten folgende Vernetzungsstrukturen unterschieden werden:

*   Im *Forschungsbereich* arbeiten über 50% der befragten patentanmeldenden Unternehmen mit anderen Unternehmen zusammen, so daß auf *innovationsorientierte Vernetzungen zwischen Unternehmen* geschlossen werden kann. Analoge Vernetzungen ließen sich zwischen Unternehmen und Hochschulen sowie zwischen Industrie- und Dienstleistungsunternehmen feststellen. Vernetzungen im Forschungsbereich waren bei den nicht-patentanmel-denden Unternehmen deutlich seltener zu beobachten.

*   Sowohl in der *Produktion* als auch in der *Weiterbildung* arbeiten jeweils knapp 40% der Unternehmen mit anderen Unternehmen zusammen.

*   Je nach der *Funktion des Kooperationspartners* konnten die genannten Vernetzungen aufgeteilt werden in Vernetzungen zwischen Unternehmen der gleichen Branche (Wettbewerbern) (*vertikal* strukturierte Vernetzungen) und Vernetzungen zwischen Zulieferern und Abnehmern (*horizontal* strukturierte Vernetzungen). Vertikale Vernetzungen konnten bei über 50% der kooperierenden Unternehmen festgestellt werden, horizontale bei knapp 40% der Unternehmen.

Weiterhin ließen sich die Vernetzungen nach ihrer *regionalen Ausdehnung* unterscheiden. Neben Vernetzungen zwischen Akteuren oder Abteilungen *innerhalb* der Unternehmen, denen nicht weiter nachgegangen wurde, konnten folgende *unternehmensexterne* Vernetzungen ermittelt werden:

*   *Regionsinterne Vernetzungen*, also Vernetzungen zwischen verschiedenen Akteuren in *Teilräumen des Untersuchungsgebiets;* sie bestehen bei 35% der patentanmeldenden Unternehmen im Bereich der gemeinsamen Forschung mit Hoch- und Fachhochschulen und bei knapp 20% im Bereich der Forschung mit anderen Unternehmen.

*   *Regionsextern* ausgerichtete *Vernetzungen*, bei denen die Partner ihren Standort außerhalb der Untersuchungsregion haben; sie konnten insbesondere im Bereich der Zusammenarbeit

mit anderen Industrieunternehmen (55%) sowie mit Dienstleistungsunternehmen (40%) festgestellt werden.

Die Entstehung und der Aufbau von Vernetzungsstrukturen, die bei den mittelhessischen Unternehmen ermittelt wurden, werden durch unterschiedliche Faktoren beeinflußt. Bei der Analyse der Strukturen wurde zwischen *institutionalisierten*, *formellen* und *nicht-institutionalisierten*, *informellen* Netzwerken unterschieden, wobei hervorzuheben ist, daß sich beide Strukturen häufig überschneiden oder zum Teil gegenseitig erst bedingen:

- Die Vernetzungen der klein- und mittelständischen Unternehmen werden wesentlich durch die *Zugehörigkeit zu Konzernen* beeinflußt. Fast die Hälfte der patentanmeldenden Unternehmen in Mittelhessen gehören Konzernen an, die ihren Standort außerhalb der Region, teilweise außerhalb der Bundesrepublik Deutschland haben. Aufgrund der Integration in die Strukturen der Konzerne besitzen die befragten Unternehmen entsprechend vor allem regionsextern ausgerichtete Vernetzungen.

- Vertikale Vernetzungen richten sich zumeist nach dem *Standort der Abnehmer und Zulieferer* aus. Da die meisten Abnehmer und Zulieferer der mittelhessischen Unternehmen ihren Standort außerhalb der Untersuchungsregion haben, sind vertikale Vernetzungen in Mittelhessen ebenfalls fast ausschließlich regionsextern ausgerichtet.

- Die regionsinternen Vernetzungen, die in der Untersuchungsregion festgestellt wurden, sind deckungsgleich mit Teilräumen, die durch gemeinsame wirtschaftliche oder kulturelle Traditionen gekennzeichnet sind. Häufig handelt es sich dabei um historisch gewachsene Raumeinheiten. Alte historische Grenzen wirken sich noch heute bei der Festlegung regionaler Netzwerke aus.

- Sowohl institutionalisierte als auch nicht-institutionalisierte Vernetzungen werden den Angaben der Befragten zufolge durch Kontakte zwischen Personen, die sich kennen und einander vertrauen, beeinflußt oder ermöglicht. Solche Kontakte sind bei den Befragten überwiegend auf eine gemeinsame Ausbildungs- oder Studienzeit zurückzuführen. Daneben werden in selteneren Fällen auch Kontakte für eine Zusammenarbeit genutzt, die aus der räumlichen Nähe der Akteure zueinander oder aufgrund gemeinsamer privater Aktivitäten, Mitgliedschaften in Klubs oder Vereinen, entstanden sind.

- Entsprechend der Ausbildung und der Tätigkeit der Akteure in den Unternehmen lassen sich verschiedene *Hierarchien* von Verflechtungen unterscheiden. In Mittelhessen können Verflechtungen auf der „*Geschäftsführerebene*" und auf der „*Technikerebene*" unterschieden werden. Die Befragungsergebnisse deuten darauf hin, daß Verflechtungen auf der „Technikerebene" für die Ausgestaltung der Erfindungs- und Entwicklungsaktivitäten eine größere Bedeutung haben. So bezeichneten über 70% der „Techniker" informelle Verflechtungen als bedeutsam für die Durchführung von Innovationsaktivitäten, jedoch nur 20% der „Geschäftsführer".

6. Unternehmensbezogene Vernetzungen konnten im gesamten Untersuchungsraum festgestellt werden. Der weitaus größte Anteil der Vernetzungen bezieht sich jedoch auf Verbindungen zu Partnern, die ihren Standort nicht in Mittelhessen haben. Hinweise auf regionsinterne unternehmensbezogene Vernetzungen konnten hauptsächlich in den Bezirken der Industrie- und Handelskammern von Wetzlar und Dillenburg, weniger jedoch in den Bezirken der IHK Marburg, Gießen und Limburg gewonnen werden. Die Unternehmen aus dem Bezirk der Industrie- und Handelskammer in Gießen zeichnen sich dagegen durch häufige Zusammenarbeit mit Hoch- und Fachhochschulen in der Region aus.

7. Deutliche direkte Hinweise auf die Existenz regionsinterner unternehmensbezogener Vernetzungen konnten nur im *Bezirk der Industrie- und Handelskammer Wetzlar* gefunden werden. Hier existieren offensichtlich *zwei* Formen von regionsinternen Vernetzungen, die sich teilweise überschneiden und zum Teil in Konkurrenz zueinander stehen. Die Überschneidung resultiert aus der Zugehörigkeit einiger Akteure zu beiden Netzwerkstrukturen. Beide Formen von Vernetzungen betreffen sowohl institutionalisierte als auch nicht-institutionalisierte Verbindungen zwischen den beteiligten Akteuren, sie haben jedoch eine unterschiedliche Entstehungsgeschichte und dienen unterschiedlichen Zielen:

- Die erste Form der Vernetzung ist *historisch* bedingt. Sie basiert auf Verbindungen zwischen Vertretern der Feinmechanisch/Optischen Industrie, die als *Spin-offs* der großen optischen Unternehmen in Wetzlar (Leitz, Hensoldt, etc.) entstanden und seit rund zwei Generationen miteinander verflochten sind. Die Vernetzung dient überwiegend einer gemeinsamen Produktion feinmechanisch/optischer Produkte.

- Die zweite Form der Vernetzung wurde in den letzten zehn Jahren mehr oder weniger „gezielt" aufgebaut, um durch flexible Zusammenarbeit die Forschung und Entwicklung klein- und mittelständischer Unternehmen im Bereich der sogenannten Optoelektronik zu verbessern und wettbewerbsfähig zu sein. Der sichtbare Ausdruck dieser Bemühungen ist die Gründung des Instituts für Mikrostrukturtechnologie und Optoelektronik e.V. (IMO), dem neben 19 mittelständischen Unternehmen vier Kreditinstitute, fünf Industrie- und Handelskammern sowie der Kreisausschuß des Lahn-Dill-Kreises und die Stadt Wetzlar angehören. Das IMO versucht regionale Akteure zur Zusammenarbeit im Forschungsbereich zu animieren. Diese Bemühungen haben in einigen Fällen dazu geführt, daß neben formellen auch informelle Verflechtungen zwischen Akteuren in Wetzlar entstanden sind. Die weitgehende Akzeptanz des IMO resultiert aus folgenden Faktoren:

  - Das Institut richtet seine Aufgabenstellungen am *aktuellen Forschungsbedarf* der Gründungsmitglieder aus.

  - Die Geschäftsführer fast aller Mitgliedsunternehmen sind gleichzeitig auch in anderen Institutionen, zum Beispiel in Kammern und Verbänden tätig. Dieses führt dazu, daß das IMO, unabhängig von seiner Funktion als Forschungsdienstleister, den Knotenpunkt einer Vernetzung zwischen verschiedenen Akteuren in der Region bildet.

  - Die Aufgaben des Instituts richten sich an einem „Leitbild" aus, welches an die feinmechanisch/optische Tradition Wetzlars anknüpft. Das „Leitbild" ist fast allen der Befragten in der Region vertraut und wird akzeptiert.

7. Die Entwicklung und Verflechtung der Unternehmen der Optoelektronischen Industrie im Wetzlarer Raum lassen vermuten, daß hier Ansätze für ein innovatives Netzwerk und ein kreatives Milieu existieren. Hierzu eine klare Aussage zu treffen ist schwierig, da nicht-regionale Vernetzungen der Unternehmen die regionalen überlagern und letztere im Zuge des Globalisierungsprozesses immer bedeutsamer geworden sind. Dieses läßt sich auch aus der Entwicklung des IMO ablesen, das sich aus seiner zunächst rein auf den regionalen Bereich konzentrierten Vernetzung löst und aufgrund seiner Spezialisierung in zunehmendem Maße außerregionale Auftraggeber bedient. Diese Entwicklung stellte sich nahezu zwangsläufig ein, da das IMO ein von privaten Aufträgen abhängiges Institut ist und nicht mehr durch öffentliche Mittel finanziert wird.

8. Die Analyse der unternehmensbezogenen Verflechtungen in Mittelhessen führt zur These, daß die Bildung innovativer regionaler Netzwerke eher einen „zufälligen" Charakter besitzt. Die regionsinternen Vernetzungen im Raum Wetzlar resultieren aus einer Verknüpfung von historisch bedingten Gegebenheiten mit den Initiativen einzelner Führungspersönlichkeiten in der Wirtschaft. Zu den historisch bedingten Voraussetzungen in Wetzlar gehört die räumliche Konzentration von Unternehmen der gleichen Branche sowie des gleichen technologischen Produktionsbereichs. Diese Konzentration ist eine indirekte Folge der Wirtschaftskrise in den 20er Jahren. Die Entlassungen, insbesondere in den Leitz-Werken, führten zu Spin-off-Unternehmensgründungen durch ehemalige Mitarbeiter „aus der Not heraus". Die folgende Wirtschaftsentwicklung ließ die jungen, aufgrund ihrer gemeinsamen Herkunft eng miteinander verflochtenen Unternehmen wachsen. Es entstand das Netzwerk der sogenannten „Leitzianer". Dieses, eher auf eine gemeinsame Produktion ausgerichtete Netzwerk verlor in der Folge des Strukturwandels, der in den 70er Jahren eingetreten ist, an Bedeutung. Die neuerliche Krise mit ihren speziellen Anforderungen an die klein- und mittelständischen Unternehmen führte dazu, daß der Bedarf an neuen innovationsorientierten Kooperationen von einigen Akteuren in der Region erkannt wurde. Die als Reaktion auf die Strukturkrise durchgeführte Gründung des IMO sowie der Aufbau einer innovationsorientierten Vernetzungsstruktur wurden dadurch erleichtert bzw. erst ermöglicht, daß zwischen einigen Akteuren in der Region bereits unternehmensbezogene Verflechtungen existierten. Diese Erkenntnis führt zur Feststellung, daß regionalpolitische Konzepte zum Aufbau von unternehmerischen Netzwerken in den meisten Regionen wenig erfolgversprechend sein dürften. Unternehmerische Netzwerke können nicht „gegründet" werden, sondern wachsen unter bestimmten ökonomischen, historischen und personellen Gegebenheiten.

Literaturverzeichnis

ABERNATHY, W.J.; UTTERBACK, J.M., 1978: Patterns of Industrial Innovation. In: Technology Review, No. 7, pp. 41-47

ACS, Z.J.; AUDRETSCH, D.B. (eds.), 1991: Innovation and Technological Change. An International Comparison, Michigan

ACS, Z.J.; AUDRETSCH, D.B.; FELDMAN, M.P., 1992: Real Effects of Academic Research: Comment. In: American Economic Review 82, pp. 363-367

ACS, Z.J.; AUDRETSCH, D.B., 1993: Analysing Innovation Output Indicators: The US Experience. In: New Concepts in Innovation Output Measurements, pp. 10-41, New York

ÅKERBLOM, M.; VIRTAHARJU, M.; LEPPÄLAHTI, A., 1996: A Comparison of R&D Surveys, Innovation Surveys and Patent Statistics Based on Finnish Data. In: OECD, Innovation, Patents and Technological Strategies, pp. 57-70, Paris

ALBACH, H., 1983: Innovationen für Wirtschaftswachstum und internationale Wettbewerbsfähigkeit. In: RHEINISCH-WESTFÄLISCHE AKADEMIE DER WISSENSCHAFTEN (Hrsg.): Technische Innovationen und Wirtschaftskraft, S. 9-58, Köln

ALBACH, H., 1990: Das Management der Differenzierung, ein Prozeß aus Kreativität und Perfektion. In: Zeitschrift für die Betriebswirtschaft, 60. Jg., S. 829-832

ALLESCH, J., 1994: Technologietransfer - ein Beitrag zur Standortsicherung. In: IGLHAUT, J. (Hrsg.) Wirtschaftsstandort Deutschland mit Zukunft? S. 191-210, Wiesbaden

ALLESCH, J.; PREIß-ALLESCH, D.; SPENGLER, U. 1988: Hochschule und Wirtschaft. Bestandsaufnahme und Modelle der Zusammenarbeit, Köln

ARCHIBUGI, D.; CESARATTO, S.; SIRILLI, G., 1991: Sources of Innovative Activities and Industrial Organization in Italy. In: Research Policy, No. 20, pp. 299-313

ARCHIBUGI, D.; PIANTA, M., 1996: Innovation Surveys and Patents as Technology Indicators: the state of the art. In: OECD, Innovation, Patents and Technological Strategies, pp. 17-56, Paris

AREND, M.; STUCKEY, B., 1984: Zu den Ursachen räumlicher Innovationsdisparitäten in der Schweiz. In: BRUGGER, E.A. (Hrsg.), Regionale Innovationsprozesse und Innovationspolitik, S. 23-40, Diessenhofen

AUDRETSCH, D.B., 1993: The competetive and technological effects of patents: A critical assessment of the relevant literature in industrial economics. In: Results and Methods of Economic Patent Research, Europäisches Patentamt, Ifo-Institut für Wirtschaftsforschung, S. 173-204, München

AUDRETSCH, D.B.; MAHMOOD, T., 1994: The knowledge production function and R&D spillovers, Diskussionspapier

AUDRETSCH, D.B.; FELDMAN, M.P., 1996: R&D spillovers and the geography of innovation and production. In: The American Economic Review, Nr. 3

AUDRETSCH, D.B.; STEPHAN, P., 1996: Company-scientist location links: The case of biotechnology. In: The American Economic Review, Nr. 3

AUDRETSCH, D.B.; VIVARELLI, M., 1996: Firm size and R&D spillovers. In: Small Business Economics, Nr. 8

BACHFISCHER, R., 1984: Innovationsförderung und Technologietransfer als Instrumente regionaler Wirtschaftspolitik. In: Der ländliche Raum in Bayern, Forschungs- und Sitzungsberichte der Akademie für Raumforschung und Landesplanung, Bd. 156, S. 141-146, Hannover

BACKHAUS, A.; SEIDEL, O., 1997: Innovationen und Kooperationsbeziehungen von Industriebetrieben, Forschungseinrichtungen und unternehmensnahen Dienstleistern: Die Region Hannover-Braunschweig-Göttingen im interregionalen Vergleich. In: Hannoversche Geographische Arbeitsmaterialien, H. 19, Hannover

BADE, F.-J., 1987: Regionale Beschäftigungsentwicklung und produktionsorientierte Dienstleistungen. In: DIW Sonderheft 143, Berlin

BADE, F.J., 1996: Regionale Arbeitsplatzentwicklung. Vortrag in Gießen am 6. November 1996

BATHELT, H., 1991: Schlüsseltechnologie-Industrien. Standortverhalten und Einfluß auf den regionalen Strukturwandel in den USA und in Kanada, Dissertation, Berlin/Heidelberg/New York/London/Paris/Tokyo/Hongkong/Barcelona/Budapest

BATHELT, H., 1991: Forschung und Entwicklung. In: Standort-Zeitschrift für angewandte Geographie, H. 3, S. 8-13

BATHELT, H., 1994: Die Bedeutung der Regulationstheorie in der geographischen Forschung. In: Geographische Zeitschrift (82. Jahrgang) H. 2, S. 62-90, Stuttgart

BATHELT, H., 1995: Der Einfluß von Flexibilisierungsprozessen auf industrielle Produktionsstrukturen. In: Erdkunde, Bd. 49, S. 176-196, Kleve

BATHELT, H.; ERB, W.-D., 1993: Industrieatlas Mittelhessen, Ausgabe 1994, Gießen

BAUER, G; ZABEL, J., 1995: Technologiebericht Hessen '94, Wiesbaden

BECKER, C., 1994: Kooperation als FuE-Strategie? In: GESELLSCHAFT FÜR INNOVATIONSFORSCHUNG UND BERATUNG (GIB) (Hrsg.) Bilanz und Perspektiven in der deutschen Forschungs- und Technologiepolitik, S. 61-71, Köln

BENISCH, W., 1973: Kooperationsfibel. Bundesverband der Deutschen Industrie, 4. Auflage, Bergisch Gladbach

BERTSCHECK, I.; ENTORF, H., 1996: On Non-parametric Estimation of the Schumpeterian Link between Innovation and Firm Size. In: Empirical Economics, Nr. 21

BEYER, B., 1994: Regionale Wirtschaftsförderung durch Technologie- und Wissenstransfer aus Hochschulen? In: Zeitschrift für die Wirtschaftsgeographie, Jg.38, H. 1-2, S. 76-82

BLUM, U., 1987 Regionale Determinanten des Innovationsprozesses. In: Jahrbuch für die Sozialwissenschaften, H. 3, S. 276-297, Göttingen

BMFT, 1993: Bundesbericht Forschung 1993, Bonn

BONKOWSKI, S.; LEGLER, H., 1990: Nord-Süd-Gefälle bei industrieller F&E? In: Raumforschung und Raumordnung, H. 1, Köln

BRACKMANN, H.-J., 1993: Wechselwirkung zwischen Fachhochschule und Wirtschaft in der Region. In: Information zur Raumentwicklung, H. 3, Bonn

BRACZYK, H.-J., 1987: Innovationsdefizit und Nord-Süd-Gefälle. In: Schriftenreihe der Dt.-Brit. Stiftung für den Stud. der Industriegesellschaft, Bd. 3, Frankfurt a.M.

BREANDLI, P., 1993: The European Patent System - an Overview. In: Results and Methods of Economic Patent Research, Europäisches Patentamt, Ifo-Institut für Wirtschaftsforschung, S. 23-32, München

BROCKHOFF, K., 1986: Die Produktivität der Forschung und Entwicklung eines Industrieunternehmens. In: Zeitschrift für Betriebswirtschaft, H. 6, S. 525-537. Kiel

BROWN, W.H.; HIRABAYASHI, M.J., 1996: Patents with Multiple Inventors Residing in Different Countries. In: OECD, Innovation, Patents and Technological Strategies, pp. 239-270

BRUGGER, E.A., 1980: Innovationsorientierte Regionalpolitik. In: Geographische Zeitschrift, Jg.68, H. 3, Wiesbaden

BRUGGER, E.A., 1984 „Endogene Entwicklung" Ein Konzept zwischen Utopie und Realität. In: Informationen zur Raumentwicklung, H. 1/2, S. 1-8

BÜCHS, M., 1991: Zwischen Markt und Hierarchie: Kooperationen als Koordinationsformen. In: Zeitschrift für die Betriebswirtschaft, Ergänzungsheft 1, S. 1-38

BUNDESFORSCHUNGSANSTALT FÜR LANDESKUNDE UND RAUMORDNUNG, 1987: Aktuelle Daten zur Entwicklung von Städten, Kreisen und Gemeinden, 1986. In: Laufende Raumbeobachtungen der BfLR, Bonn

CAMAGNI, R., 1991: Innovation Networks. Spatial Perspectives, London/New York

CANTNER, U., HANUSCH, H., 1993: Neuere Ansätze in der Innovationstheorie und der Theorie des technischen Wandels - Konsequenzen für eine Industrie- und Technologiepolitik. In: MEYER-KRAHMER, F. (Hrsg.): Innovationsökonmie und Technologiepolitik, S. 12-46, Heidelberg

CHAKRABARTI, A.K.; HALPERIN, R., 1991: Technical performance and firm size: Analysis of patents and publications of US firms. In: Innovation and Technological Change, pp. 71-83, Oxford

COGAN, D.J., 1993: The Irish Experience with Literature-based Innovation Output Indicators. In: KLEINKNECHT, A.; BAINS, D. (ed.), New concepts in innovation output measurement, pp. 113-137, New York

COHAUSZ, H.B., 1995: Von der Idee zum Produkt. In: Forschung & Lehre. Mitteilungen des Deutschen Hochschulverbands, S. 144-147, Bonn

COHEN, W.M.; KLEPPER, ST., 1991: Firm size versus diversity in the achievement of technological advance. In: Innovation and Technological Change, pp. 183-203, Oxford

COHEN, W.M; KLEPPER, ST., 1996: A reprise of size and R&D. In: The Economic Journal, Nr. 437

COMMISSION OF THE EUROPEAN COMMUNITIES, 1991: Evaluation of Research & Development. Current practice and Guidelines, Luxemburg

CREVOISIER, O.; MAILLAT, D., 1991: Milieu, industrial organization and territorial production system: towards a new theory of spatial development. In: CAMAGNI, R., (ed.), Innovation Networks, London/New York

CUNY, R.H.; STAUDER, J., 1993: Lokale und regionale Netzwerke. In: Wirtschaftsdienst 1993/III, S. 150-157

DAHMANN, G., 1981: Patentwesen, technischer Fortschritt und Wettbewerb. Frankfurt/Bern/ Cirencester

DANIEL, H.D., FISCH, R., 1988: Evaluation von Forschung. In: Konstanzer Beiträge zur sozialwissenschaftlichen Forschung, H. 4, Konstanz

DARENMÖLLER, A., 1986: Beschäftigungspolitische Bedeutung kleiner und mittlerer Unternehmen. In: Raumforschung und Raumordnung, H. 2/3, S.71-74, Köln

DASGUPTA, P.; STIEGLITZ, J., 1980: Industrial Structure and the Nature of Innovative Acivity. In: Economic Journal, 90.Jg., pp. 266-293

DAVELAAR, E.J., 1991: Regional Economic Analysis of Innovation and Incubation, Amsterdam

DAVELAAR, E.J.; NIJKAMP, P., 1989: Spatial dispersion of technological innovation: A case study for the netherlands by means of partial least squares. In: Journal of Regional Science, Vol. 29, No. 3, pp. 325-346

DeBRESSON, C.; AMESSE, F., 1991: Networks of Innovators: A Review and Introduction to the Issue. In: Research Policy, Vol. 20, pp. 363-379

DeBRESSON, C.; SIRILLI, G.; HU, X.; LUK, F.K., 1994: Strukt9re and Location of Innovative Activity in the Italian Economy, 1981-1985. In: Economic Systems Research, Vol. 6, No. 2, pp. 135-158

DeBRESSON, C.; HU, X., 1996: The Localisation of Clusters of Innovative Activity in Italy, France and China. In: OECD, Innovation, Patents and Technological Strategies, pp. 185-200

DEILMANN, B., 1995: Wissens- und Technologietransfer als regionaler Innovationsfaktor, Dissertation, Dortmund

DERENBACH, R., 1986: Regionales Arbeitsplatzwachstum durch kleine und mittlere Betriebe: Stellenwert und Forschungsfragen. In: Raumforschung und Raumordnung, H. 2/3, S. 62-70, Köln

DEUTSCHES PATENTAMT, 1995: Jahresbericht 1994 München

DEUTSCHES PATENTAMT, 1996: Jahresbericht 1995 München

DICKE, H., 1995: Wege zu mehr Beschäftigung - Die Rolle kleiner und mittlerer Unternehmen. In: Die Weltwirtschaft. Institut für Weltwirtschaft, H. 1, S. 58-71, Kiel

DICKEN, P., 1992: Global Shift. London

DOSI, G., 1988: Sources, procedures and microeconomic effects of innovation. In: Journal of Economic Literature, pp. 1120-1171

DOSI, G.; FREEMAN, C.; NELSON, R.; SILVERBERG, G.; SOETE, L., (eds.), 1988: Technical Change and Economic Theory, London

DOSI, G. ORSENIGO, L., 1989: Industrielle Struktur und technologischer Wandel. In: HEERTJE, A. (Hrsg.) Technische und Finanzinnovationen: Ihre Auswirkungen auf die Wirtschaft. Frankfurt a.M.

DOSI, G.; PAVITT, K.; SOETE, L., 1990: The Economics of Innovation and International Trade, New York

DRYDEN, J., 1993: The OECD's International S&T Statistics: Data, indicators and analysis for competitiveness between countries and industries. In: Forschung und Entwicklung in der Wirtschaft, S. 85-103, Materialien zur Wissenschaftstatistik, H. 7, Essen

v. DUIJN.J.J., 1981: Fluctuations in innovations over time. In: Futures, Vol. 13, pp. 264-275

ECKEY, H.-F., 1988: Innovationsorientierte Regionalpolitik. In: Akademie für Raumforschung und Landesplanung: Forschungs- und Sitzungsberichte. Bd. 178, S. 67-90, Hannover

ERIKSSON, A.; HÅKANSSON, H., 1990: Getting innovations out of supplier networks, Montreal

EUROPÄISCHES PATENTAMT, 1996: Jahresbericht 1995 München

EVANGELISTA, R. 1996: Embodied and Disembodied Innovative Activities: Evidence from the Italian Innovation Survey. In: OECD, Innovation, Patents and Technological Strategies, pp. 139-162

EWERS, H.-J., WETTMANN, R. W., 1978: Innovationsorientierte Regionalpolitik. In: Informationen zur Raumentwicklung, S. 467-483

EWERS, H.-J., WETTMANN, R., KLEINE, J., KRIST, H., 1980: Innovationsorientierte Regionalpolitik. In: Schriftenreihe „Raumordnung des Bundesministers für Raumordnung, Bauwesen und Städtebau 06.042", Bonn

EWERS, H.-J., 1984: Räumliche Innovationsdisparitäten und räumliche Diffusion neuer Technologien. In: BRUGGER, E.A. (Hrsg.), Regionale Innovationsprozesse und Innovationspolitik, S. 97-118. Diessenhofen

EWERS, H.-J.; FRITSCH, M., 1989: Die räumliche Verbreitung von computergestützten Technologien in der Bundesrepublik Deutschland. In: Schriften des Vereins für Socialpolitik. S. 81-114. Berlin

EWERS, H.-J., 1994: Innovation. In: Handwörterbuch der Raumordnung, S. 499-507, Hannover

FACHINFORMATIONSZENTRUM KARLSRUHE, 1992: STN International, Datenbanken aus Wissenschaft und Technik

FAUST, K.; SCHEDL, H., 1984: Internationale Patentdaten: Ihre Nutzung für die Analyse technischer Entwicklungen. In: OPPENLÄNDER, K.H. (Hrsg.) Patentwesen, technischer Fortschritt und Wettbewerb, S. 151ff., Berlin/München

FAUST, K., 1989: Die Ausrichtung der deutschen Forschung auf neue technologischen Trends. In: ifo-Schnelldienst 33/89, S. 6-9, München

FAUST, K., 1990: Unternehmen als Patentanmelder in der Ifo-Patentstatistik. In: ifo-Schnelldienst 15/90, S. 3-8, München

FAUST, K., 1992: Technologische Wettbewerbsposition im Licht der ifo-Patentstatistik. In: ifo-Schnelldienst 32/92, S. 11-20, München

FAUST, K., 1993: Beobachten technologischer Wettbewerbspositionen mit Hilfe der ifo-Patentstatistik. In: Forschung und Entwicklung in der Wirtschaft; Materialien zur Wissenschaftstatistik, H. 7, Essen

FAUST, K., 1993: Patentanmeldungen als Indikator von technologischen Erfindungen - Ergebnisse und Erfahrungen mit der Ifo-Patentstatistik. In: Results and Methodes of Economic Patent Research. Europäisches Patentamt, Ifo-Institut für Wirtschaftsforschung, S. 155-172, München

FAUST, K.; BUCKEL, E., 1993: Ifo Patent Statistics, Actors in Technological Competition, Company Report 1993, Vol. I - Vol. IIIb, München

FELDER, J. u.a., 1994: Innovationsverhalten der deutschen Wirtschaft - Ergebnisse der Innovationserhebung 1993. Zentrum für Europäische Wirtschaftsforschung, Mannheim

FELDMAN, M.P., 1992: An Examination of the Puzzle of Small Firm Innovation, Towson

FELDMAN, M.P., 1993: Building a Technological Infrastruktur: Innovation and State Economic Development

FELDMAN, M.P.; FLORIDA, R., 1994: The Geography of Innovation, Boston

FISCHER, M.; MENSCHIK, G., 1991: Innovation und technologischer Wandel in Österreich. In: Mitteilungen der Österreichischen Geographischen Gesellschaft, 133. Jg., S. 43-68, Wien

FITZROY, F.R.; KRAFT, K., 1991: Firm size, growth and innovation: Some evidence from West Germany. In: Innovation and Technological Change, pp. 152-159, Oxford

FLEISSNER, P.; HOFKIRCHNER, W.; POHL, M., 1993: The Austrian Experience with Literature-based Innovation Output Indicators. In: KLEINKNECHT, A.; BAINS, D. (ed.), New Concepts in Innovation Output Measurements, pp. 85-112, New York

FREEMAN, C., 1982: The Economics of Industrial Innovation, London

FREEMAN, C., 1992: The Economics of Hope, London/New York

FRENKEL, M.; TRAUTH, TH., 1996: Wohlstandsschübe in einer offenen Welt. In: FAZ, Nr. 232, S. 13, Frankfurt

FRITSCH, M, 1990: Technologieförderung als regionalpolitische Strategie? In: Raumforschung und Raumordnung 2-3/90, 48.Jg., S. 117-122, Köln

FRITSCH, M. 1993: Markt, Marktversagen und die Evaluation technologiepolitischer Förderprogramme. Faculty of Economics and Business Adminsitrations, 93/8, Freiberg

FRITSCH, M., 1995: Arbeitsteilige Innovation - Ein Überblick über neuere Forschungsergebnisse, Freiberg

FRITSCH, M., BRÖSKAMP, A., SCHWIRTEN, C., 1996: Innovation in der sächsischen Industrie - Erste empirische Ergebnisse, Freiberger Arbeitspapiere, H. 13, Freiberg

FRITSCH, M., BRÖSKAMP, A., SCHWIRTEN, C., 1997: Forschung im sächsischen Innovationssystem - Erste empirische Ergebnisse, Freiberger Arbeitspapiere, H. 2, Freiberg

FRITSCH, M., SCHWIRTEN, C., LUKAS, R., BRÖSKAMP, A., 1997: Unternehmensbezogene Dienstleistungsbetriebe im sächsischen Innovationssystem - Erste empirische Ergebnisse, Freiberger Arbeitspapiere, H. 8, Freiberg

FROMHOLD-EISEBITH, M., 1992: Regionalwirtschaftliche Effekte des Wissens- und Technologietransfers der Rheinisch-Westfälischen Technischen Hochschule, Aachen

FROMHOLD-EISEBITH, M., 1994: Das „Kreative Milieu" als Motor Regionalwissenschaftlicher Entwicklung, Forschungstrends und Erfassungsmöglichkeiten. In: Geographische Zeitschrift, Jg. 83, H. 1, S. 30-47

FROSCH, M., 1994: Der Maschinenbau in Hessen. In: Staat und Wirtschaft in Hessen, H. 7/8, S. 241-248, Hessisches Statistisches Landesamt, Wiesbaden

FROSCH, M., 1995: Die regionale Struktur des Verarbeitenden Gewerbes. In: Staat und Wirtschaft in Hessen, H. 7, S. 192-196, Hessisches Statistisches Landesamt, Wiesbaden

FROSCH, M., 1995: Die Elektrotechnik in Hessen. In: Staat und Wirtschaft in Hessen, H. 4, S. 81-87, Hessisches Statistisches Landesamt, Wiesbaden

FROSCH, M., 1995: Die Beschäftigtenentwicklung in den größten Branchen des Verarbeitenden Gewerbes 1987 bis 1994. In: Staat und Wirtschaft in Hessen, H. 9, S. 261-264, Hessisches Statistisches Landesamt, Wiesbaden

FROSCH, M., 1996: Regionale Beschäftigungsentwicklung im Verarbeitenden Gewerbe 1990 bis 1994. In: Staat und Wirtschaft in Hessen, H. 1/2, S. 4-10, Hessisches Statistisches Landesamt, Wiesbaden

FUCHS, M., 1992: Standort und Arbeitsprozeß, Arbeitsveränderungen durch CAD in multistandörtlichen Unternehmen. In: Wirtschaftsgeographie, Münster/Hamburg

GENOSKO, J., 1986: Die innovationsorientierte Regionalpolitik: Eine wirksame Handlungsalternative? In: Raumforschung und Raumordnung, H. 2/3, S. 107-115, Köln

GERSTENBERGER, W., 1992: Zur Wettbewerbsposition der deutschen Industrie im High-Tech-Bereich. In: ifo-Schnelldienst 13/92, S. 14-23, München

GERYBADZE, A., 1991: Marktwirtschaft und innovative Unternehmensgründungen. Erfahrungen aus dem Modellversuch „Förderung technologieorientierter Unternehmensgründungen" (TOU). In: Marktwirtschaft und Innovation, S. 123-158, Baden-Baden

GIBBS, D. C.; EDWARDS, A., 1985: The Diffusion of New Production Innovations in British Industry. In: THWAITES, A.T.; OAKEY, R.P. (eds.), The Regional Economic Impact of Technological Change, pp. 132-164, New York

GIESE, E.; NIPPER, J., 1884: Die Bedeutung von Innovation und Diffusion neuer Technologien für die Regionalpolitik. In: Erdkunde, Band 38, S.202-215, Gießen

GIESE, E., 1887: The Demand for Innovation-oriented Regional Policy in the Federal Republic of Germany: Origins, Aims, Policy Tools and Prospects of Realisation. In: BROTSCHIE, J.F.; HALL, P.; NEWTON, P.W. The Spatial Impact of Technological Change. pp. 240-253, London

GIESE, E.; SEIFERT, V., 1988: Innenstadtentwicklung Wetzlars unter besonderer Berücksichtigung des Einzelhandels, Gießen

GIESE, E., 1989: Leistungsbeurteilung und Leistungvergleiche in der Forschung. In: Westdeutsche Rektorenkonferenz (Hrsg.):Leistungsbeurteilung und Leistungsvergleich im Hochschulbereich, Dokumente zur Hochschulreform 65, S. 51-110

GIESE, E.; v.STOUTZ, R., 1997: Indikatorfunktion von Patentanmeldungen für regionalanalytische Zwecke in der Bundesrepublik Deutschland. In: Studien zur Wirtschaftsgeographie des Geographischen Institutes der JLU Gießen, Gießen

GILFILLIAN, S., 1934: The Sociology of Invention, Chicago

GIROUD, G., 1991: Perspektiven der rechnergestützten Patentinformation. In: Informationstechnik it: Computer, Systeme, Anwendungen, 33. Jg, H. 5, S. 288-292, München

GOTT, C., 1990: Innovation in der deutschen Nahrungs- und Genußmittelindustrie am Beispiel der Süßwarenindustrie, Stuttgart

GRABHER, G. 1988: Unternehmensnetzwerke und Innovation. Discussionpaper FSI 88-20, Wissenschaftszentrum Berlin, Berlin

GRABHER, G., 1993: Wachstums-Koalitionen und Verhinderungs-Allianzen. Entwicklungsimpulse und -blockierungen durch regionale Netzwerke. Informationen zur Raumentwicklung, S. 749-758

Graf v.d.SCHULENBURG, J.M.; WAGNER, J., 1991: Advertising, innovation and market strukture: A comparison of the United States of America and the Federal Republic of Germany. In: Innovation and Technological Change, pp. 160-182, Oxford

GREFERMANN, K., OPPENLÄNDER, K.-H., PEFFGEN, E., RÖTHLINGSHÖFER, K.CH., SCHOLZ, L., 1974: Patentwesen und technischer Fortschritt. Teil I, Die Wirkungen des Patentwesens im Innovationsprozeß. ifo-Institut für Wirtschaftsforschung, Göttingen

GREIF, S., 1989: Zur Erfassung von Forschungs- und Entwicklungstätigkeiten durch Patente. In: Naturwissenschaften 76, S. 156-159

GREIF, S.; POTKOWIK, G., 1990: Patente und Wirtschaftszweige, Köln\Berlin\Bonn\München

GREIF, S., 1992: Die räumliche Struktur der Erfindungstätigkeit. Grundlagen für einen Patentatlas der Bundesrepublik Deutschland. In: Studien zur Wirtschaftsgeographie des Geographischen Institutes der JLU Gießen, Gießen

GREIF, S., 1993: Patente als Indikatoren für Forschungs- und Entwicklungstätigkeit. In: Forschung und Entwicklung in der Wirtschaft, Materialien zur Wissenschaftsstatistik, H. 7, S. 33-60, Essen

GREIPL, E. ;TÄGER, U., 1982: Wettbewerbswirkungen der unternehmerischen Patent- und Lizenzpolitik unter besonderer Berücksichtigung kleiner und mittlerer Unternehmen, ifo-Institut für Wirtschaftsforschung, Berlin-München

GRENZMANN, CH., 1993: Methodik und Aufbau der deutschen FuE-Statistik und Struktur der FuE-Aktivitäten in der Bundesrepublik Deutschland. In: Forschung und Entwicklung in der Wirtschaft, Materialien zur Wissenschaftsstatistik, H. 7, S. 9-33, Essen

GRENZMANN, CH.; GREIF, S., 1996: Relationship between R&D Input and Output. In: OECD, Innovation, Patents and Technological Strategies, pp. 71-87

GRILICHES, Z., 1984: R&D, Patents, and Productivity, Chicago/London

GRUBER, H., 1993: The Use of the Patent System in Italy: A survey of the Economic Literature. In: Results and Methods of Economic Patent Research. Europäisches Patentamt, ifo-Institut für Wirtschaftsforschung, S. 261-278, München

GRUPP, H.; SCHMOCH, U.; KUNTZE, U., 1990: Patents as Potential Indicators of the Utility of EC Reseach Programmes. In: Scientometrics, Vol. 21, No.3, pp. 417-445, Amsterdam/Oxford/ New York/Tokio

GRUPP, H. (Hrsg), 1993: Technologie am Begin des 21. Jahrhunderts, Schriftenreihe des Fraunhofer-Instituts für System- u. Innovationsforschung, Heidelberg

GRUPP, H., 1994: The Dynamics of Science-Based Innovation Reconsidered: Cognitive Models and Statistical Findings. In: GRANSTRAND, O. (ed.): Economics of Technology, pp. 223-251, Amsterdam

GUNDLACH, E., 1993: Determinaten des Wirtschaftswachstums: Hypothesen und empirische Evidenz. In: Die Weltwirtschaft, H. 4, S. 466-499

HÄGERSTRAND, T. (1967): Innovation Diffusion as a Spatial Process, Chicago/London

HÄUßER, E., 1984: Schutzrechte und technische Information als Überlebensstrategie für das einzelne Unternehmen und die Volkswirtschaft. In: Mitteilungen der deutschen Patentanwälte, München

HÄUßER, E., 1995: Patentwesen und Forschung. In: Forschung und Lehre, Mitteilungen des Deutschen Hochschulverbands, S. 136-138, Bonn

HAGEDOORN, J.;SCHANKENRAAD, J., 1993: Strategic Technology Partnering and International Corporate Strategies. In: HUGHES, K. (ed.) European Competitiveness, pp. 60-86, Cambridge

HAGEMEISTER, S., 1988: Innovation und innovatorische Kooperation von Unternehmen als Instrumente regionaler Entwicklung, München

HAHN, D., 1986: Planungs- und Kontrollrechnung - PuK, 3. Auflage, Wiesbaden

HAHN, D., (Hrsg.) 1989: Produktionswirtschaft - Controlling indutrieller Produktion. Band 2, Produktionsprozesse, Grundlegung zur Produktionsplanung, -steurerung und -kontrolle und Beispiele aus der Wirtschaftspraxis, Heidelberg

HAHN, R.; GAISER A., 1994: Aktuelle Innovationsprozesse im Verarbeitenden Gewerbe: Impulse, Vernetzungen, Umweltbedingungen und Standortbewertung. Ein Vergleich von Klein- und Mittelbetrieben aus dem Maschinen- und Fahrzeugbau und der Elektroindustrie im Raum Baden-Oberschwaben. In: Zeitschrift für Wirtschaftsgeographie, Jg. 38, H. 1-2, S. 60-75

HAHN, R.; GAISER, A.; HÁRAUD, J.-A.; MULLER, E., 1994: Innovationstätigkeit der Unternehmen und regionales Umfeld. In: Raumordnung und Raumplanung, H. 3, S. 193-202

HÅKANSSON, H., 1989: Corporate Technological Behaviour. Co-Operation and Networks, London/ New York

HALL, B.H.; GRILICHES, Z.; HAUSMAN, A., 1986: Patents and R&D: Is there a lag? In: International Economic Review, Vol. 27, No. 2, pp. 265-283, Pennsylvania/Osaka

HANSEN et al., 1984: For a discussion of the linear model. In: KLINE, S.J.; ROSENBERG, N. (eds.), 1986: The Positive Sum Strategy. Harnessing Technology for Economic Growth, Washington

HARDER, O., 1993: Gründe für die Arbeitsplatzwahl von Fachhochschulabsolventen und Einflußmöglichkeiten der regionalen Arbeitgeber. In: Informationen zur Raumentwicklung, S. 165-170

HASSINK, R., 1994: Regionale Innovationsförderung im Vergleich. In: Raumordnung und Raumplanung, Akademie für Raumforschung und Landesplanung, H. 2

HEERTJE, A. (Hrsg.), 1989: Technische und Finanzinnovationen: Ihre Auswirkung auf die Wirtschaft, Oxford/Frankfurt a.M.

HELPMAN, E.; KRUGMAN, P.R., 1989: Trade Policy and market structure, Cambridge

HESSISCHES LANDESVERMESSUNGSAMT, 1969: Hessen in Karte und Luftbild, Topographischer Atlas, Neumünster

HESSISCHES MINISTERIUM FÜR WIRTSCHAFT, VERKEHR UND TECHNOLOGIE, 1992: Strukturpolitischer Bericht für Mittelhessen, Wiesbaden

HESSISCHES MINISTERIUM FÜR WISSENSCHAFT UND KUNST, 1993: Wissenschaft und Forschung in Hessen, Wiesbaden

HESSISCHES STATISTISCHES LANDESAMT, 1995: Bergbau und Verarbeitendes Gewerbe in Hessen im September 1994, Wiesbaden

HESSISCHES STATISTISCHES LANDESAMT, 1995: Hessische Gemeindestatistik 1994, Wiesbaden

v.HIPPEL, E., 1988: The Sources of Innovation, Oxford

HIRN, W., 1997: Mittelstand: Innovation. Ideenfabrik. In: Managermagazin, 8/1997, S. 61-66

HIRSCHMAN, A.O., 1958: The Strategy of Economic Development. New Haven/London (Deutsche Übersetzung: Die Strategie der wirtschaftlichen Entwicklung, Stuttgart 1967)

HLT GESELLSCHAFT FÜR FORSCHUNG PLANUNG ENTWICKLUNG MBH, 1994: Technologiebericht Hessen '94, Wiesbaden

HOLLANDER, S., 1965: The Sources of Increased Efficiency: A Study of Du Pont Rayon Plants, MIT Press, Cambridge

HOPFENBECK, W., 1989: Allgemeine Betriebswirtschafts- und Managementlehre, München

HORN, E., 1976: Technologische Neuerungen und internationale Arbeitsteilung, Tübingen

HORSTMANN, I.; MACDONALD, G.; SILVINSKI, I., 1985: Patents as Information Transfer Mechanisms: To Patent or (Maybe) Not to Patent. In: Journal of Political Economy, Bd 93, H. 5, pp. 837-858, Chicago

HUND, H., 1992: Ursachen und Folgen des Strukturwandels für die Region Wetzlar, Wetzlar

HUND, H., 1994: Mikrosystemtechnik in der mittelständischen Industrie: Chanchen und Risiken. In: Mikroelektronik und Mikrosystemtechnik, H. 3, Berlin

HUNSDIEK, D., 1987: Unternehmensgründung als Folgeinnovation - Struktur, Hemmnisse und Erfolgsbedingungen der Gründung industrieller innovativer Unternehmen. In: Schriften zur Mittelstandsforschung, Nr. 16, Stuttgart

IFO-INSTITUT FÜR WIRTSCHAFTSFORSCHUNG, 1974: Patentwesen und technischer Fortschritt, Göttingen

IHK ARNSBERG; IHK ZU DILLENBURG; IHK GIEßEN; IHK ZU HAGEN; IHK KASSEL; IHK KOBLENZ; IHK LIMBURG; IHK SIEGEN; IHK WETZLAR 1994: Die Industrieregion Mitte West, Arnsberg

IHK-UNTERNEHMENS- UND TECHNOLOGIE-BERATUNG KARLSRUHE GMBH, 1994: Das Innovationspotential in der TechnologieRegion Karlsruhe, Karlsruhe

IMAI, K.; BABA, Y., 1989: Systemic innovation and cross-border networks: transcending markets and hierarchies to create a new techno-economic system, OECD, Paris

IRSCH, N.; MÜLLER-KÄSTNER, B.: 1989 Regionale Unterschiede in der Struktur und der Leistungsfähigkeit kleiner und mittlerer Unternehmen. In: Raumforschung und Raumordnung, H. 2/3, S. 79-92, Köln

JACOBY, H.D., 1987: Entwicklungslinien technischen Fortschritts aus unternehmerischer Sicht. In: KÖRNER, H.; RÜRUP, B. (Hrsg.) Sozio-ökonomische Konsequenzen des technischen Wandels, S. 47-70, Darmstadt

JAFFE, A., 1986: Technological Opportunity and Spillover of R&D: Evidence from Firms' Patents, Profits and Market Value. In: American Economic Review, Vol. 76, No. 5, pp. 984-1001

JAFFE, A., 1989: Real Effects of Academic Research. In: American Economic Review 79, pp. 957-970

JAFFE, A., TRAJTENBERG, M., HENDERSON, R., 1993: Geographic localization of knowledge spillovers as evidence by patent citations. In: Quarterly Journal of Economics, Vol. 108, pp. 576-598

JENTSCHURA, R., 1995: Zu schwach für Innovationen? In: Forschung & Lehre Mitteilungen des Deutschen Hochschulverbands, S. 139-142, Bonn

JOHANSON, J.; MATTSON, L.-G., 1987: Inter-organisational relations in industrial systems: a network approach compared with the transaction-cost appraisal. In: International Studies of Management and Organisation, Vol. 14, No. 1, 34-48

KAMMERER, P., 1995: Das Verarbeitende Gewerbe in Hessen 1994. In: Staat und Wirtschaft in Hessen, H. 5, S. 126-130, Hessisches Statistisches Landesamt, Wiesbaden

KAMMERER, P., 1996: Investitionen im Verarbeitenden Gewerbe 1994. In: Staat und Wirtschaft in Hessen, H. 1/2, Hessisches Statistisches Landesamt, Wiesbaden

KANZENBACH, E., 1987: Marktwirtschaft und Innovation - Grenzen und Möglichkeiten staatlicher Innovationsförderung. In: WERNER, J. (Hrsg.): Beiträge zur Innovationspolitik. Schriften des Vereins für Socialpolitik, Bd. 169, S. 27-35, Berlin

KELLER, D.; KREIENBAUM, CH., 1993: Neue technologiepolitische Rezepte sind gefragt. In: Wirtschaftsdienst, S.568-570

KERN, D., 1991: Outputorientierte Innovationsförderung als Instrument marktwirtschaftlicher Forschungs- und Technologiepolitik. In: OBERENDER, P.; STREIT, E. (Hrsg.), Marktwirtschaft und Innovation, S. 57-74, Baden-Baden

KIRCHMANN, E., 1996: Innovationskooperation zwischen Hersteller und Anwender. In: ZfbF 48, H. 5, S. 442-465

KLEINKNECHT, A., 1987: Measuring R&D in Small Firms: How Much are we Missing? In: The Journal of Industrial Economics, Vol. 36, No. 2, pp. 253-256

KLEINKNECHT, A.; POOT, T.P.; REIJNEN, J.O.N., 1991: Formal and informal R&D and firm size: Survey results from the Netherlands. In: Innovation and Technological Change, pp. 84-108, Oxford

KLEINKNECHT, A.; POOT, T.P., 1992: Do Regions matter for R&D? In: Regional Studies 26, pp. 221-232

KLEINKNECHT, A.; BAINS, D. (eds.), 1993: New Concepts in Innovation Output Measurement, New York

KLEINKNECHT, A.; REIJNEN, J.O.N.; SMITS, W., 1993: Collecting Literature-based Innovation Output Indicators. The Experience in the Netherlands. In: KLEINKNECHT, A.; BAINS, D. (eds.), New Concepts in Innovation Output Measurement, pp. 42-84, New York

KLINE, S.J.; ROSENBERG, N., 1986: An overview of Innovation. In: ROSENBERG, N; LANDAU, R. (eds.) The positive Sum Strategie, Washington

KLUGE, G., 1995: Wie Forscher zu Erfindern werden. In: Forschung & Lehre Mitteilungen des Deutschen Hochschulverbands, S. 143, Bonn

v.KOOIJ, E.H., 1990: Technology Transfer in the Japanese Electronics Industry, Economic Research Institute for Small and Medium-sized Business, Zootemeer

KOSCHATZKY, K., 1991: New Concepts of Measuring Technological Change. In: BLUM V.; SCHMID J. (eds.): Demographic Processes. Occupation and Technological Change. Heidelberg

KOSCHATZKY, K., 1991: Online-Statistik in Patentdatenbanken für Mittelständische Unternehmen. In: Informationstechnik it: Computer, Systeme, Anwendungen, 33. Jg., H. 5, S. 263-268, München

KOSCHATZKY, K.; SCHMOCH, U., 1991: Praktische Durchführung von Recherchen in Patendatenbanken. In: Informationstechnik it, Computer, Systeme, Anwendungen, 33. Jg., H. 5, S. 259-262, München

KOSCHATZKY, K.; GRUPP, H.; GUNDRUM, U.; HINZE, S.; KUNTZE, U., 1992: High-Techunternehmen in der Region Rhein-Main. In: Fraunhofer-Institut, Karlsruhe

KOSCHATZKY, K., 1997: Innovative regionale Entwicklungskonzepte und technologie-orientierte Unternehmen. In: Technologieunternehmen im Innovationsprozeß, Management, Finanzierung und regionale Netzwerke, S. 181-200 Schriftenreihe des Fraunhofer Instituts für Systemtechnik und Innovationsforschung (ISI). Heidelberg

KOSCHATZKY, K.; GUNDRUM, U., 1997: Die Bedeutung von Innovationsnetzwerken für kleine Unternehmen. In: KOSCHATZKY, K. (Hrsg) Technologieunternehmen im Innovationsprozeß, Management, Finanzierung und regionale Netzwerke, S. 207-228, Schriftenreihe des Fraunhofer-Instituts für Systemtechnik und Innovationsforschung (ISI), Heidelberg

KOSCHATZKY, K.; TRAXEL, H., 1997: Entwicklungs- und Innovationspotentiale der Industrie in Baden, Arbeitspapiere Regionalfoschung Nr. 5, Karlsruhe

KRESTEL, H., 1991: Patentdatenbanken im kritischen Vergleich. In: Informationstechnik it: Computer, Systeme, Anwendungen, 33. Jg., H. 5, S. 236-244, München

KRUGMAN, P.R., 1987: Strategic trade policy and the international economics, Cambridge

KRYSTEK, U., 1986: FuE als Frühwarnsysteme. In: HAHN, D.; TAYLOR, B. (Hrsg.), Strategische Unternehmungsplanung, S. 281-305, Heidelberg/Wien

KULICKE, M., 1987: Technologieorientierte Unternehmensgründungen in der Bundesrepublik Deutschland. Europäische Hochschulschriften, Reihe 5, Nr. 776, Bern

LÄPPLE, D., 1989: Neue Technologien in räumlicher Perspektive: In: Informationen zur Raumentwicklung, H. 4, Technischer Wandel und räumliche Entwicklung, S. 213-227, Bonn

LEGLER, H. (Hrsg), 1991: Industrielle Forschung, Entwicklung, Invention und Innovation. Strukturberichterstattung Niedersachsen. Niedersächsische Institut für Wirtschaftsforschung, Hannover

LEGLER, H.; GRUPP, H.; GEHRKE, B.; SCHASSE, U., 1992: Innovationspotential und Hochtechnologie, Heidelberg

LHUILLERY, S. 1996: Innovation in French Manufacturing Industry: A Review of the findings of the Community Innovation Survey. In: OECD, Innovation, Patents and Technological Strategies, pp. 89- 124

LICHT, G., 1994: Patenting, Innovation and R&D: Results from the German CIS, paper for the OECD workshop on Innovation, Patents and Technological Strategies, Paris

LINK, A.; REES, J., 1991: Firm size, university-based research and the returns to R&D. In: Innovation and Technological Change, pp. 60-70, Oxford

LUCAS, R.E., 1988: On the Mechanics of Economic Development. In: Journal of Monetary Economics, Vol 22, pp. 3-42

LUNDVALL, B.-A., 1988: Innovations as an inter-active process: user - producer relations. In: DOSI et al. (eds.) Technical Change and Economic Theory, Chap. 17, London

LUNDVALL, B.-A., (ed.) 1992: National Systems of Innovation. Towards a Theory of Innovation an Interactive Learning, London

MAILLAT, D., 1991: The Innovation Process and the Role of the Milieu. In: BERGMAN, E.M./ MAIER, G./TÖDTLING, F. (eds.): Regions Reconsidered. Economic Networks, Innovation and Local Development in Industrialized Countries, pp. 103-117, London/New York

MAILLAT, D.; QUÉVIT, M.; SENN, L.; 1993: Résaux d'innovation et milieux innovateurs: un pari pour le développment régional. GREMI. Neuchâtel.

MALECKI, E.J., 1991: Technology and economic development. The dynamics of local, regional and national change, Harlow

MANSFIELD, E., 1984: Comment on using linked patent and R&D data to measure interindustry technology flows. In: GRILICHES, Z. (Hrsg.), Patents and Productivity, pp. 462-464, Chicago

MANSFIELD, E., 1988: Patents and Innovation. An empirical Study. In: Management Science, Vol. 32, No. 2, pp. 173-181

MANSFIELD, E., 1991: Academic Research and industrial innovation. In: Research Policy, Vol. 20, pp. 1-12

MANSFIELD, E. 1995: Academic Research Underlying Industrial Innovations. Sources, Characteristics and Financing. In: Review of Economics and Statistics, Vol. 77, pp. 55-65

MARX, D.; 1975: Zur Konzeption ausgeglichener Funktionsräume als Grundlagen einer Regionalpolitik des mittleren Weges. In: Forschungs- und Sitzungsberichte (ARL), Bd.94, S. 1-18, Hannover.

MATTES, J., 1991: Strukturen von Online-Patentdatenbanken. In: Informationstechnik it: Computer, Systeme, Anwendungen, 33. Jg., H. 5, S. 269-275, München

MATZNER, E.; SCHETTKAT, R.; WAGNER, M., 1988: Beschäftigungsrisiko Innovation? In: Arbeitsmarktentwicklung moderner Technologien. Befunde aus der Meta-Studie, Berlin

MAURER, R.: Bestimmungsfaktoren des Innovationserfolgs. In: FAZ, v. 1. April 1997, Nr. 75, S. 15

MENGER, A., 1996: Technologiedienstleistungsunternehmen in Mittelhessen. Theoretische Fundierung und erste Evaluation, unveröffentlichte Diplomarbeit, Gießen

MENSCH, G., 1975: Das technologische Patt, Innovationen überwinden die Depressionen, Frankfurt

MERKLE, E., 1984: Patentinformationen als Frühindikatoren technologischer Entwicklung. In: Der Betrieb, H. 41, 37. Jg.

MEYER-KRAHMER, F.; DITTSCHAR-BISCHOFF, R.; GUNDRUM, U.; KUNTZE, U.; 1984: Erfassung regionaler Innovationsdefizite. In: Raumordnung, Schriftenreihe des Bundesminister für Raumordnung, Bauwesen und Städtebau

MEYER-KRAHMER, F., 1985: Innovation Behaviour and Regional Indigenous Potential. In: Regional Studies, Vol. 19.6, pp. 523-534

MEYER-KRAHMER, F., 1986: Regionale Unterschiede der Innovationstätigkeit in der Bundesrepublik Deutschland. In: Raumforschung und Raumordnung, H. 2/3, S. 92-100, Köln

MEYER-KRAHMER, F., 1990: Region und Innovation: Innovationsorientierte Regionalpolitik: Ansatz, Instrumente, Grenzen. In: GRAMATZKI, H.-E., KLINGER, F., NUTZINGER, H.G. (Hrsg.), Wissenschaft, Technik und Arbeit: Innovationen in Ost und West, Kassel

MEYER-KRAHMER, F.; GUNDRUM, U., 1995: Innovationsförderung im ländlichen Raum. In: Raumforschung und Raumordnung, H. 3

MOWERY, D.C.; ROSENBERG, N., (1989): Technology and the Pursuit of Economic Growth, New York

MÜLLER, V., SCHIENSTOCK, G., 1987: Der Innovationsprozess in westeuropäischen Industrieländern. In: Sozialwissenschaftliche Innovationstheorien. Schriftenreihe der ifo-Instituts für Wirtschaftsforschung, Nr. 98, Berlin/München

NECKER, T., 1994: Standorte im regionalen Wettbewerb. In: IGLAUT, J. (Hrsg.): Wirtschaftsstandort Deutschland mit Zukunft? Wiesbaden

NELSON, R., 1986: Institutions supporting technical advance in industry. In: American Economic Review, Vol. 76, pp. 186-189

NELSON, R. (ed.) 1992: Technical innovation and national systems, New York

NERLINGER, E.; BERGER, G., 1995: Regionale Verteilung technologieorientierter Unternehmensgründungen. In: Zentrum für Europäische Wirtschaftsforschung GmbH, Discussion Paper No. 95-23

NIW; DIW, ISI, ZEW, 1995: Zur technologischen Leistungsfähigkeit Deutschlands

NOLTE, B., 1996: Engpaßfaktoren der Innovation und Innovationsinfrastruktur, Frankfurt a.M./Berlin/ Bern/ New York/Paris/Wien

NUHN, H., 1985: Industriegeographie. In: Geographische Rundschau, Jg. 37, S. 187-193

OECD, 1992a: The Measurement of Scientific and Technical Activities - Frascati Manual -, Paris

OECD, 1992b: OECD Proposed Guidelines for collecting and interpreting Technological innovation Data - Oslo Manual -, General Distribution OCDE/GD(92)26, Paris

OECD, 1994: Using Patent Data as Science and Technology Indicators - Patent Manual -, General Distribution OCDE/GD(94)114, Paris

OPPENLÄNDER, K.H., 1991: Fragen der empirischen Wirtschaftsforschung an die Wachstumstheorie. In: Wachstumstheorie und Wachstumspolitik, GAHLEN, B.; BOMBACH, G. (Hrsg)., Schriftenreihe des Wirtschaftswissenschaftlichen Seminars Ottobeuren, Bd. 20, S. 53 - 77, Tübingen

OPPENLÄNDER, K.H., 1993: National and supranational patent systems as an object for economic research. In: Results and Methods of Economic Patent Research, Europäisches Patentamt, ifo-Institut für Wirtschaftsforschung, S. 9-22, München

OSENBERG, R., 1988: Das Deutsche Patentamt, Köln

OßENBRÜGGE, J., 1996: Regulationstheorie und Geographie. In: Zeitschrift für Wirtschaftsgeographie, Jg 40, H. 1/2, S. 2-5, Frankfurt a.M.

PAKES, A.; SCHANKERMANN, M., 1984: The Rate of Obsolescence of Patents, Research Gestation Lags, and the Private Rate of Return to Research Resources. In: R&D, Patents, and Produktivity, Chicago/London

PAKES, A; GRILICHES, Z., 1984: Patents and R&D at the Firm Level: A First Look. In: R&D, Patents, and Productivity, Chicago/London

PAVITT, K., 1984: Sectoral Patterns of Technological Cange: Toward a Taxonomy and a Theory. In: Research Policy, Vol. 13, pp. 343-373

PAVITT, K., 1988: International patterns of technological accumulation. In: HOOD, N., (ed.) Strategies in Global Competition, New York

PAVITT, K., 1988: Uses and Abuses of Patent Statistics. In: v.RAAN (ed.) Handbook of Quantitative Studies of Science and Technology, pp. 509-536, Amsterdam

PERROUX, F., 1964: L'économie du XXème siècle, Paris

PFEIFFER, W.; WEISS, E., 1992: Lean Management, Berlin

PFIRRMANN, O., 1991: Innovation und regionale Entwicklung. Eine empirische Analyse der Forschungs-, Entwicklungs- und Innovationstätigkeit kleiner und mittlerer Unternehmen in der Bundesrepublik Deutschland 1978 - 1984, München

PFIRRMANN, O., 1994: Die Bestimmung regionaler Innovationsdisparitäten. Ein Beitrag zur Methodendiskussion. In: Raumordnung und Raumplanung, H. 3, S. 203-211, Akademie für Raumforschung und Landesplanung, Braunschweig

PLESCHAK, F., 1995: Technologiezentren in den neuen Bundesländern, Heidelberg

PLESCHAK, F., 1997: Technologie- und Gründerzentren als Instrument der regionalen Wirtschaftsförderung. In: KOSCHATZKY, K. (Hrsg.), Technologieunternehmen im Innovationsprozeß, Management, Finanzierung und regionale Netzwerke, S. 229-246, Schriftenreihe des Fraunhofer-Instituts für Systemtechnik und Innovationsforschung (ISI), Heidelberg

PLETSCH, A., 1991: Hessen, Land in der neuen Mitte. In: Geographische Rundschau, Jg., 43, H. 5, S. 262-270, Braunschweig

POWELL, W. W., 1990: Neither market nor hierarchy - Network forms of organization. In: Research in Organisational Behaviour, Vol. 12, pp. 295-336

PRAKKE, F., 1989: Die Finanzierung technischer Innovationen. In: HEERTJE, A. (Hrsg.) Technische und Finanzinnovationen: ihre Auswirkungen auf die Wirtschaft, Oxford/Frankfurt a.M.

PRIORE, M.; SABEL, C.F., 1984: The Second Industrial Divide, New York

PROBST, A., 1991: Rahmenbedingungen für Forschung, Technologie und Innovation. In: OPPENLÄNDER, K.-H., POPP, W. (Hrsg.): Innovationsprozesse im europäischen Raum, München

RAMSER, H.J., 1991: Grundlagen der „neuen" Wachstumstheorie. In: WiSt, H. 3, S. 117-123

RECKER, E., SCHÜTTE, G., 1982: Räumliche Verteilung von qualifizierten Arbeitskräften und regionale Innovationstätigkeit. In: Informationen zur Raumentwicklung, H. 6/7, S. 543-560

REGIERUNGSPRÄSIDIUM GIEßEN (Hrsg.), 1985: Regionaler Raumordnungsplan Mittelhessen 1986, Gießen

REGIERUNGSPRÄSIDIUM GIEßEN (Hrsg.), 1987: Raumordnungsbericht Mittelhessen 1987, Gießen

REGIERUNGSPRÄSIDIUM GIEßEN (Hrsg.): 1992: Raumordnungsgutachten 1991: Planungsregion Mittelhessen, Gießen

RITTER-THIELE, K. M., 1992: Zum Zusammenhang zwischen Innovation und Strukturwandel in einer wachsenden Wirtschaft. In: Volkswirtschaftliche Forschung und Entwicklung, Bd. 78, München

ROMER, P.M., 1986: Increasing Returns and Long Run Growth. In: Journal of Political Economy, Vol. 94, pp. 1002-1087

ROSE, K., 1987: Grundlagen der Wachstumstheorie, 7. Auflage, Göttingen

ROTHWELL, R., 1972: SAPPHO uptdated. In: Research Policy, Vol. 3, No. 3, pp. 259-291

SAXENIAN, A.L., 1990: The origins and dynamics of production networks in Silicon Valley, Paper at the Montreal Workshop

SCHÄTZL, L., 1992: Wirtschaftsgeographie 1. Reine Theorie, 6. Auflage, Paderborn/München/Wien/Zürich

SCHÄTZL, L., 1994: Wirtschaftsgeographie 2. Empirie, Wirtschaftsgeographie der europäischen Gemeinschaft, Paderborn/München/Wien/Zürich

SCHAMP, E.W.; SPENGLER, U., 1985: Universitäten als regionale Innovationszentren? Das Beispiel der Georg-August-Universität Göttingen. In. Zeitschrift für Wirtschaftsgeographie 29, S. 166-178

SCHAMP, E.W., 1988: Weltwirtschaft und industrielle Entwicklung. In: GAEBE, W. (Hrsg.): Industrie und Raum. Handbuch des Geographieunterrichts, Bd. 3, S. 111-126, Köln

SCHERER, F.M., 1965: Firm size, market struktur, opportunity and the output of patented inventions. In: American Economic Review, vol 55, pp. 1097-1125

SCHERER, F.M., 1982: Zusammenhänge zwischen Forschungs- und Entwicklungsausgaben und Patenten. In: GRUR int., Heft 7, S. 425-430, Weinheim

SCHERER, F.M., 1983: The propensity to patent. In: International Journal of Industrial Organisation, Vol 1, pp. 107-128

SCHERER, F.M., 1984: Zusammenhänge zwischen Forschungs- und Entwicklungsausgaben und Patenten. In: OPPENLÄNDER, K.H. (Hrsg), Patentwesen, technischer Fortschritt und Wettbewerb, S. 175ff., Berlin-München

SCHERER, F.M., 1991: Changing Perspectives on the firm size Problem. In: Innovation and Technological Change, pp. 24-38, Michigan

SCHERER, F.M., 1993: Research on Patents and the Economy: The State of the Art. In: Results and Methods of Economic Patent Research Europäisches Patentamt, ifo-Institut für Wirtschaftsforschung, S. 39-56, München

SCHMIDT, R.; SCHEIN, B.; KLAS, A., 1991: Inhouse-Patentdatenbanken für mittelständische Unternehmen. In: Informationstechnik it: Computer, Systeme, Anwendungen 33. Jg., H. 5, S. 263-274, München

SCHMOCH, U., 1991: Patentdatenbanken. In: Informationstechnik it: Computer, Systeme, Anwendungen H. 5, 33. Jg., S. 225-296 München

SCHOLZ, L.; SCHMALENHOLZ, H., 1984: Patentschutz und Innovation. In: OPPENLÄNDER, K.H. (Hrsg.) Patentwesen, technischer Fortschritt und Wettbewerb, S. 189-211, Berlin/München

SCHOLZ, L., 1988: Ansatzpunkte und Grundsätze einer innovationsorientierten Regionalpolitik. In: ifo-Schnelldienst. H. 21, S. 11-17, München

SCHRAMM, R., 1991: Perspektiven der Nutzung von Patentdatenbanken in den neuen Bundesländern. In: Informationstechnik it: Computer, Systeme, Anwendungen 33. Jg., H. 5, S. 283-287, München

SCHRÖTER, W., 1987: Die Kontaktphase im Wissenstransfer. In: WAGNER, A. (Hrsg.) Beiträge einer traditionellen Universität zur industriellen Innovation, S. 69-122, Tübingen

SCHRÖTER, W., 1990: Forschungstransfer aus einer klassischen Universität. Eine empirische Untersuchung an der Universität Tübingen. In: WAGNER, A. (Hrsg.) Forschungstransfer klassischer Universitäten, S. 13-166, Tübingen

SCHRUMPF, H., 1986: Existenzgründungen, technologische Innovationen und regionalwirtschaftliche Entwicklung. In: Raumforschung und Raumordnung, H. 2/3, S. 101-107, Köln

SCHULTE, P., 1993: Fachhochschulen als Infrastrukturfaktor von Regionen. In. Informationen zur Raumentwicklung, S. 171-178

SCHUMPETER, J.A., 1911: Theorie der wirtschaftlichen Entwicklung. Verwendet in der 6. Auflage von 1964, Berlin

SCHUMPETER, J.A., 1961: Konjunktur-Zyklen Bd. 1. Übers. von Buisiness Cycles, New York (1939), Göttingen

SCHUMPETER, J.A., 1961: Konjunktur-Zyklen Bd. 2. Übers. von Buisiness Cycles, New York (1939), Göttingen

SCHUMPETER, J.A., 1980: Kapitalismus, Sozialismus und Demokratie, 5. Auflage, München

SCHWALBACH, J.; ZIMMERMANN, K.F., 1991: A Poisson model of patenting and firm structure in Germany. In: Innovations and Technological Change, pp. 109-120, Oxford

SCHWITALLA, B., 1993: Messung und Erklärung industrieller Innvationsaktivitäten mit einer empirischen Analyse für die westdeutsche Industrie, Heidelberg

SCOTT, A.J., 1988: New Industrial Spaces, Flexible Production Oranisation and Regional Development in North America and Western Europe, London

SCOTT, J.T., 1991: Research diversity induced by rivalry. In: Innovations and technological change, pp. 132-151, Oxford

SIEBERT, H., 1977: Einführung in die Volkswirtschaftslehre. Teil II. Wirtschaftspolitische Ziele und makroökonomische Theorie, Stuttgart

SIEBERT, H., 1986: Innovation, Beschäftigung und Wachstum. In: Volkswirtschaftliche Beiträge der Fakultät für Wirtschaftswissenschaften und Statistik der Universität Konstanz, Nr. 211, Konstanz

SOETE, L. 1987: The Impact of Technological Innovation on International Trade Patterns. The Evidence Reconsidered. In: FREEMAN, C. (ed.) Output Measurement in Science and Technology, pp. 101-137, Amsterdam

SOLOW, R.M., 1957: Technical Change and the Aggregate Production Function. In: Review of Economics and Statistics, pp. 312-320

STAUDT, E.; BOCK, J.; MÜHLEMEYER, P., 1992: Innovationsverhalten von innovationsaktiven kleinen und mittleren Unternehmen. Ergebnisse einer empirischen Untersuchung in Nordrhein-Westfalen. In: Zeitschrift für die Betriebswirtschaft, 62. Jahrgang, H. 9, S. 989-1008, Wiesbaden

STERNBERG, R., 1988: Technologie- und Gründerzentren als Instrument kommunaler Wirtschaftsförderung, Dissertation, Dortmund

STERNBERG, R., 1988: Fünf Jahre Technologie- und Gründerzentren (TGZ) in der Bundesrepublik Deutschland - Erfahrungen, Empfehlungen, Perspektiven. In: Geographische Zeitschrift, Jg. 76, H. 3, S. 164-179, Wiesbaden

STERNBERG, R., 1995: Technologiepolitik und High-Tech Regionen - ein internationaler Vergleich, Münster/Hamburg

STEWARD, F., 1993: Extracting Significant Innovations from Published Sources in Great Britain. In: KLEINKNECHT, A.; BAINS, D. (eds.), New Concepts on Innovation Output Measurement, pp. 138-152, New York

STIENS, G., 1992: Regionale Entwicklungspotentiale und Entwicklungsperspektiven. In: Geographische Rundschau, H. 3, S. 139-142

STN INTERNATIONAL, 1995: Patent Information aus Online-Datenbanken. In: FIZ Karlsruhe, Karlsruhe

STONEMAN, P., 1991: Technological diffusion, firm size and market structure. In: Innovation and Technological Change, pp. 121-131, Oxford

STORCK, K.L., 1992: Hochtechnologie und Regionalplanung, Erlangen

v.STOUTZ, R., 1992: Erfassung regionaler Innovationspotentiale unter besonderer Berücksichtigung von Patentindikatoren, unveröffentlichte Diplomarbeit, Gießen

STRAMBACH, S., 1993: Die Bedeutung von Netzwerkbeziehungen für wissensintensive unternehmensorientierte Dienstleistungen. In: Geographische Zeitschrift, Jg. 81, S. 35-50, Wiesbaden

STRAMBACH, S., 1995: Wissensintensive unternehmensorientierte Dienstleistungen, Netzwerke und Interaktion am Beispiel des Rhein-Neckar-Raumes. In: Wirtschaftsgeographie, Bd. 6, Münster

SV-GEMEINNÜTZIGE GESELLSCHAFT FÜR WISSENSCHAFTSSTATISTIK MBH, 1991: Forschung und Entwicklung in der Wirtschaft 1989, Essen

SYDOW, J., 1992: Strategische Netzwerke und Transaktionskosten. Über die Grenzen einer transaktionskostentheoretischen Erklärung der Evolution strategischer Netzwerke. In: STAEHLE, W.; SYDOW, J. (Hrsg.): Managementforschung 1, S. 239-311, Berlin/New York

SYDOW, J., 1992: Strategische Netzwerke. Evolution und Organisation. In: Neue Betriebswirtschaftliche Forschung, Bd. 100, Wiesbaden

TAAFFE, E.L.; KRAKOVER, S.; GAUTHIER, H.L., 1992: Interactions between Spread-and-backwash, population turnaround and corridor effects in the inter-metropolitan periphery: a case study. In: Urban Geography, H. 13; pp. 503-533

TÄGER, U., 1984: Der Technologietransfer in der BRD, Grundstrategien auf dem Technologiemarkt, Berlin

TÄGER, U.; KRUG, G., 1988: Technologie- und wettbewerbspolitische Wirkungen von Forschungs- und Entwicklungskooperationen. Eine empirische Darstellung und Analyse. In: ifo-Institut für Wirtschaftsforschung, München

TÄGER, U.; SEYLER, H., 1989: Probleme des deutschen Patentwesens im Hinblick auf die Innovationsaktivitäten der Wirtschaft, Schriftenreihe des ifo-Instituts für Wirtschaftsforschung, München

TÄGER, U., 1989: Entwicklungstendenzen im Patentverhalten deutscher Erfinder und Unternehmer. In: ifo-Schnelldienst 23/89, S. 14-26, München

TÄGER, U., 1990: Empirische Patentforschung: Mehr Information über ökonomische Wirkungen des Patents erforderlich. In: ifo-Schnelldienst 3/90, S. 3-9, München

THOMAS, M.D., 1987: The innovation factor in the process of microeconomic industrial change. In: New technology and regional development, pp. 21-44.

THORELLI, H.B., 1986: Networks: Between markets and hierarchies. In: Strategic management Journal, 7, pp. 37-51

THWAITES, A.T.; OAKEY, R.P. (eds.), 1985: The Regional Impact of Technological Change, London

TICHY, G., 1985: Die endogene Innovation als Triebkraft in Schumpeters Konjunkturtheorie. In: ifo-Studien, Jg. 31, S. 1-27

TÖDTLING, F., 1990: Räumliche Differenzierung betrieblicher Innovation, Berlin

TOWNSEND, J.; HENWOOD, F.; THOMAS, G.; PAVITT, K.; WYATT, S., 1981: Innovations in Britain Since 1945. In: Occasional paper No. 16, Falmer

TRAJTENBERG, M. 1990: Economic Analysis of Product Innovation: The Case of CT Scanners, Massachusetts

TRANSFERZENTRUM MITTELHESSEN (Hrsg.), 1996: Biotechnologieregion Mittelhessen, Gießen

TÖPFER, A., 1990: Forschungskooperationen mit kleinen und mittleren Unternehmen. In: SCHUSTER, H.J. (Hrsg.): Handbuch des Wissenschaftstransfers, S. 251-261, Berlin

UTTERBACK, J.M.; ABERNATHY, W.J., 1975: A Dynamic Model of Production and Process Innovation. In: Omega, Vol. 3, No. 6, pp. 639-657

UTTERBACK, J.M.; SUÁREZ, F.F., 1993: Innovation, Competition and Industry Structure. In: Research Policy, No. 22, pp. 1-21

v.VLIET, J., 1995: Mittelhessen 'de geboorte van een region, Unveröffentlichte Diplomarbeit, Utrecht

VERBAND DEUTSCHER MASCHINEN UND ANLAGENBAU E.V. (VDMA), 1996: Wer baut Maschinen in Deutschland? Frankfurt

WALTER, H., 1990: Ansätze und offene Probleme der Wachstumstheorie. In: WiSt, H. 6, S. 287-292

WEIGAND, H., 1991: Besonderheiten der Patentinformation. In: Informationstechnik it: Computer, Systeme, Anwendungen, 33. Jg., H. 5, S. 230-235, München

WIEANDT, A., 1994: Die Entstehung, Entwicklung und Zerstörung von Märkten durch Innovationen, Stuttgart

WILLIAMSON, O.E., 1975: Markets and hierarchies: Analysis and antitrust implications. New York, London

WILLIAMSON, O.E., 1990: Die ökonomischen Institutionen des Kapitalismus: Unternehmen, Märkte, Kooperationen, Tübingen

WINDELBERG, J., 1984: Innovationsorientierte Regionalpolitik zur Entwicklung strukturschwacher Peripherieräume. In: Informationen zur Raumentwicklung, H. 1/2, S. 63-78, Bonn

WÖHE, G., 1986: Einführung in die allgemeine Betriebswirtschaft, München

WUPPERFELD, U., 1997: Der Beteiligungskapitalmarkt in Deutschland. In. KOSCHATZKY, K. (Hrsg.) Technologieunternehmen im Innovationsprozeß, Management, Finanzierung und regionale Netzwerke, S. 153-180 Schriftenreihe des Fraunhofer-Instituts für Systemtechnik und Innovationsforschung (ISI), Heidelberg

Oliver Motz

Strategisches Management, Kooperation und der Einfluß von Informations- und Kommunikationstechnologien

Eine kritische Betrachtung aktueller Paradigmen in der Betriebswirtschaftslehre

Frankfurt/M., Berlin, Bern, New York, Paris, Wien, 1998. XVI, 262 S., 17 Graf.
Europäische Hochschulschriften: Reihe 5, Volks- und Betriebswirtschaft.
Bd. 2319
ISBN 3-631-33494-X · br. DM 89.–*

In jüngster Zeit werden unter dem Einfluß der Diffusion von Informations- und Kommunikationstechnologien neue Formen wirtschaftlicher Kooperation als Strategien zur Erlangung von Wettbewerbsvorteilen vorgestellt. Der Gebrauch scheinbar geklärter Begriffe wie Strategie, Management und Kooperation erweckt dabei den Eindruck, es handle sich um Mittel, durch deren Einsatz, insbesondere mit Hilfe von Informations- und Kommunikationstechnologien, geplante Ziele erreicht werden können. Der Autor hinterfragt diese Begriffe sowie das der Argumentation der klassischen Betriebswirtschaftslehre zugrunde liegende Rationalitätsverständnis, indem er die klassischen Theorien mit Hilfe der Theorie selbstreferentieller autopoietischer Systeme reflektiert.

Aus dem Inhalt: Das strategische Management · Kooperation · Die strategische Bedeutung der Informations- und Kommunikationstechnologien für Kooperationen

Frankfurt/M · Berlin · Bern · New York · Paris · Wien
Auslieferung: Verlag Peter Lang AG
Jupiterstr. 15, CH-3000 Bern 15
Telefax (004131) 9402131
*inklusive Mehrwertsteuer
Preisänderungen vorbehalten

Peter Lang · Europäischer Verlag der Wissenschaften